Alexander Wohlfarth

LEGENDE LAND CRUISER

Toyotas Kult-Allradler — Alle Modelle und Baureihen von 1951 bis heute

HEEL

Bildnachweis

Toyota Deutschland, Toyota Japan, Toyota Australien, Toyota USA, Toyota UAE, Cooper Tires, Harry Dawo, Feryn Dakar Sports, Daniel Grabinski, Rico Ullmann, Hans Münz, Autohaus Nestle, Maxine Piccini, Toms Fahrzeugtechnik, Jonathan Ward/TLC, Andreas „Enzo" Wurg, Archiv Wohlfarth

Impressum

HEEL Verlag GmbH
Gut Pottscheidt
53639 Königswinter
Tel.: 02223 9230-0
Fax: 02223 923026
E-Mail: info@heel-verlag.de
Internet: www.heel-verlag.de

Deutsche Ausgabe:

Verantwortlich für den Inhalt: Alexander Wohlfarth

Lektorat: Joachim Hack

Satz und Titelgestaltung: Grafikbüro Schumacher, Königswinter

Printed in Italy

ISBN 978-3-86852-213-6

Alexander Wohlfarth

LEGENDE
LAND CRUISER

Toyotas Kult-Allradler

Alle Modelle und Baureihen

von 1951 bis heute

HEEL

BJ

J2

J3

J4

J5

J6

J7 Heavy Duty

J7 Heavy Duty

J7 (Bundera)

J7 (Prado)

J8 (Station Wagon)

J9 (Prado)

J10 (Station Wagon)

J12 (Prado)

J15 (Prado)

J20 (Station Wagon)

THE VERSATILE **TOYOTA Land Cruiser**

with 4-wheel Drive

built for work . . . ideal for week-end fun

TOYOTA

Land Cruiser - 4-wheel drive

built for work . . . ideal for week-end fun

ENGINEERED TO "TAKE IT" — The 120 HP Toyota 4-wheel drive Land Cruiser is built rugged to take the punishment of off-highway driving. Slugs its way through mud, churns its way up precipitous slopes, puts a road where there wasn't one before!

VERSATILE — Equipped with a standard body, the Land Cruiser seats four or more passengers. Driver's seat is adjustable for driver comfort . . . rear seat drops forward to permit cargo hauling. Drop-type rear gate fastens securely. Personnel and cargo carrier model features side seating, swing-out rear doors or drop gate . . . easily accommodates six passengers.

GREATER USABLE POWER — Increased compression ratio provides higher horsepower. Levels a steep grade like no other vehicle built! Solid, tough "horses" to command when the going is sloggy! Rugged power to give you dependable performance — no matter what the test!

ECONOMICAL — up to 24 miles per gal. in rugged terrain!

Six-cylinder, 120 HP overhead valve engine offers a 7.2 compression ratio . . . delivers more usable power with greater economy of operation.

Toyota's advance-design, heavy duty chassis features strength where it is needed. Land Cruiser chassis is girder type pressed steel, with front and rear semi-elliptic leaf springs for roadability.

SPECIFICATIONS:

DIMENSIONS:

Overall length	151.10″
Overall width	65.55″
Overall height	72.83″
Wheelbase	89.96″
Tread, front	54.72″
Tread, rear	53.15″
Minimum ground clearance	8.27″
Chassis weight	2,215 lbs.
Vehicle (curb) weight	3,197 lbs.

PERFORMANCE:

Maximum speed	74 MPH
Grade ability	104% (46°)
Maximum side stability angle (right)	45°
Maximum side stability angle (left)	43° 50′
Minimum turning radius	209″
Braking distance (from 30 MPH)	59′

ENGINE:
Six-cylinder, overhead valve, forced circulation water cooled. Cylinder bore and stroke: 3.54 inches x 4 inches. Piston displacement: 3.878 cc. (236.65 cu. in.). Compression ratio: 7.2 Maximum gross brake horsepower: 120 at 3,400 rpm. Maximum gross torque: 28.7 kg-m (207 ft.-lbs.) at 2,000 rpm. Carburetor: downdraft type. Air cleaner: dry filter paper or oil bath. Fuel pump: diaphragm type driven from camshaft. Lubricating system: full pressure type. Oil cleaner: filter paper type. Electrical system: 12V. Battery: 12V, 55 Amp-hrs. (20-hr. rating). Generator: 12V, 18-amp shunt-wound, belt-driven. Starter motor: 12V, 1.4 hp. Fuel tank capacity: 15 gal. Oil capacity: 6.2 quarts. Radiator capacity: 17.6 quarts.

CHASSIS:
Exceptionally sturdy pressed steel channel, girder type frame (5.22″ x 1.97″ x 0.18″). Springs: front and rear semi-elliptic leaf.

CLUTCH:
Dry single-plate with centrifugal weights and coil springs.

TRANSMISSION:
Four speeds forward, one reverse. Third and top gears are synchromesh. Overall gear ratios: first, 5.41; second, 3.12; third, 1.77; fourth, 1.00; reverse, 5.44.

DIFFERENTIAL:
Banjo type. Gear ratio 4.11.

AXLES:
Four-wheel drive. Banjo type steel housing. Front axle: full floating type. Rear: semi-floating type.

STEERING GEAR:
Hindley worm and sector-roller type. Gear ratio, 23.1.

BRAKES:
Hydraulic internal expanding 4-wheel type. Parking brake, mechanical external contracting propeller shaft type.

TIRES:
6.00-16, 6-ply grip type. Recommended pressure: 27 lbs/in².

CONTROLS:
Throttle, choke, light and directional control knobs on instrument panel.

STANDARD EQUIPMENT:
Canvas top and doors, safety straps, 4 shock absorbers, vacuum windshield wipers, directional signals, spare tire, hand tool set, oversize fan and shrouds for tropical or high-altitude operation, pintle hook, oil pan reinforcement, trailer socket.

MODELS:
Model with steel top also available.

OPTIONAL FEATURES:
Steel doors, power take-off, winch, oil bath type air cleaner for desert or dusty areas.

Inhalt

Vorwort 11

Toyota BJ 1951-1955 14

Der Modellcode 27

J2/J3 — der Exportschlager 1955-1960 (Land Cruiser) 28

J4 — das Kultobjekt 1960-1986 (Land Cruiser) 42

J5 — der erste echte Station Wagon 1967-1980 (Land Cruiser Station Wagon) 68

J6 — der erste Luxus Station 1980-1989 (Land Cruiser Station Wagon) 88

J7 — der Alleskönner 1984-heute (Land Cruiser & Land Cruiser Bundera/Prado) 104

J8 — der Wuchtbrummer 1990-1997 - (Land Cruiser Station Wagon) 136

J9 — der erste eigenständige Prado 1996-2002 (Land Cruiser Prado) 154

J10 — der Weichensteller 1998-2008 (Land Cruiser Station Wagon) 168

J12 — der Techniker 2002-2009 (Land Cruiser Prado) 186

J15 — der Hightech-Offroader 2009-heute (Land Cruiser Prado) 202

J20 — der Gelände-Automat - 2008-heute - (Land Cruiser Station Wagon) 218

Zusammenfassung und Schlusswort 235

TOYOTA
KZJ73
FJ40
302

K OE 140
KDJ120

TOYOTA
LAND
CRUISER
TOYOTA

Vorwort

Gets you there, gets you back!“ Ahmad, unser libyscher Führer, deutete grinsend auf den Schriftzug auf der Tür meines Buschtaxis und reckte den Daumen nach oben. Ahmad hielt nicht viel von der Wüste. Die unendlichen, heißen Weiten waren ihm einfach, nun ja, zu unendlich und zu heiß. Aber wenn er mit uns schon in den Erg Murzuq fahren musste, dann war er froh, wenigstens in einem Land Cruiser zu sitzen. Denn der brachte ihn, das zeigte seine Erfahrung, nicht nur rein, sondern eben auch wieder raus.

Der Land Cruiser ist Kult, und das nicht nur aus vorgenanntem Grunde. In den letzten 60 Jahren hat er sich im Allradsektor einen geradezu phänomenalen Ruf erarbeitet. Nach mittlerweile weit über sechs Millionen produzierten Exemplaren ist er bezüglich Haltbarkeit, Solidität, Zuverlässigkeit, Flexibilität, Modellvielfalt und stetiger Weiterentwicklung nach wie vor in vielen Bereichen schlicht das Maß der Dinge.

Dieses Buch handelt von der Geschichte des Land Cruiser. Von den Anfängen im Jahre 1950 bis heute werden die Entwicklungen und Hintergründe, die Baureihen und Modellvariationen beschrieben. Das geschieht, wie ich hoffe, unterhaltsam und umfassend, und vor allem hier und da mit einem Augenzwinkern. Wenn man so will, ist dieses Buch eine einzige große Liebeserklärung an ein Fahrzeugkonzept, von dem ich nicht nur überzeugt bin, sondern dessen Ableger mir auch nach wie vor bei jeder sich bietenden Ausfahrt ein breites Dauergrinsen ins Gesicht meißeln.

Die nachfolgenden Kapitel sind aufsteigend nach Baureihen sortiert, was bis auf eine Ausnahme auch die zeitliche Reihenfolge der Entwicklung darstellt. Natürlich können Sie auch ein wenig springen und bewusst die Entwicklung der drei parallelen Modellreihen „Land Cruiser“ , „Land Cruiser Station Wagon“ oder „Land Cruiser Prado“ verfolgen. Oder aber Sie stöbern einfach hier und da und lesen, was gerade Spaß macht...wichtig ist: Dieses Buch soll Sie unterhalten! Deshalb ist es eher ein Lesebuch denn eine endlose Zahlenkolonne – auch wenn natürlich alle notwendigen Informationen schön strukturiert und auch mit Hilfe von Tabellen verpackt wurden. Dabei musste ich allerdings eine (für mich schmerzvolle) Auswahl treffen, denn um ALLE Informationen in der gebührenden Ausführlichkeit unterzubringen, wäre ohne Frage eine Buchreihe vonnöten. Die hier präsentierte Auswahl ist in meinen Augen eine „runde Sache“, aber das sieht naturgemäß ein jeder anders. Deshalb finden Sie hier und da einen Hinweis auf weiterführende Informationen unter „Buschtaxi.net“, und ich rufe hiermit auch gerne zur Diskussion auf.

Nicht alles Geschriebene ist Gesetz! Die in diesem Buch wiedergegebenen Fakten habe ich nach bestem Wissen und Gewissen recherchiert, nach meinem jetzigen Dafürhalten ist alles korrekt. Dennoch mag es sein, dass ich hier und da daneben liege. Falls jemand andere, detailliertere, korrigierende, ergänzende Informationen hat, bin ich für jeden Hinweis dankbar!

Mein ganz besonderer Dank gilt Norbert Heubes und dem Presse-Team von Toyota Deutschland, sowie Frank Mohren und Martin Többen für ihre äußerst wertvolle Unterstützung. Ebenfalls ein besonders dickes Dankeschön geht an Heike Baumgärtner, Siegfried Burk, Joachim Hack, Wolfgang Jung, Harald Kottnik, Albert Markendorf, Ulf Schäl, Uwe Storre, Rico Ullmann, Achim Weitzel und Albert Welledits – und ganz am Schluss, aber allen voran, an die beste Ehefrau von allen und meine Familie, die meine Leidenschaft so tapfer ertragen.

Ich wünsche Ihnen/Euch von Herzen viel Spaß bei der Lektüre!

Alexander „Netzmeister“ Wohlfarth
netzmeister@buschtaxi.de

TOYOTA
LAND
CRUISER

Oben: Titelblatt des BJ-Prospektes:
„Toyota BJ", unten links das Toyota-Logo

Rechts: BJ Softtop der ersten Monate

Toyota BJ (1951-1955) – Geburt einer Legende

Am 25. Juni 1950 marschiert Nordkorea in Südkorea ein, der Koreakrieg beginnt. Drei Jahre lang tobt ein verheerender Stellvertreterkrieg, in dem letztendlich vor allem die zwei großen Opponenten des Kalten Krieges – Kapitalismus und Kommunismus – um die Vorherrschaft und den globalen ideologischen Sieg fechten. Während Nordkorea von China unterstützt wird (und Letzteres wiederum von der Sowjetunion), übernehmen die USA und die UNO die Verteidigung Südkoreas. Zentraler Stützpunkt und Versorgungsbasis der US-Armee ist Japan, das in Folge der Weltkriegsniederlage immer noch unter amerikanischer Besatzung steht. Der durch den Koreakrieg explodierende Bedarf an Kriegsmaterial kommt somit unmittelbar auch der japanischen Industrie zugute: Die Streitkräfte brauchen immensen Nachschub, und dieser Bedarf kann nicht mehr alleine durch Importe gedeckt werden, sondern wird nun auch in Japan selbst produziert. Speziell militärische Fahrzeuge, die bislang von den Besatzungsmächten in großer Zahl eingeführt wurden, sollen jetzt näher am Schauplatz des „Geschehens“ entstehen – und man braucht eine Menge davon. Diese neue Versorgungs-Strategie basiert zuerst einmal auf dem unmittelbaren Bedarf für den Koreakrieg, soll jedoch, so sieht es die Planung vor, fürderhin für die Nutzung im gesamten asiatischen Raum gelten.

Toyota hatte sich schon in den Jahren zuvor als Lkw-Hersteller hervorgetan und erhält auch dieses Mal eine Menge zu tun: Ende Juli, einen Monat nach Kriegsausbruch, erteilen die Amerikaner den ersten Auftrag zum Bau von 1000 Lkw mit militärischen Spezifikationen; im August folgt der zweite für mehr als doppelt so viele, weitere Aufträge folgen. Diese Aufträge helfen dem Unternehmen aus der Anfang 1950 durch die Massenentlassungen und den anschließenden Streik hereingebrochenen Krise: Durch die neuen Finanzmittel können Material und Produktionsmaschinen gekauft und vor allem auch bezahlt werden. Toyota schafft es, sich mit dieser Hilfe aus der Existenzkrise zu befreien und richtet sich langsam wieder auf. Der Vergleich mit dem Phönix, der aus der Asche steigt, ist dabei nicht zu hoch gegriffen: Aus einem nahezu insolventen Unternehmen sollte binnen der nächsten Jahrzehnte der größte Autobauer der Welt entstehen. Die Grundvoraussetzungen sind also geschaffen – aber noch fehlt jede Spur von jenem legendären Allradfahrzeug, das nur wenige Jahre später die Welt erobern und zur Legende auf vier Rädern werden sollte.

Der BJ bekam in Nicaragua sogar eine eigene Briefmarke.

Das Militär gibt den Anstoß

Den Weg hierfür ebnet ein weiterer Umstand: Da die alliierten Militärkräfte im Zuge des Koreakrieges nun vornehmlich durch andere Aufgaben gebunden sind, muss die Sicherheit Japans anderweitig gesichert werden. Man entscheidet also folgerichtig, wieder die Bildung eigener japanischer Verteidigungskräfte anzustoßen, diese zu stärken und Schritt für Schritt in die Eigenverantwortung zu entlassen. Da diese neu gebildeten Kräfte jedoch zu Anfang in ihrer Ausrüstung komplett auf das US-Militär angewiesen sind (das das Material wie erwähnt anderweitig benötigt), muss auch hierfür ein anderer Weg gefunden werden: Die Ausrüstung soll fortan aus eigener Kraft erfolgen. Hierfür erlaubt man ein gewisses Maß an Wiederaufrüstung, unter anderem auch den Einsatz von 1000 Allradfahrzeugen.

Also fordert man die japanischen Automobilhersteller auf, für die „National Police Reserve Forces“ einen Prototyp eines leichten Geländefahrzeugs auf die Räder zu stellen, das den Spezifikationen des „Jeep“ von Willys-Overland entsprechen soll. DAT entwickelt

BJ der späteren Jahre: Nun schon mit in die Kotflugel integrierten Scheinwerfern und schicker Finne auf der Motorhaube

daraufhin den 4W60 (der später zum „Datsun Patrol" werden sollte) und Mitsubishi ist ohnehin schon mit dem in Lizenz hergestellten Jeep MB vertreten. Auch Toyota besinnt sich seiner Allradkompetenz und entscheidet sich im August 1950 ebenfalls für den Bau eines Prototyps. Bereits im Januar 1951, nur 5 Monate später, ist dieser fertig gestellt und wird den Verteidigungskräften präsentiert.

Der Prototyp

Die Entwicklung dieses Prototyps ging relativ schnell vonstatten: Der Einfachheit halber (aber vor allem auch der Materialknappheit geschuldet) griff man ins Teileregal und verwendete Komponenten, die hinreichend erprobt und dadurch technisch zuverlässig waren. Auf das Chassis eines 1-Tonnen-Trucks vom Typ „SB" schraubte man den bislang in den 4-Tonnen-Lkw verwendeten B-Motor mit 3386 cm^3 Hubraum und dengelte darum herum eine rudimentäre offene Karosserie – fertig war ein leichter Geländewagen im „Jeep-Style". In der Namensfindung beweisen die Toyota-Ingenieure ein gerüttelt Maß an Kreativität: Es war ein „Jeep" und er wurde vom „B-Motor" angetrieben – folgerichtig sollte er von nun an den Namen „Toyota Jeep BJ" tragen. In der Toyota-Nomenklatur stand der Buchstabe „J" fortan für „Geländewagen". Es mag den Land-Cruiser-Enthusiasten schmerzen, aber dieser Buchstabe, den jeder Land Cruiser in der Bezeichnung trägt, stammt tatsächlich vom berühmten „Four Letter Word" aus den USA ...

Der Prototyp erfüllt bei den anberaumten Begutachtungen wohl nicht die Erwartungen, die Verteidigungskräfte entscheiden sich gegen den BJ und für den Willys-Lizenzbau von Mitbewerber Mitsubishi. Jene Fahrzeuge sind hinreichend bekannt und unterscheiden sich kaum vom Original, das seit der Invasion zu tausenden durch die Japanischen Lande fährt. Eine weitestgehend

BJ-Testfahrt, hier ein Exemplar mit Stoffverdeck und festen Türen

risikolose Entscheidung und damit ein nicht zu unterschätzender Vorteil bei der Vergabe öffentlicher Aufträge.

Toyota-intern hält man jedoch am neuen Fahrzeugkonzept fest und beschließt, auf eigene Faust weiter daran zu feilen und nach Abnehmern zu suchen. Der Wegfall der strikten Vorgaben durch das Militär ist dabei hinsichtlich der Entwicklung ein wahrer Segen: Die Ingenieure können sich nun wesentlich freier entfalten. In dieser Zeit (angetrieben durch die Ablehnung und ermöglicht durch die Abschaffung der Export-Restriktionen im Jahre 1950) entsteht auch erstmalig die Idee, die Fahrzeuge zu exportieren – die Grundlage für Toyotas späteres explosives Wachstum und die Basis des weltweiten Erfolges.

Das Potenzial wird erkannt

Im Juli 1951 ist die Verbesserung des Fahrzeugs deutlich fortgeschritten und es werden weitere Testfahrten unternommen. Testfahrer Ichiro Taida ist mit zwei Eigenschaften gesegnet: Zum einen ist er vom BJ außerordentlich überzeugt, zum anderen nennt er wohl einen ebenso außerordentlichen Dickschädel sein Eigen. Und so besteht er auf einer äußerst ungewöhnlichen Testfahrt: Wie dreihundert Jahre zuvor im Jahre 1634 der Krieger Magaki Heikuro will er jene 86 steilen Steinstufen erklimmen, die zum Shinto-Schrein auf dem Mount Atago führen. Jedoch eben nicht auf vier Hufen, sondern auf vier Rädern. Am Berg angekommen stellt die BJ-Mannschaft jedoch fest, dass mittlerweile ein Geländer in der Mitte der Treppe installiert wurde und eine Befahrung unmöglich ist. Das entmutigt Taida keineswegs: Stattdessen erklimmt er mit seinem BJ einfach die Stufen zum Fudo-Tempel in Okazaki-City – im Zickzack-Kurs. Eine mehr als respektable Leistung und dennoch nur eine Aufwärmübung.

Kurz darauf nämlich gelingt den Toyota-Mannen ein wahres Husarenstück: Zwei BJ fahren im Beisein der japanischen Polizei und anderer Behörden kurzerhand auf dem alten Pilgerweg bis

Randnotiz:

Generationenwechsel und Trennung des Unternehmens

Im April 1950 wagt man einen entscheidenden Schritt zur Rettung des Unternehmens und teilt die Automobilsparte auf: Die „Toyota Motor Corporation“ (TMC) ist fortan die Erzeugergesellschaft, die „Toyota Motor Sales“ (TMS) kauft diese Fahrzeuge auf und kümmert sich um deren Vertrieb. An die Spitze der TMS setzt man Shotaro Kamiya – eine, wie sich herausstellt, hervorragende Personalentscheidung: Kamiya gründet nicht nur 1954 die erste Fahrschule in Japan (und schaffte dadurch Bedarf an Automobilen), sondern führt auch den Ratenkauf im japanischen Automobilgeschäft ein und gibt 1957 für alle Händler erstmals verbindliche Listenpreise vor.

Nach dem Ausscheiden Kiichiro Toyodas und dem Abtreten sämtlicher Manager übernimmt nun eine neue Führungsriege die Unternehmensleitung. Unter ihnen auch der 37-jährige Eiji Toyoda, der zwar nach japanischem Verständnis noch zu jung für die höchste Position ist, jedoch die Verantwortung für die Produktentwicklung übertragen bekommt. Toyotas Automobilsparte ist mit gerade einmal 400 produzierten Einheiten erst am Anfang der Entwicklung, und der neue designierte Präsident Eiji hungrig: Als erste Amtshandlung bricht er zu einer dreimonatigen Studienreise in die USA auf, wo er die großen Automobilhersteller genauestens unter die Lupe nimmt und daraus Ideen für den weiteren Weg des eigenen Unternehmens entwickelt. Bereits vor dem zweiten Weltkrieg hatte Kiichiro Toyoda erste Gedanken zu einem neuen Produktionssystem formuliert, die nun in den fünfziger Jahren von Eiji Toyoda und Taiishi Ohno zu jenen Prinzipien weiterentwickelt wurden, die nicht nur die Basis für den weltweiten Erfolg Toyotas darstellen, sondern auch als Vorbild für die gesamte Automobilwirtschaft dienten. Dabei war der Anlass ein sehr pragmatischer: Als kleiner Hersteller konnte Toyota sich schlichtweg keine großen Lagerbestände erlauben. Die Zulieferer wurden also dazu angehalten, die Ware erst dann zu liefern, wenn sie tatsächlich verarbeitet wird. Die einzelnen Stationen innerhalb des Werkes verfuhren genauso: Es wurde nur produziert, was auch nachfolgend sofort weiterverarbeitet werden konnte. Dieses Prinzip der Just-in-Time-Produktion bedingte allerdings auch, dass bei den Lieferanten und innerhalb der Produktion jeder Handgriff sitzen musste: Jeder kleine Fehler brachte den Produktionsprozess sofort ins Stocken. Fehler mussten also unter allen Umständen vermieden werden. Hieraus entwickelte sich „Kaizen“, das „Streben nach Perfektion“.

Randnotiz:
Heikuro Magaki und die Sache mit der Karriereleiter

Steiler als dem Fußgänger lieb ist: Die Treppe zum Shinto-Schrein auf dem Mount Atago

Groß ist er nicht gerade, der Atagoyama: Mit nur 26 Metern Höhe zählt er nicht unbedingt zur hochalpinen Kategorie. Dennoch war er im 17. Jahrhundert unter der Bevölkerung der Stadt Edo recht beliebt, bot er doch eine passable Aussicht auf die umliegenden Samurai-Residenzen. Und immerhin war Edo während ihrer großen Zeit als Shogunat eine der größten Städte der Welt.

Seit 1603 thronte auf dem Gipfel des Atagoyama zudem ein Shinto-Schrein, der über eine schnurgerade und breite Treppe aus 86 Steinstufen erklommen werden konnte. Und genau jene Stufen bewältigte der Samurai Heikuro Magaki im Jahre 1643 auf dem Rücken seines Rosses.

Man muss anmerken, dass jene Treppe nicht ganz der DIN 18065 entsprach und den Pilger mit einer Steigung von sage und schreibe 40 Grad empfing. Für manchen ist das per pedes schon ein Nervenkitzel - ein Pferd jedoch dort hinauf- und vor allem auch wieder hinunter zu bewegen, das ist eine mehr als respektable Leistung, die von einem hervorragenden Reiter zeugt. Dem Vernehmen nach war Heikuro Magaki tatsächlich einer der drei besten Reiter seiner Zeit. Und er wusste seine Karriere zu fördern: Am Fuße der Treppe saß sein Chef, der Shogun Iemitsu Tokugawa, und beobachtete, wie Magaki hinauf ritt, einen Zweig mit Pflaumenblüten abbrach, wieder hinunter ritt (wofür er deutlich länger brauchte) und ihm diesen Zweig übergab. Und da der gute Magaki hernach die Karriereleiter merklich nach oben gefallen ist, tragen diese 86 Stufen seither den Beinamen „Otokozaka - die Stufen zum beruflichen Erfolg".

Als Ichiro Taida mehr als 300 Jahre später jene Stufen anpeilte, hieß Edo übrigens schon lange Tokyo.

zur 6. Station des Fuji – eine technische Meisterleistung, die bis dato noch niemandem vorher gelungen war und die die letzten Zweifel an der Tauglichkeit des BJ beseitigte. Schon im August wird der BJ zum offiziellen Fahrzeug der „National Police Agency" erkoren und somit Teil der Toyota-Modellpalette.

Im September wurde der BJ zusammen mit 25 anderen Toyota-Fahrzeugen auf einer öffentlichen Ausstellung vor dem Tokioter Bahnhof der Öffentlichkeit präsentiert.

Die Behörden hatten erkannt, dass der BJ einige nicht zu unterschätzende Vorteile bietet: Die seinerzeit ungewöhnliche Entscheidung, einen schweren Lkw-Motor auf das Chassis eines „Light Trucks" zu setzen hat die exakt richtige Mischung ergeben. Aus Gründen der Materialknappheit kurz nach dem Krieg teilte sich der 1947 vorgestellte Leicht-Lkw „SB" (genannt „Pony Toyota") Chassis und Fahrwerk mit dem gleichzeitig entwickelten Pkw „SA" – der Beginn des Baukastensystems und auch Basis für die Entwicklung des BJ.

Der Motor

Motorseitig ist der BJ gegenüber dem Gros seiner Wettbewerber hoffnungslos überdimensioniert: Der seit 1948 gebaute Land Rover wird von einem 1,6-Liter-Motörchen mit eher lustigen 51 PS angetrieben, der Willys Jeep hat ganze 2,2 Liter und 60 PS. Der BJ setzt mit seinen 85 PS aus 3,4 Litern eine Marke, der einzig der 4W60 von DAT Paroli bieten kann. Kein Wunder, denn der verwendete massige 6-Zylinder musste bislang die hauseigenen 4-Tonner-Lkw antreiben. Die 82 bis 85 PS sind somit auch eine eher konservative Ausbeute und mehr der Spezifikation denn den technischen Möglichkeiten geschuldet. Dieser Motor trägt auch Verantwortung für das Fehlen eines Reduktionsgetriebes: Ordentlich Hubraum in Verbindung mit einem enorm kurzen ersten Gang (5,53:1) und niedrigem Fahrzeuggewicht machen es schlicht überflüssig.

Um möglicherweise schmerzhaften Verknotungen der Hirnwindungen bei der weiteren Lektüre vorzubeugen, sei an dieser Stelle erwähnt, dass der im BJ verwendete B-Motor nichts, aber auch überhaupt nichts mit dem späteren B-Motor gemein hat – Letzterer ist ein Dieselmotor, der erst 1974 die Bühne betrat. Vollkommen unkorrekt aber im Sinne der Verständlichkeit, soll der Ottomotor „B" aus dem Toyota Jeep BJ hier nachfolgend als „B85" bezeichnet werden.

Der B85 wurde ab 1937 entwickelt und dabei einer 6-Zylinder-Maschine von GM Chevrolet nachempfunden. 1938 wurde er als Prototyp erstmals fertig gestellt und fortan in den 4-Tonnern „GB", „KB" und „BM" eingesetzt. Im Laufe der folgenden 12 Jahre erfuhr er einige Modifikationen, man hatte also bereits eine Menge Entwicklung hineingesteckt, bevor er im BJ eingesetzt wurde. Bei seiner Vorstellung hatte das Aggregat noch 75 PS und ein maximales Drehmoment von 206 Nm. Als es schließlich den

Oben: Fertig zur Auslieferung

Rechts: BJ Softtop der ersten Monate, mit Einbuchtung fürs Ersatzrad im Kotflügel

BJ antreiben darf, ist die Leistung auf 82 PS und das Drehmoment auf 212 Nm angewachsen, bei den späten BJ-Modellen stieg die Leistung noch einmal auf 85 PS, das Drehmoment auf 216 Nm.

Der langhubige Sechszylinder ist ein massives Stück Gusseisen und wartet schon damals mit oben hängenden Ventilen, einem ausgeklügelten Kühlungs- und Schmiersystem und einer recht milden Verdichtung auf – Eigenschaften, die einer für damalige Verhältnisse außergewöhnlich langen Lebensdauer zugutekamen. Gegenüber z.B. den seitlich stehenden Ventilen im Jeep-Motor (dem laut Vorgaben zwingend niedrigen Haubendesign geschuldet) konnte beim B85 durch die moderne OHV-Konstruktion eine deutliche Leistungssteigerung erreicht werden. Die spezifischen Nachteile wie ein lauteres Laufgeräusch und die natürliche Abneigung des OHV-Motors gegen hohe Drehzahlen fielen beim BJ ohnehin nicht ins Gewicht.

Für verschiedene Kraftstoffqualitäten gab es die Möglichkeit, den Zündzeitpunkt manuell am Verteiler zu verändern, der Einfachvergaser war speziell für ausreichende Kraftstoffzufuhr auch an Steigungen ausgelegt worden und arbeitete mit Staudruck. Hierdurch war auch bei hohen Betriebstemperaturen kein Leistungsverlust spürbar. Die Nockenwelle wurde aus kaltgewalztem Stahl hergestellt und war vierfach gelagert, um eine akkurate Führung zu gewährleisten. Der Anlasser hatte keinen Magnetschalter und wurde stattdessen mittels eines Schalters bedient, den der Fahrer mit seinem linken Fuß im Fußraum betätigen konnte – auch das eine einfache, wartungsfreundliche Lösung. Im Bedarfsfall konnte die Maschine natürlich auch mit der Handkurbel angeworfen werden, die relativ milde Verdichtung machte das auch ohne Superheldenkräfte möglich.

Die Technik

Chassis und Fahrwerk stammen wie erwähnt vom 1-Tonnen-Lkw „SB" und wurde 1947 erstmals vorgestellt. Der Rahmen hat drei Querversteifungen und wird nach vorne enger, um der schweren Maschine ausreichend Halt zu gewähren. Die hinten breitere Spur verleiht dem Fahrzeug Stabilität. Die Achsen mit der Übersetzung 4,11 sind vorne „Full-Floating" und hinten „Semi-Floating" ausgeführt, die vordere Achse hat also zwei äußere Lager und braucht nur die Antriebskraft zu übertragen, während die hintere Achse mit nur je einem äußeren Lager links und rechts ausgestattet ist. Geführt werden die Achsen von Blattfedern, vorne mit neun Lagen, hinten gönnte man ihnen eine Lage mehr. Die durch den Einsatz im Toyopet notwendigerweise eher weiche Federung war nicht nur für dessen Erfolg maßgeblich, sondern kommt nun auch dem BJ zugute und beschert ihm ein erstaunlich komfortables Fahrverhalten. Und mit schlechten Straßen hatten die japanischen Ingenieure ja auch wahrlich Erfahrung: Der erste Highway wurde in Japan erst im Jahre 1963 eröffnet.

Auszug aus einem Test des Toyota BJ aus dem Jahre 1956

[...]
Der Toyota folgt stattdessen dem alternativen Ansatz, eine vergleichsweise große Maschine zu verwenden und deren Kraft über ein einziges Vierganggetriebe weiterzuleiten. Die beiden unteren Gänge wurden kurz ausgelegt, um ausreichend Kraft für die wirklich harten Strecken zur Verfügung zu haben, für deren Überwindung ein solches Fahrzeug ja angeschafft wird. Weiterhin ist es wie üblich möglich, im normalen Straßenbetrieb nur den Heckantrieb zu nutzen.

Seine Leistung wird diesem Ansatz in vollem Umfang gerecht. Der Toyota meisterte die in den Bildern gezeigten groben Streckenverhältnisse mit immer noch mindestens drei Viertel Gaspedalweg in der Hinterhand.

Das getestete Modell ist das günstigste der Baureihe und ausgerüstet mit einem 85-PS-Motor mit sechs Zylindern, hängenden Ventilen und insgesamt sehr ähnlich den amerikanischen Chevrolet-Lkw-Motoren. Der Einstieg ist bequem und die generelle Verarbeitung auf amerikanischem Niveau.

Das Getriebe unterscheidet sich grundlegend von jenen, mit denen zukünftige Fahrzeuge ausgestattet sein werden. Es ist eine einfache Schieberad-Konstruktion, zukünftige Importe werden jedoch die synchronisierte Version haben, die in Japan als Option angeboten wird. Die Tatsache, dass das getestete Getriebe ein wenig schwierig zu handhaben war, ist daher nicht weiter wichtig. Ich möchte dennoch kritisieren, dass im angebotenen synchronisierten Getriebe nur die beiden oberen Gänge synchronisiert sind.

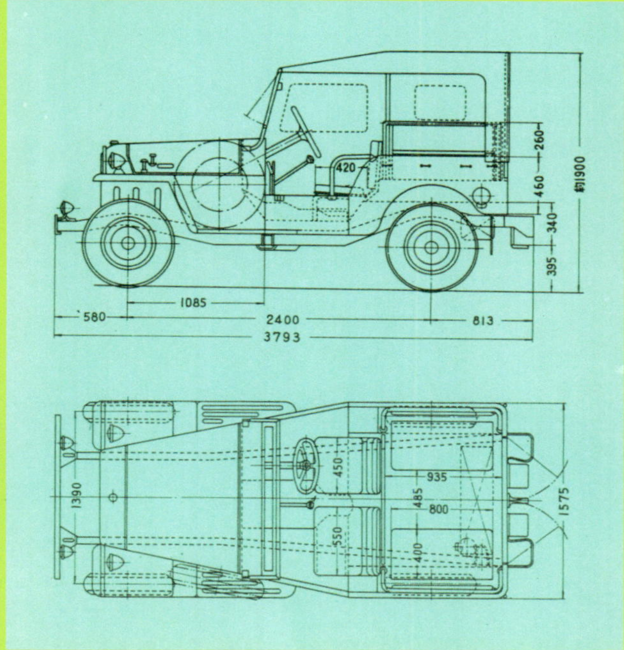

Oben und rechts/oben:
Auch zu Wasser: Testfahrt des BJ-Entwicklerteams
Oben links: Maße der BJ-Standardausfuhrung

Eine sorgfältige Prüfung von Chassis und Karosserie zeigte eine robuste Konstruktion mit beträchtlichen Materialstärken und Blechverbindungen, die man für diese Art von Fahrzeug braucht. Ein wichtiger Punkt ist der verschraubte Karosserieaufbau, den der Importeur einem komplexeren Montage-Set-Up vorzieht und der auch dem Nutzer etwaige Reparaturen deutlich erleichtert.

Bei Straßenfahrten war der Toyota der angenehmste 4x4, den ich je gefahren bin und zeigte sanfte Fahreigenschaften sowie bequeme Sitze mit dickem Schaumgummi-Kern.

Die erzielbare Höchstgeschwindigkeit liegt bei komfortablen 66 km/h, mit ausreichend Elastizität im höchsten Gang, gut vergleichbar dem Pkw-Standard. Bei einer Reisegeschwindigkeit von 50 Meilen pro Stunde gab es ausreichend Beschleunigung, und obwohl die Lenkübersetzung zwangsläufig niedrig ausfällt, bietet der Toyota durch seine perfekte Stabilität eine wirklich angenehme Beförderung. Die Lenkung baut auf einem rollengelagerten Schneckengetriebe auf und die Achsschenkelbolzen werden in einstellbaren Rollenlagern geführt.

Wie es bei Fahrzeugen für den Personentransport oft der Fall ist, sind die Fahreigenschaften deutlich besser als man erwarten würde. Das liegt unter anderem daran, dass die Ladefläche bei Fahrzeugen dieser Klasse recht klein ausfällt und die vorgesehene Anwendung hauptsächlich bei der Nutzung als Zugfahrzeug liegt. Dies ermöglicht eine Federung, die sanft genug ist, um auch unbeladen bequem zu fahren. Die Kontrolle der Federung erfolgt durch ausreichend dimensionierte hydraulische Teleskopdämpfer.

Der allgemeine Qualitätsbegriff erstreckt sich sogar auf die Instrumente, wovon die gesamte Bandbreite enthalten ist. Die Skalen entsprechen professionellen Flugzeuganzeigen und sind sowohl mit leuchtenden Zahlen als auch einer separaten Beleuchtung versehen. Es gibt Blinker und sogar einen Pump-Feuerlöscher sowie eine Inspektionsleuchte. Letztere enthält auch eine rote Signallampe.

[...]

Oben: aus dem ersten BJ-Prospekt: Das Chassis; rechts: (Maschinen-)Führerhaus – das karge Innenleben

Technische Daten B-Motor, „B85"

Ottomotor, 6 Zylinder, Reihe, OHV, 2 Ventile pro Zylinder, Fallstromvergaser

Hubraum:	3386 cm^3
Bohrung x Hub:	84,1 x 101,6 mm
Verdichtung:	6,4:1
Maximale Leistung:	82 PS bei 3000/min, später 85 PS bei 3200/min
Maximales Drehmoment:	212 Nm bei 1600/min, später 216 Nm bei 1600/min
Schmierung:	Druckumlaufschmierung (Nasssumpfschmierung), Papier-Ölfilter, Ölmenge 4,7 l
Kühlung:	Pumpenumlaufkühlung mit Zentrifugalpumpe (durch Keilriemen angetrieben), Rippenkühler, Wassermenge 15 Liter
Zündung:	6 Volt, Vakuum-Kontrolle, vollautomatischer Verteiler
Lichtmaschine:	Gleichstrom-Nebenschluss-Generator, 6 Volt, 40 Ampere, keilriemengetrieben
Anlasser:	6 Volt, maximales Drehmoment 15,7 Nm
Eingesetzt in:	BJ, BJ21, BJ24, BJ25, BJ28

Ein Reduktionsgetriebe gibt es im BJ wie gesagt nicht: Der hubraumstarke Motor, ein extrem kurzer erster Gang und ein niedriges Fahrzeuggewicht machen eine weitere Untersetzung überflüssig und tragen somit auch zur Vereinfachung, Gewichtsreduktion und einem verlustärmeren Antrieb bei. Die erreichbare Höchstgeschwindigkeit, limitiert durch die Übersetzungen, war für die Straßensituation in Japan vollkommen ausreichend.

Die Karosserie

Auf dem Chassis thront eine leichte, offene Stahlkarosserie, die scheinbar beim Willys Jeep abgeschaut wurde – was aber schlicht daran liegt, dass sich dieses Konzept mehr oder minder automatisch ergibt, wenn man ohne Rücksicht auf jegliche gestalterischen Maßnahmen einen offenen Allradler entwirft. Es ist ja nun auch nicht allzu viel Karosserie dran, wenn man ehrlich ist. Durch die nach vorne zusammenlaufende Karosserieform sind die Sitze recht eng nebeneinander platziert, das Lenkrad sitzt ungewohnt weit in der Mitte und deckt fast die Hälfte des Armaturenbretts ab. Fahrer und Beifahrer erleben so zwangsläufig eine ungeahnte Nähe, speziell Richtungsänderungen durch Bedienung des Lenkrads sind in mancher Situation fast schon eine Herausforderung.

Die Karosserie sitzt relativ hoch über dem Boden und hat mit der zusätzlich hochgezogenen Kante eine wannenartige Konstruktion, den Einstieg über die Kante erleichtert ein breites Trittbrett. Beide Sitze können nach vorne umgelegt werden und gewähren Zugang auf die hinteren Ränge. Der Tank liegt unter dem Hecküberhang.

Die Instrumente sind im Armaturenbrett aufgereiht: Tankinhalt, Öldruck, Wassertemperatur, Geschwindigkeitsanzeige mit Entfernungsmesser, Strom- und Spannungsmesser. Mehr brauchte der Maschinenführer damals nicht zur Kontrolle (und wenn wir ehrlich sind, braucht er heutzutage immer noch nicht mehr). Im Fußraum zwischen Kupplungs- und Bremspedal befindet sich ein Schalter für die Umschaltung zwischen Abblend- und Fernlicht.

Insgesamt machte die Karosserie einige Veränderungen durch. Mindestens fünf verschiedene Versionen gab es vom BJ: Der Funkwagen BJR („Radio“), das Verbindungsfahrzeug BJT („Touring“) und die Feuerwehrausführung BJJ wurden von der Polizei genutzt, zusätzlich gab es noch einen Pick-up mit integrierter und einen mit abgetrennter Ladefläche sowie ab November 1955 einen „FJJ“, also ein Feuerwehrfahrzeug mit der neu entwickelten F-Maschine (mehr zu diesem Motor im nächsten Kapitel). Die Pick-ups, das Verbindungsfahrzeug und die Feuerwehr-Version hatten eine am Heck um 500 mm verlängerte Karosserie, die Radstände waren durchgehend gleich. Ab Werk hatten all diese Versionen Stoffverdeck und später auch Stofftüren, jedoch wurden einige davon bei der Gifu Body Company in geschlossene Sonderversionen umgebaut.

Das Reserverad befindet sich je nach Version mal am Heck, mal unter der Karosserie, mal hinter den Kotlügeln links oder rechts – je nach Anforderungen oder Kundenwunsch, die Spezifikationen des Fahrzeugs sind (noch) nicht in Blei gegossen. Die Frontscheiben können nach oben aufgeklappt, der ganze Scheibenrahmen der Frontscheibe zusätzlich komplett nach vorne umgeklappt und fixiert werden. Testweise wandern die freistehenden Scheinwerfer und die Blinker sogar einmal in veränderte Kotflügel, und mit einem überarbeiteten Softtop und schicken Chrom-Zierkappen bekommt der BJ sogar fast so etwas wie ein „Design“ verpasst.

Oben: Sonderaufbau „geschlossener Kasten“ mit mechanischer Winde

Rechts: Der Technische Direktor Hanji Umehara, Schöpfer des Namens „Land Cruiser“

Unten: FJJ Feuerwehr-Version

Technische Daten

Abmessungen und Gewichte:

Länge (inkl. Frontstoßstange) x Breite x Höhe:	3793 x 1575 x 1900 mm
Radstand:	2400 mm
Spurweite:	vorne 1390 mm / hinten 1350 mm
Gesamtgewicht:	1875 kg
Sitzplätze:	4
Hinterachse bis Rahmenende:	813 mm
Stoßstange bis Mitte Vorderachse:	580 mm
Wendekreis:	5500 mm
Bodenfreiheit vorne:	215 mm
Bodenfreiheit hinten:	210 mm
Gesamtbreite vorne (Kotflügel-Außenseite):	1575 mm
Gesamtbreite hinten (Verdeck-Außenseite):	1575 mm
Gesamthöhe von oben zu Rahmen zu Boden (beladen), vorne:	512 mm
Gesamthöhe von oben zu Rahmen zu Boden (beladen), hinten:	616 mm

Antriebseinheit:

Kraftübertragung:	4-Gang-Getriebe manuell, Guss-Stahl Allradantrieb zuschaltbar, keine Untersetzung
Kupplung:	Einscheiben-Trockenkupplung mit Schraubenfeder, 275 mm
Übersetzung:	1. Gang 5,53; 2. Gang 3,48; 3. Gang 1,71; 4. Gang 1,00;Rückwärtsgang 5,60
Achsübersetzung:	4,11

Chassis:

Achsen:	Allradantrieb, vorne Full Floating, hinten Semi Floating
Vordere Aufhängung:	Starrachse an Blattfedern (9 Lagen, 1000 mm Länge, 45 mm Breite, 6 mm Dicke), Teleskopdämpfer
Hintere Aufhängung:	Starrachse an Blattfedern (10 Lagen, 1150 mm Länge, 45 mm Breite, 6 mm Dicke), Teleskopdämpfer
Lenkung:	Kugelumlauf mit Schnecke (21:1)
Betriebsbremsen:	Hydraulisch auf alle 4 Räder
Handbremse:	Außenbandbremse am Getriebe, Wirkung auf hintere Kardanwelle
Standardbereifung:	6.00-16 oder 6.50-16, 6-lagig
Tankinhalt:	57,5 Liter
Beleuchtung:	Halogenscheinwerfer, semi-sealed
Standard-Ausstattung:	Canvas-Verdeck, vier Stoßdämpfer, Ersatzrad, Werkzeugset, Zusatzkanister
Sonderausstattung:	NATO-Kupplung, Anhänger-Steckdose, rote Signalleuchte, Sirene

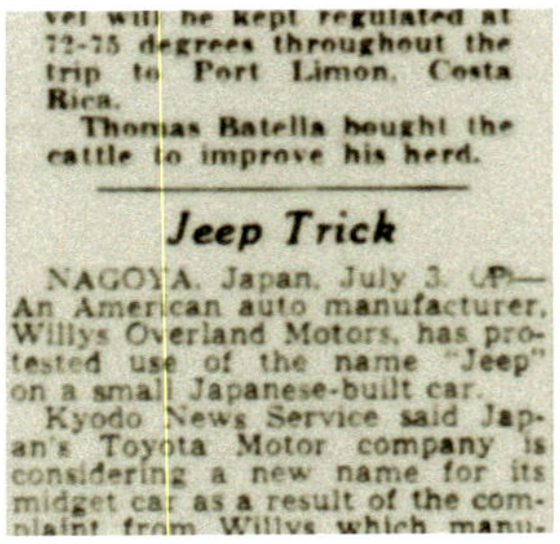
vel will be kept regulated at 72-75 degrees throughout the trip to Port Limon, Costa Rica.

Thomas Batella bought the cattle to improve his herd.

Jeep Trick

NAGOYA, Japan, July 3. (P)— An American auto manufacturer, Willys Overland Motors, has protested use of the name "Jeep" on a small Japanese-built car.

Kyodo News Service said Japan's Toyota Motor company is considering a new name for its midget car as a result of the complaint from Willys which manu-

Zeitungsmeldung: Willys Overland untersagt Toyota die Nutzung der frisch eingetragenen Marke „Jeep".

Von der Entscheidung bis zur Serienproduktion des BJ dauert es noch volle zwei Jahre, nämlich bis August 1953: Technische Spezifikationen und Preisverhandlungen (überdies wurden die Bestellungen nur in Chargen getätigt, die das fiskalische Jahr abdeckten) zogen den ganzen Prozess „ein wenig" in die Länge. Als der BJ seine Tauglichkeit endlich im harten Alltag unter Beweis stellen kann, entscheiden sich zusätzlich zur Polizei auch die Forst- und die Landwirtschaftsbehörde und einige Energieversorger für den neuen Allradler. Dennoch werden bis Ende 1953 gerade einmal 289 Stück ausgeliefert, wofür das Werk „Arakawa Bankin Kogyo KK" (später bekannt als ARACO und heute eine Tochter der Toyota Auto Body Co.) und die anderen beteiligten Werke jedoch schon rund um die Uhr arbeiten.

Der Produktionsprozess ist in mehrere Phasen geteilt: Die Teile für das Fahrgestell werden von der Toyota Motor Corporation an die Toyota Honsya Plant geliefert und dort zusammengesetzt, der Zusammenbau von Fahrgestell und Karosserie und die Lackierung derselben wird hingegen in der Arakawa Bankin Kogyo KK vorgenommen. Anschließend kommen die fertigen Fahrzeuge zurück zur Toyoda Automatic Loom Works Ltd., wo sie von Vertretern der National Police Agency inspiziert und bei Bedarf von 20 speziell abgestellten Fachkräften angepasst werden können.

Im Jahre 1954 werden schon 457 Fahrzeuge des „Toyota Jeep BJ" produziert – dessen Namensgeber jedoch unvermittelt einen Dämpfer erhalten: Willys Overland lässt sich den Begriff „Jeep" als Marke schützen und untersagt Toyota fortan die weitere Nutzung. Für eine kurze Übergangszeit heißt er schlicht „BJ", bis der Technische Direktor Hanji Umehara die zündende Idee hat. Er wollte, so berichtet er später, einen Namen schaffen, der einen absoluten Wiedererkennungswert besitzt. Mehr noch: Er sollte nicht minder gediegen klingen als der Name des englischen Wettbewerbers, der „Land Rover". Aus dem „Landstreicher" wird in einer einzigartigen kreativen Meisterleistung ein „Landkreuzer" – am 24. Juni 1954 heißt der BJ zum ersten Mal „Land Cruiser" (japanisch: „Toyota Rando-kuruza").

Der Ruf des Land Cruiser beginnt sich – auch unterstützt vom griffigen Namen – zu entwickeln und zu verbreiten: 1954 werden die ersten Fahrzeuge nach Pakistan exportiert, 1955 gelangen 23 Land Cruiser nach Saudi-Arabien. Im selben Jahr ist allerdings nach weiteren 585 gebauten BJ-Modellen die Zeit für einen Nachfolger gekommen: Im August 1955 wird parallel zur BJ-Fertigung schon die nächste Generation, der BJ25, vorgestellt, im November schließlich löst der F-Motor den B-Motor ab. Der BJ mutiert noch kurzzeitig zum FJ, dann übernimmt der J2 schließlich zur Gänze das Ruder und schickt seinen Vorgänger in den Ruhestand.

Oben: Vorstellungshilfe im BJ-Prospekt: Schicke Farbvariante

Der BJ auf dem Weg zur 6. Station des Mount Fuji

Modellvarianten BJ

BJR	Länge 3838 mm, Radstand 2285 mm, Stoffverdeck, 08/1955-1957
BJT	Länge 3838 mm, Radstand 2285 mm, Stoffverdeck, Version mit Heckantrieb
BJJ	Länge 4196 mm, Radstand 2430 mm,
BJ Pick-up (integrierte Ladefläche)	Länge 3838 mm, Radstand 2285 mm, Stoffverdeck, 08-09/1955
BJ Pick-up (separate Ladefläche)	Länge 4200 mm, Radstand 2430 mm, Feuerwehr-Geräteträger
FJJ	Länge 3838 mm, Radstand 2285 mm, Längs- oder Querbänke hinten, Stoffverdeck, 09/1955-59

Weitere Informationen finden Sie unter www.legendelandcruiser.de

トヨタランドクルーザー
TOYOTA
DIESEL
LAND CRUISER

Der Modellcode

Bevor wir jetzt mit der Geschichte des Toyota Land Cruiser fortfahren, sind ein paar Worte zum Modellcode angebracht, der uns auf den nächsten paar hundert Seiten begleiten wird. Wie überall sonst spricht man natürlich auch in der Land-Cruiser-Welt gerne in kryptischen Abkürzungen, die der Unterscheidung der verschiedenen Baureihen und Modelle dienen und deren Vielfalt beim unvorbereiteten Leser womöglich zu Hirnkrämpfen führt. Eine vorangestellte Erklärung scheint deshalb sinnvoller als ein auf dem Buchdeckel aufgedruckter Warnhinweis.

Gehen wir also gleich in Medias Res: Die Nomenklatur der Modellcodes ist im Grunde genommen recht einfach aufgebaut und liefert im jeweiligen Modellkürzel nicht nur die Baureihe, sondern gleich auch die Motorisierung und die Ausführung mit. Ein Beispiel:

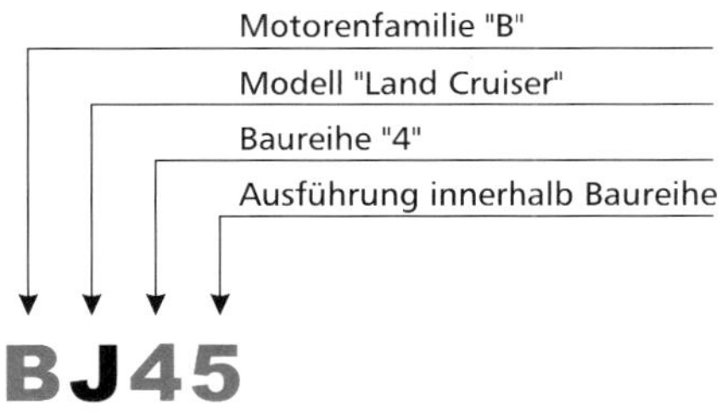

Ein „BJ45“ ist also ein „J4“ mit einem Motor aus der B-Familie (in diesem Fall ein 3B) und langem Radstand. Ein weiteres Beispiel: Hinter dem Kürzel „HZJ78“ versteckt sich eine Baureihe 7 mit einem Motor aus der HZ-Familie (1HZ) und „Troop Carrier“-Aufbau.

Natürlich ergeben sich bei einer solch verkürzten Darstellung zwangsläufig Unschärfen, und für die genaue Bestimmung des Modells anhand dieses Codes ist ein wenig „Spezialwissen“ vonnötigen. Erst durch die nötige Hintergrundinformation eröffnen sich die interessanten Details: Dass ein „BJ40“ zum Beispiel mit dem Motor „B“, der BJ41 jedoch mit dem „13B-T“ ausgeliefert wurde, dass der „HZJ76“ der Nachfolger des „HZJ77“ ist und dass bei J12 und J15 plötzlich die langen Radstände die niedrigere Endziffer trugen. Die Ausnahmen und Besonderheiten sind zahlreich, und grundsätzlich ist nichts unmöglich, aber im Laufe dieses Büchleins werden sie alle zumindest genannt und eingeordnet.

Im letzten Kapitel sprachen wir vom „Land Cruiser BJ“ bzw. „FJ“, je nach Motorisierung. Wenn wir uns jetzt fadengerade nach der vorgenannten Nomenklatur richten würden, sprächen wir also genau genommen schlicht vom „J“, erst der Nachfolger bekam eine angehängte Zahl und zeigte damit den ersten Modellsprung zum „J2“.

Im deutschsprachigen Raum hat sich dabei eingebürgert, vom „J2“, „J4“ usw. zu sprechen. In Frankreich sagt man hingegen „Série 2“, im englischen Sprachraum „20 Series“.

Natürlich reichen vier bis sechs ziffern nicht aus, um eine Universum aus mehreren tausend Modellvariationen zu beschreiben: Zum einen ist ein wenig Zusatzinformation bezüglich der Ausnahmen und Abweichungen notwendig, zum anderen gibt es ergänzende Ziffern, die weitere Spezifikationen beschreiben. So ist ein „BJ40V-KC“ zum Beispiel ein J4 mit B-Motor, Hardtop und Doppeltür am Heck, ein „HJ61LG-MXW“ ist ein J6 als linksgelenkter „Station Wagon G“ mit H-Motor, Standard-Dach, manuellem Schaltgetriebe, Turbo und Europa-Spezifikation. Aber keine Panik: Im Rahmen dieses Buches wird ausschließlich die Kurzform verwendet. Und: Unter „legendelandcruiser.de“ finden Sie bei Interesse eine ausführliche Auflistung aller verwendeten Kürzel.

Das soll es fürs erste gewesen sein, weitere Besonderheiten der Modellbenennung werden jeweils in den einzelnen Kapiteln erläutert. Am Ende eines jeden Kapitels finden Sie eine Tabelle mit den Modellvarianten, in denen den jeweiligen Modellcodes schön strukturiert auch Radstände, Aufbauvarianten und Motorisierungen zugeordnet werden, und ganz am Ende dieses Büchleins finden Sie eine kleine und gut merkbare Zusammenfassung mit Grafik. Und um das ganze abzurunden, wurde zusätzlich ein großes Plakat mit einem Überblick über die Land-Cruiser-Historie beigelegt. Genügend Material also, um dem nächsten Modellcode-Scharmützel gelassen entgegensehen zu können.

Rechts: Der zweitürige FJ28V orientierte sich an jenen Kunden, die zusätzlich zu den hervorragenden Geländeeigenschaften auch ausreichend Platz brauchten. Damit war er der Urahn der späteren separaten Baureihe der Station Wagon.

J2/J3 (1955–1960) – der Exportschlager

Japanischer Prospekt fur FJ21, 28, 24

Der Status Japans als alliierte Nachschubbasis im Koreakrieg hatte das Wirtschaftswachstum nachhaltig gestützt und 1952 schließlich auch eine wichtige Rolle bei der Wiedererlangung der Souveränität gespielt. Japan konnte sich nach den Kriegs- und Nachkriegswirren wieder frei entwickeln. Die in den ersten Jahren nach dem zweiten Weltkrieg noch vorherrschenden planwirtschaftlichen Tendenzen wurden Mitte der fünfziger Jahre durch die zunehmende Dominanz von Liberalen und Demokraten zurückgedrängt. Seiter wuchs die japanische Wirtschaft rasant weiter – so stark, dass Japan neben Deutschland und Österreich als drittes „Wirtschaftswunderland" galt.

Um den Individualverkehr zu fördern und damit die wirtschaftliche Entwicklung weiter anzukurbeln, entwickelte das japanische Ministerium für Internationalen Handel und Industrie ein Konzept für ein „nationales Auto". Die heimische Automobilindustrie wurde also aufgefordert, einen echten „Volkswagen" zu entwickeln und zur Beschleunigung des Ganzen sogar ermuntert, Lizenzen im Ausland einzukaufen. Zu ihrem Schutz wurden Fahrzeugimporte zudem mit hohen Zöllen belegt.

Eiji Toyoda entschied sich jedoch – fast schon erwartungsgemäß – gegen den gesichtslosen Lizenzbau und für die Entwicklung eines eigenen massentauglichen Fahrzeugs, hoch erhobenen Hauptes und aus eigener Kraft. Und so rollt am 1. Januar 1955 der erste Toyota Crown vom Band, eine komplette Neuentwicklung und der erste erfolgreiche Pkw des Unternehmens. So erfolgreich, dass ein paar Monate später schon 1000 Stück im Monat hergestellt wurden und 1959 ein eigenes Werk mit einer möglichen Kapazität von 5000 Einheiten im Monat in Betrieb ging. Wie massentauglich ein anderes Produkt aus seinem Hause war, sollte Eiji Toyoda zu dieser Zeit allerdings noch nicht ansatzweise ahnen.

Toyota verbesserte in diesen Jahren seine Wettbewerbsfähigkeit dramatisch, nicht zuletzt auch, da die Produkte konsequent und fortwährend den Wünschen der verschiedenen Zielgruppen angepasst wurden. Der Prozess der kontinuierlichen Verbesserung („Kaizen"), von Toyota in den Jahren nach dem Weltkrieg entwickelt, trug erste Früchte. So auch in der Allrad-Sparte: Das Konzept des BJ veränderte sich im Laufe der Monate durch kleine Änderungen mehr und mehr vom Militärfahrzeug zum zivilen Nutzfahrzeug. Nach vier Jahren intensiver Erfahrung mit dem BJ und angespornt durch seinen beachtlichen nationalen Erfolg entschieden sich die Entwickler schließlich für eine grundlegende Überarbeitung des kleinen Geländevehikels und damit für den ersten echten Modellsprung.

Im August 1955, parallel zur Produktion der letzten BJ, debütierte der Land Cruiser BJ25, das erste Modell der Baureihe 2. Ein „B" also für den verbauten B-Motor, ein „J" für „Land Cruiser", eine „2" für die zweite Generation – und eine „5" am Ende, die keine weitere Bedeutung hatte außer der Möglichkeit, die unterschiedlichen Ausführungen innerhalb der Baureihe unterscheiden zu können.

Das Styling

Die Überarbeitung erfolgte mit recht gnadenloser Konsequenz: Der J2 hatte bis auf den Motor nicht mehr sonderlich viel mit dem BJ gemein, nahezu alle Elemente wurden neu entwickelt. Schon die Erscheinung war deutlich ziviler: Abgerundete Kotflügel, Ansätze von Rundungen in der Motorhaube, ein schicker Kühlergrill mit drei nun querliegenden Chromspeichen und in die Front harmonisch integrierte (und leicht zu groß wirkende) Scheinwerfer ließen den J2 schon fast wie ein absichtlich designtes Auto aussehen, nicht mehr wie ein Zufallsprodukt

Der erste in die USA exportierte FJ25, heute im Besitz von Jonathan Ward /TLC

aus der Lehrblechnerei. Die wunderschön in der Formensprache der 50er Jahre gestaltete Motorhaube war zweigeteilt und unter der mittigen Chromzierleiste zusammengefügt. Ihre Form war, wie der Rest der Karosserie, vor allem den technischen Möglichkeiten geschuldet: Die zur Verfügung stehenden Blechpressen konnten einfach keine komplizierteren Formen herstellen. Dennoch wirkt die Karosserie in ihrer Gesamtheit sehr harmonisch und für die damalige Zeit modern – alles in allem scheint dem heutigen Betrachter der J2 nicht mehr ganz so fremd wie der BJ. Das liegt schlicht daran, dass er sich optisch gar nicht so grundlegend von seinem Nachfolger J4 unterscheidet, und der wurde immerhin bis Mitte der achtziger Jahre gebaut und prägt das Bild vom Land Cruiser als Kultobjekt wie keine andere Baureihe.

Bestimmte beim BJ noch die Aufgabe zu 100% die Gestaltung, darf angenommen werden, dass bei der Konzeption des J2 die Unterbringung der Insassen tatsächlich eine kleine Rolle gespielt haben mag: Durch die Verlagerung des Motors um 120 mm nach vorne wuchs der Innenraum um ganze 200 mm, und das Lenkrad wanderte wahnwitzige 10 mm nach außen, was allerdings durchaus eine Erleichterung darstellte. Auch der Handbremshebel lag nun deutlich näher am Fahrersitz und war ohne Verrenkungen bedienbar. Alles in allem konnten nun zwei Personen im vorderen Teil des Wagens nebeneinander Platz nehmen, ohne zwangsweise engere Bekanntschaft schließen zu müssen. Damit bot der J2 im Innenraum deutlich mehr Platz als der Jeep von Willys, was im Hinblick auf den zivilen Markt ein echtes Argument war.

Das Armaturenbrett enthielt eine halbkreisförmige Geschwindigkeitsanzeige und jeweils eine Anzeige für Spannung, Wassertemperatur, Tank-Füllstand und sogar eine für den Bremsdruck. Die Platzierung geschah Toyota-typisch praktisch: Der Ausschnitt für die Anzeigen hatte dieselbe Größe und den gleichen Platz wie der für das Handschuhfach auf der anderen

Seite des Fahrzeugs. Für den Export in andere Märkte konnten so ohne größeren Aufwand wahlweise links- oder rechtsgelenkte Versionen hergestellt werden. Ein Baukastensystem, das der J4 beibehalten sollte.

Die Klimaanlage (eine solche bekam man für den J2 tatsächlich auf Wunsch!) kam von Nippon Denso und hatte die Größe einer Kraftwerksentlüftung, die Heizung saß direkt darunter.

Alles in allem war der J2 also – im Vergleich zum BJ – ein durchaus komfortables Gerät und in dieser Hinsicht dem Wettbewerb aus Übersee mehr als ebenbürtig.

FJ25 Softtop, komplett geöffnet

Geburt einer legendären Maschine

Der J2 wurde Anfangs wie der BJ mit dem B-Motor bestückt, erhielt jedoch kurz darauf im November 1955 alternativ eine größere Maschine namens „F". In der ersten Zeit wurden die B- und F-Motoren noch parallel verbaut und ergaben (zeitgleich zum „Land Cruiser BJ" und „Land Cruiser FJ") die Modelle „Land Cruiser BJ25" und „Land Cruiser FJ21". Der geneigte Leser wird sich nun fragen, warum der eine „25" hieß und der andere „21". Nun, Kenner der Materie vermuten dahinter schon seit langem einen klugen Schachzug auf dem Weg zur endgültigen Weltherrschaft. Das Nachdenken über einen etwaigen tieferen Sinn dahinter kann nämlich über kurz oder lang nur zu einem veritablen Kolbenklemmer im Großhirn führen. Und während wir alle debil darniedersinken, überschwemmt TMS den weltweiten Markt mit roten Corolla Stufenhecks in brauner Velour-Ausstattung ...

Zurück zum F-Motor: Dieses für den Land Cruiser neue Triebwerk wurde bereits 1948 auf Basis des B-Motors entwickelt und war entsprechend ebenfalls eine komplett überdimensionierte OHV-Konstruktion. Die Geburtsstunde dieses monumentalen Gussbrockens, der seine Gene bis in die heutige Zeit vererbt hat, war im Land-Cruiser-Universum ein durchaus epochales Ereignis: Der F gilt wie kaum eine andere Toyota-Maschine als brachiale, unzerstörbare, unaufhaltsame „Lebensversicherung unter der Motorhaube". Und er hält mittlerweile (unter Einbeziehung einiger Veränderungen) sogar den Rekord für die längste Produktionszeit eines Toyota-Motors: Erst im Spätjahr 1992 lief die letzte Generation des legendären F-Triebwerks in Form des 3F-E vom Band.

Seit seiner Entwicklung wurde der F-Motor im Waffenträger FQ, den Toyopet-Patrouillenfahrzeugen und den Feuerwehr-Fahrzeugen eingesetzt. Bei seinem ersten Einsatz im FJ21 entwickelte das Aggregat nun aus 3878 cm^3 Hubraum mit einer Verdichtung von 6,8:1 annehmbare 95 PS und 235 Nm. Gegenüber dem B gab es also 10 PS mehr Leistung und immerhin 19 Nm mehr Drehmoment. Kurze Zeit später wurde die Kompression auf 7,5 erhöht, womit die Leistung auf geradezu halsbrecherische 105 PS und das Drehmoment auf 265 Nm stiegen, eine Steigerung von 23 Prozent gegenüber der alten B-Maschine. 1959 wuchs die Leistung auf 120, 1960 sogar auf 135 PS – eine komplett andere Welt.

Block und Zylinderkopf waren beim F-Motor aus Gusseisen – Motoren-Leichtbau war (und ist heute noch) nicht Sache der Land-Cruiser-Entwickler. Der Fokus lag weniger auf Ökonomie sondern auf Haltbarkeit, Haltbarkeit und Haltbarkeit. Auch der Gedanke der Haltbarkeit mag eine Rolle gespielt haben. Glücklicherweise, denn ein F-Motor ist tatsächlich nur schwerlich kaputt zu bekommen, getreu dem Motto „We'll know how long it lasts, when the first one wears out" („wir werden wissen, wie lange er hält, wenn der erste kaputt geht"). Die Kurbelwelle war nur vierfach gelagert, was dem Maschinchen zwar einen recht unruhigen Lauf bescherte, allerdings auch die interne Reibung minimierte und die Konstruktion vereinfachte. Seidenweicher Motorlauf wird ohnehin überbewertet... Die Nockenwelle wurde über Zahnräder angetrieben, auch das eine Art Lebensversicherung für den Motor. Konstruktionsbedingt lagen Ansaug- und Auspuffkrümmer direkt nebeneinander: Das gab durch die Vorwärmung zwar Verluste bei der Füllung und einen geringeren Wirkungsgrad, allerdings eben auch eine hohe Zuverlässigkeit bei kalten Temperaturen. Der höhere Verbrauch spielte in jenen Tagen nun wirklich keine Rolle, und so war (und ist) der F-Motor Zeit seines Lebens ein respektabler Schluckspecht. Maßgeblich dafür verantwortlich war auch der geradezu zerklüftete Brennraum, der allerlei Turbulenzen erzeugte. Hinzu kam, dass die Toyota-Ingenieure äußerst viel Augenmerk auf ausreichend Kühlung gelegt und den ganzen Block mit Kanälen durchzogen hatten, was zwar Lebensdauer und Standfestigkeit des Aggregates denkbar positiv beeinflusste, andererseits jedoch naturgemäß auch niedrigere Verbrennungstemperaturen (und dadurch verminderte Leistungsausbeute) mit sich brachte. Auch die niedrige Verdichtung, wichtig für die teilweise haarsträubend schlechten Kraftstoffqualitäten im damaligen Ausland, spielte hier eine gewichtige Rolle.

Die Technik und ihre Evolution

Die Kraft wurde über ein manuelles 4-Gang-Getriebe an die Hinterachse übertragen, die Vorderachse war zuschaltbar. Eine Untersetzung gab es immer noch nicht – der Hubraum machte eine solche auch weiterhin nicht unbedingt zwingend. Dafür gab es gleich zwei „Power Take Offs" zum Anschluss mechanischer Geräte, einen vorne und einen hinten.

Der Radstand in den kurzen Versionen BJ25 und FJ21 war gegenüber dem BJ um 115 mm kürzer und betrug 2285 mm, was dem J2 ein wendigeres Handling verschaffte. Die Federung wurde den veränderten Ansprüchen angepasst und deutlich komfortabler abgestimmt: Statt vormals 9 Lagen im BJ versahen im BJ25 nun längere dreilagige Blattfedern aus den Leicht-Lkw-Modellen ihren Dienst an den Achsen. So konnte der Komfort erhöht werden, ohne große Abstriche bei der Traglast in Kauf nehmen zu müssen. Der FJ28 saß auf einer zweiten, längeren Chassis-Version und hatte einen Radstand von 2430 mm.

Mit der Einführung des F-Motors und seiner weiteren Überarbeitung stieg die Leistung wie erwähnt um satte 23 Prozent. Und es war klar, dass das noch lange nicht das Ende der Fahnenstange war. Die Einsatzbereiche wurden vielfältiger, und zu guter Letzt kam es im zivilen Bereich auch nicht mehr auf jeden Penny an. Die Ingenieure nahmen diese Entwicklungen zum Anlass, die gesamte Konstruktion der zweiten Generation noch einmal deutlich solider auszulegen. Also wurden die Hauptprofile des Rahmens ein wenig größer dimensioniert, im vorderen Bereich wurden statt der U-Profile nun geschlossene Kastenprofile eingesetzt und auch unter den Querträgern wuchs die Zahl geschlossener Profile.

Highways gab es zu dieser Zeit in Japan noch keine, sodass eine Höchstgeschwindigkeit von 60 km/h das höchste der Gefühle war. Das allerdings reichte definitiv nicht für den Export in die USA: Die Federung aus dem Crown war zu weich für amerikanische Highways, der Land Cruiser neigte bei höheren Geschwindigkeiten zum Schwimmen. Um den J2 auf der Straße komfortabler und sicherer zu machen, wurde wieder eine Federlage hinzugefügt. Die Exportmodelle erhielten zusätzlich einen Lenkungsdämpfer, der die konstruktionsbedingt leichtgängige und bei hohem Tempo gerne mal flatternde Schneckenlenkung im Zaum hielt – zu dieser Zeit ein Novum für diese Art von Fahrzeugen.

Auch die Federschäkel und -anschläge wurden nun stabiler ausgeführt und Letztere mit dem Rahmen vernietet (nicht verschweißt – die Schweißtechnik war in jenen Tagen noch nicht allzu verlässlich). Um die Vibrationen in der Fahrgastzelle zu mindern, wurden an den Federaufnahmen Gummibuchsen eingesetzt. Die vorderen Kugelgelenke wichen homokinetischen Gelenken, die Spurstangen und Antriebswellen wurden überarbeitet und verstärkt. Die Räder wurden schließlich von 6.00 x 16 auf die Dimension 7.5 x 15 Zoll umgestellt, die Federpakete wieder auf vorne 6, hinten 7 Lagen aufgestockt.

Getriebe, Verteilergetriebe und Achsen blieben durch die gesamte Bauzeit weitestgehend gleich, lediglich die Übersetzungen von erstem und zweitem Gang wurden leicht erhöht, um den BJ tauglicher für den Stadt- und Überlandverkehr auszulegen. Zusätzlich wurden – eine angenehme Neuerung und zu dieser Zeit stark im Kommen – der dritte und vierte Gang synchronisiert.

Technische Daten F-Motor

Land Cruiser J2/J3 (1955-1960, in Brasilien als „Toyota Bandeirante TB25L" bis 1962)

Spitzname in Südamerika:	„El Macho"
Produktion: ARACO, Japan (bis 1960)/São Paulo, Brasilien (bis 1962)	
Motoren:	B85, F
Getriebe:	4-Gang manuell
Antrieb:	Heckantrieb, zuschaltbarer Frontantrieb
Fahrwerk:	Leiterrahmen, 2 Starrachsen, Blattfedern
Maße:	
Länge:	3838-4225 mm, je nach Version
Breite:	1665 mm (FJ24JA 1700 mm)
Höhe:	1900 – 1995 mm, je nach Bereifung und Version
Radstand:	2285/2430/2650 mm, je nach Version
Spurweite vorne:	1390
Spurweite hinten:	1350

Die Modellvarianten

Der FJ21 wurde nach nur einem Monat Bauzeit vom FJ25 abgelöst, der fortan das Standard-Modell der „Generation 2" war: Mit seinem kurzen Radstand und dem Stoffverdeck war er das universale Massenmodell, das den Großteil der Käuferschicht ansprach und zufriedenstellte. Er war lieferbar mit Hecktür oder Heckklappe (hatte in der Basisversion jedoch keinen Abschluss am Heck), optionalen Längs- oder Querbänken im Heck und einigen Basis-Ausstattungsmerkmalen, die für die meisten Käufer ausreichten.

Getreu den Toyota-Prinzipien wurde die Modellvielfalt im Laufe der Entwicklung so weit ausgefächert, dass es letztendlich ganze 14 Versionen des J2 gab. Auf den zwei Radständen bauten Softtop-Versionen, Vans, Wagons, Pick-ups und Sonderfahrzeuge auf – es war für jede Anwendung etwas dabei. Natürlich auch Flops und Fehlgriffe: Ab 1959 produzierte Toyota z.B. auch Pick-ups auf Basis des FJ25, die jedoch aufgrund der allzu kurzen Ladefläche nicht wirklich Anklang fanden.

Oben: Station-Sonderaufbau für die Post

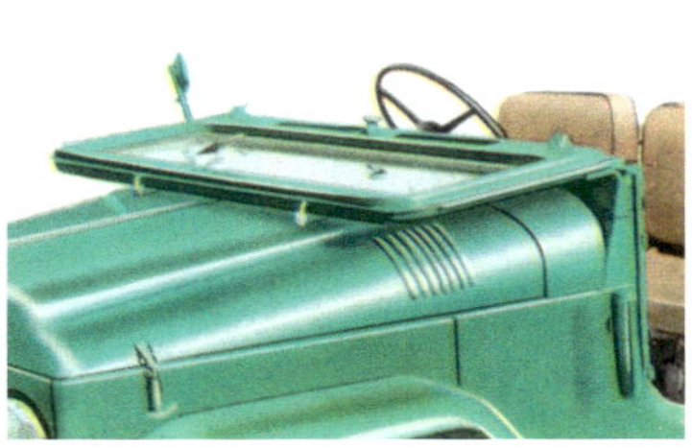

Eine interessante Rolle spielten dabei die Station Wagons: Der zweitürige FJ28VA und der viertürige FJ28LVA waren geschlossene Kastenwagen mit einer eher „praktisch" gestalteten Karosserie, großen Verstärkungssicken in den Seiten, vergitterten hinteren Seitenfenstern und deutlichem Hecküberhang. In Form und Anmutung erinnerten sie ein bisschen an amerikanische Schulbusse und konnten bei weit über 1400 mm Innenbreite und guten 1700 mm Länge hinter den Vordersitzen auch eine ganze Menge Ladung aufnehmen. Im Inneren gab es eine zweite Sitzreihe in Fahrtrichtung und noch einen guten Meter Platz dahinter, was ein mehr als veritabler Kofferraum war und den Station geradezu zum Vehikel der Wahl für die langsam aufkeimende Freizeitgesellschaft prädestinierte. Diese Verbindung von Nutz- und Freizeitwert passte Toyota ganz wunderbar ins Konzept, und so wurden vom FJ28LVA auch ganze 1258 Stück gebaut. Davon wurde allerdings kein einziger in die USA exportiert – obwohl man dort in punkto „mobile Freizeitorientierung" dem Rest der Welt gute 20 Jahre voraus war. Nichtsdestotrotz war der FJ28LVA der erste Station und damit der Ur-Ur-Ur-Ur-Ur-Ur-Ur-Ahn des heutigen Land Cruiser 200.

1960 – schon nach dem eigentlichen Ende der Baureihe J2 – wurde das Programm noch kurzzeitig um ein drittes Chassis mit einem Radstand von 2650 mm ergänzt, auf das der neue Station Wagon FJ35V aufgebaut wurde. Dieser war im Grunde genommen nur ein Übergangsmodell: Zwischen September und November 1960 wurden gerade einmal 60 Fahrzeuge hergestellt, bevor der FJ35 von seinem Nachfolger 45 abgelöst wurde.

Ein BJ21 bei eingehender Prüfung durch die National Police Reserve Forces

Feuchte Testfahrt: Auch in den Fünfzigern wurden neue Fahrzeuge auf Herz und Nieren getestet.

Der Exportgedanke keimt

Der nationale Bedarf wuchs kräftig, und Toyota arbeitete hart am Aufbau eines heimischen Vertriebsnetzes, um diesem Bedarf gerecht zu werden. Die äußerliche Umgestaltung des Land Cruiser im Zuge des Modellwechsels geschah nicht von ungefähr: Zu einer Zeit, als noch kaum jemand in Japan ernsthaft von Auslandsreisen träumte, wagte man im Hause Toyota erste Seitenblicke auf andere Märkte.

Im Jahre 1955 reiste der damalige TMC-Präsident Taizo Ishida in die USA, um den dortigen Markt zu studieren. Seine Beobachtungen bestärkten ihn in seiner Überzeugung, dass auch die Amerikaner starkes Interesse an „vernünftigen" (sprich: wirtschaftlichen) Fahrzeugen hatten. Ishida befand sich diesbezüglich allerdings in einer Zwickmühle: Die amerikanischen Hersteller konnten zwar nicht mit wirtschaftlichen Fahrzeugen aufwarten, dafür waren sie qualitativ den japanischen Modellen immer noch überlegen. Und auch deutschen Produkten wie dem VW Käfer, bekanntermaßen zum Verzweifeln vernünftig und zudem in den USA ein Verkaufsschlager, konnten die Toyota-Modelle noch nicht das Wasser reichen. Dennoch entschieden Taizo und TMS-Chef Shotaro Kamiya, den Sprung über den großen Teich zu wagen.

Diese Entscheidung wurde nicht unmaßgeblich durch die Schwierigkeiten beeinflusst, mit denen Toyota in den ersten Jahren der BJ-Produktion zu kämpfen hatte. Die Ablehnung des BJ durch die Police Defense Forces, die anschließende Entscheidung „jetzt erst recht" und die damit verbundene Befreiung von den engen Vorgaben ermöglichte die freie, ungebundene und vor allem zivil orientierte Entwicklung des Land Cruiser.

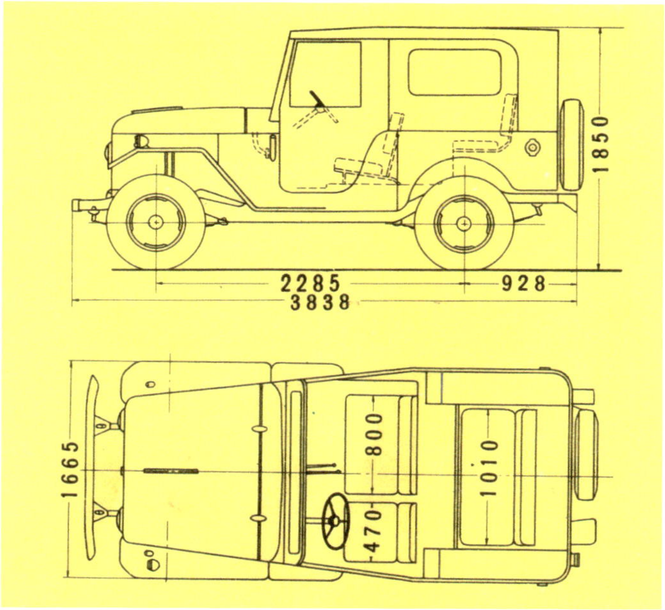

Das Platzangebot im FJ25 war doch eher übersichtlich … die Sitzposition in der ersten Reihe wurde jedoch entscheidend verbessert: Das Lenkrad wanderte ein Stück nach links und wurde kleiner, nun fanden zur Not sogar drei Personen nebeneinander Platz.

トレーラー付

消防車

ライト・バン

トラック

貨客兼用車

Jene Rückschläge stachelten den Ehrgeiz der Toyota-Mannschaft nur noch an, aus eigener Kraft ein Fahrzeug zu bauen, das auf den Weltmärkten mit den seinerzeit alles beherrschenden Wettbewerbern aus Deutschland und den USA konkurrieren konnte.

Das Militär gibt wieder einmal den Ausschlag

Nach allen negativen Erfahrungen mit Anfragen von staatlicher Seite war es jedoch erneut der militärische Bedarf, von dem ein entscheidender Impuls ausging.

Die im Koreakrieg von den Alliierten ersonnene Versorgungsstrategie, militärische Güter direkt im asiatischen Raum produzieren zu lassen, war erfolgreich. Und so rief die „U.S. Army Procurement Agency“ in Japan (APA) nach Kriegsende die japanischen Automobilhersteller erneut dazu auf, ihre Angebote abzugeben. Nissan, Isuzu, Mitsubishi und Toyota schickten daraufhin Anfang 1957 Fahrzeuge verschiedener Klassen nach Baltimore im US-Bundesstaat Maryland, wo sie von Januar bis März auf dem Testgelände von Aberdeen nach allen Regeln der militärischen Kunst durchs Unterholz geprügelt wurden. Das Ergebnis war für Toyota erfreulich: Sowohl der Dreivierteltonner 2FQ15L als auch der Zweieinhalbtonnen-Lkw 2DW15L wurden für die Beschaffung akzeptiert. Auch der FJ25L („L“ steht hier jeweils für die linksgelenkte Version) nahm an diesen Tests teil. Dem Vernehmen nach schlug er sich nicht schlecht, wurde jedoch nicht für die weitere Verwendung ausgewählt. Dennoch zeigte sich das Militär beeindruckt von den Fä-

higkeiten des Land Cruiser – und bestärkte Toyota damit in der Überzeugung, einen Export auf den US-amerikanischen Markt ernsthaft in Erwägung ziehen zu können. Militärische Testläufe sind für einen Fahrzeughersteller immer höchst interessant und lehrreich, und auch Toyota zog Schlüsse aus der olivgrünen Quälerei: Spezifikationen und Prüfmethoden wurden verändert, Rostvorsorge, Lackierung, Reinigung und letztendlich auch die Export-Verpackung wurden verbessert.

Chefingenieur Saihei Iritani erinnert sich: „Wir haben vieles von der US Army gelernt. Damals nahmen wir an Testreihen in den Vereinigten Staaten teil, später erhielten wir Aufträge vom amerikanischen Beschaffungsamt, der US Army Procurement Agency (APA). Aufgrund dieser Erfahrungen überarbeiteten wir Konstruktionszeichnungen, technische Daten und Inspektionsmethoden. Besonders die Erkenntnisse in Sachen Reinigung von Reparaturteilen, Lackierung, Rostvorsorge und Schutzausrüstung haben uns weiter gebracht. Dieses Know-how war außerordentlich hilfreich, als Toyota seine Exportaktivitäten verstärkte."

Die im militärischen Test gemachten Erfahrungen waren also von enormem Vorteil bei der Expansion auf den amerikanischen Markt. Und noch etwas anderes war von nicht zu unterschätzendem Vorteil: der Motor. Dieser hatte große Ähnlichkeit mit der 225er-Maschine von Chevrolet und kam speziell den ehemalig in Japan oder Korea stationierten US-Soldaten sehr bekannt vor.

Die „Land Cruiser-Strategie"

Der Land Cruiser konnte bezüglich Technik, Variabilität, Raumangebot und Fahrleistungen locker mit seinen Konkurrenten Land Rover und Willys Jeep mithalten. Hinzu kam ein deutlicher preislicher Vorteil: Während das Softtop-Modell mit ca. 2500 Dollar und die Hardtop-Version mit knapp 3000 Dollar schon solch luxuriöse Ausstattungsmerkmale wie zu öffnende Fenster vorne, Anhängersteckdose, Heckstoßstange, Beifahrersitz oder Abschlepphaken ab Werk mitbrachten, mussten diese beim CJ5 von Willys gegen Aufpreis geordert werden oder waren gleich gar nicht erhältlich. Der FJ25 war also ein „reasonably priced car", ein echtes Vernunftsauto.

Toyota verfolgte bei seinen Exportüberlegungen eine nachhaltige und auf Geduld ausgelegte Strategie: Der Land Cruiser war ein hervorragendes Produkt, er war haltbar, preisgünstig, leistungsstark und ihm eilte ein hervorragender, sich schnell verbreitender Ruf voraus. Toyota kalkulierte damit, dass der Land Cruiser durch diesen Ruf den Weg für weitere Produkte ebnen und dass ihm, einmal in einen Markt eingeführt, schnell auch Pkw folgen würden. Der Land Cruiser war sozusagen der „Brückenkopf" für die friedliche Invasion des US-amerikanischen Marktes.

Diese Grundidee wurde dann zur „Land-Cruiser-Strategie", und der erste exportierte Land Cruiser war der Startschuss für Toyotas internationalen Erfolg.

Der Export nimmt Fahrt auf

Ein Jahr zuvor, 1954, waren schon die ersten Fahrzeuge nach Pakistan verschifft worden. 1955 gelangten dann 23 Fahrzeuge nach Saudi-Arabien, die dort einschlugen wie die sprichwörtliche Bombe. Im selben Jahr wurden Fahrzeuge nach Brasilien exportiert und zum Sturm auf Südamerika geblasen, zwei weitere Land Cruiser folgten am 21. Februar 1956 nach Venezuela. Burma, Malaysia, Puerto Rico, Kuwait, Syrien und andere Länder im Mittleren Osten folgten kurz darauf.

Ab diesem Jahr nahm Toyota jede sich bietende Gelegenheit wahr, den Land Cruiser zu zeigen und den Export in neue Märkte vorzubereiten. Es wurden Prototypen verschifft, Automobilmessen eröffnet und Anzeigen überall auf der Welt geschaltet. Für den Aufbau eines Vertriebsnetzwerks wurden zumeist Fahrzeuge ins Land gebracht und potenziellen Händlern vor Ort gezeigt. In Saudi-Arabien wurde ein Händlernetz in Verbindung mit Servicestationen aufgebaut, in Kuwait wurden Präsentationen für große Bauunternehmen veranstaltet. Vielfach wurde direkt an Privatleute verkauft, woraufhin irgendwann auch größere Unternehmen und staatliche Organe auf die Fahrzeuge aufmerksam wurden und dann ihrerseits durch größere Ordern den Absatz stark ansteigen ließen.

Oben: FJ25 Hardtop bei der Anlieferung in einem US-amerikanischen Hafen

Oben: J2 mit Stahltüren, Softtop und Sirene: Sonderausführung für Einsatzkräfte

Unten: FJ28V in der 4-türigen Ausführung, der erste 4-türige Station Wagon und eigentlicher Urahn der heutigen Baureihe „Land Cruiser Station Wagon“. Aufgrund des kurzen Radstands öffneten sich die Türen damals noch gegenläufig.

1957 begann auf dem heimischen Markt der Verkauf des Kleinwagens Corona, mit dem Toyota einen massiven Angriff auf den Konkurrenten Nissan startete. Dennoch waren immer noch über 70 Prozent der hergestellten Fahrzeuge Liefer- und Lastwagen – unter ihnen auch der Land Cruiser.

Im August 1957 wurden dann die ersten Land Cruiser in die USA verschifft und dort vorgestellt, im Oktober 1957 wurde TMS USA gegründet, mit Sitz in Beverly Hills. Toyota unterlief beim Start in den USA jedoch ein unangenehmer taktischer Fehler: Noch vor den Land Cruiser-Modellen erreichten zwei Crown den amerikanischen Markt. Der Crown der ersten Generation war zwar sparsam, insgesamt jedoch von eher minderer Qualität, und das Fahrerlebnis auf den Highways war für die amerikanische Presse und Kundschaft nicht wirklich überzeugend. Die Karriere des Crown war dann auch erst mal eine recht kurze: Ende 1960 wurden von den mittlerweile 85 Vertriebszentren in den USA nur noch Land Cruiser und später Pick-ups angeboten. Toyota hatte entschieden, die Crown- und Tiara-Modelle aus dem USA-Programm zu nehmen, bevor sie der Marke schaden konnten – erst Jahre später wurde mit der nächsten Modellgeneration wieder ein Versuch gewagt. Dies war ein äußerst interessanter Vorgang, der den Stellenwert des Land Cruiser für die Exportstrategie überdeutlich zu Tage treten lässt: Der damals schon vorhandene Nimbus unbedingter Haltbarkeit und Zuverlässigkeit sollte keinesfalls durch weniger überzeugende Produkte beschädigt werden. Zu seinem Schutz wurde sogar auf das eigentliche Zugpferd, den günstigen Pkw, verzichtet. Bis 1965 der neue Corona die USA erreichte und dort endlich mit den auf dem Markt eingeführten Produkten

konkurrieren konnte, hielt der Land Cruiser die Fahne hoch und Toyota im Geschäft.

Im März 1957 wurde mit dem DA60 übrigens der erste Toyota-Diesel-Lkw auf den Markt gebracht. Da jedoch die Markenverbundenheit in Japan äußerst stark war und Toyota bis dato keine Dieselmaschine im Programm hatte, waren Verbindungen zum Dieselhersteller Hino Motors geknüpft worden. Erfolgreiche Verbindungen: Sie halfen nicht nur beim Abverkauf des neuen Produkts, sondern mündeten einige Jahre später schließlich in einer Kooperation, in deren Verlauf Hino die in späteren Land Cruiser-Modellen verwendeten B- und H-Motoren herstellte.

Ebenfalls 1957 startete der Export von Land Cruiser und Crown nach Äthiopien. „Globalisierung" bedeutete in den fünfziger Jahren noch nicht die Zwangsangleichung der Märkte, und so war der Verkaufsstart in einem neuen Land, einem neuen Kulturkreis, noch ein echtes und unkalkulierbares Abenteuer. Natürlich unterschied sich der afrikanische Markt ganz grundlegend vom US-amerikanischen, wo der Weg zum Kunden durch Medien und Marketing-Netze schon seit Jahrzehnten immer weiter verkürzt worden war. So sah sich Toyota gezwungen, mit Beispielfahrzeugen quer durch Afrika zu fahren und direkt mit potenziellen Kunden zu verhandeln.

Der Export machte im Jahre 1957 einen gewaltigen Sprung: Von insgesamt 6551 aus Japan exportierten Fahrzeugen betrug Toyotas Anteil mit 4117 Stück sagenhafte 62,8 Prozent – davon alleine 2502 Land Cruiser, was 38,2 Prozent des gesamten japanischen Fahrzeug-Exports ausmachten. Der kleine Allzweck-Geländehüpfer führte den Export also in neue Gefilde.

Im Januar 1958 wurden Crown und Land Cruiser auf einer Messe in Los Angeles vorgestellt, kurz darauf fand sich auch der erste Käufer für einen Land Cruiser in den USA. Ein Jahr später waren es schon 61 verkaufte Fahrzeuge.

Im gleichen Jahr verstärkte Toyota nach einiger Vorbereitung auch seine Offensive auf dem südamerikanischen Kontinent und gab den Startschuss frei für die erste Fahrzeugproduktion außerhalb Japans: Am 23. Januar 1958 wurde in São Paulo die Tochtergesellschaft „Toyota do Brasil" gegründet, ab Mai 1959 wurde in Brasilien der FJ25 in der „CKD-Montage" zusammengesetzt, im „Completely Knocked Down"-Verfahren, wo ein komplett zerlegter Bausatz aus Japan angeliefert und vor Ort zusammengesetzt wurde. Ein Gesetz zum Schutz der heimischen Industrie, erlassen im Jahre 1955, machte dieses Verfahren notwendig: Der Import von kompletten Fahrzeugen wurde von staatlicher Seite immens erschwert. Toyota kannte derlei Restriktionen aus dem eigenen Land, wusste also auch, wie man sie umgeht. Bereits 1955 begann man also mit dem Import von Teilen, die vor Ort zu kompletten Fahrzeugen montiert wurden.

Seit 1957 reisten die Toyota-Vertreter durch Mittel- und Südamerika und priesen den Land Cruiser, wobei sie nicht selten bei Null anfangen und erst einmal erklären mussten, wo zum Henker dieses Japan eigentlich liegt. Die Südamerikaner begannen diesen Alleskönner jedoch bald zu lieben und krönten ihn schließlich mit dem martialischen Titel „El Macho" (Der Mann) – ein absolut unschlagbarer Slogan, der den Marketingverantwortlichen aus dem fernen Osten sicherlich nicht von selbst eingefallen wäre.

Im Juli 1959 erreichten die ersten Toyota-Fahrzeuge Australien, vornehmlich zur Nutzung in Minen, im Dammbau und in schneereichen Gebieten. Diesmal machte das Unternehmen allerdings nicht den gleichen Fehler wie in den USA: Der erste Toyota, der in Australien das Schiff verließ, war ein Land Cruiser. Ab August wurde dieser erste Land Cruiser im Rahmen des wichtigsten australischen Entwicklungsprojektes genutzt: Dem „Snowy Mountains Hydro-Electric Scheme". Eines der dort dominant vertretenen Unternehmen war in Besitz von Sir Leslie Thiess, der die Qualitäten des neuen Geländewagens sofort erkannte. Und er verlor keine Zeit: 1959 beantragte Thiess die Vermarktungsrechte für Queensland und markierte damit den Beginn einer mächtigen Partnerschaft. Letztendlich sicherte diese Partnerschaft Toyota die bis heute andauernde Dominanz im australischen Nutzfahrzeugmarkt.

Ende 1959 hatte der Land Cruiser bereits Nord- und Südamerika, Afrika, Südostasien und Australien erobert – und es wurde in den Augen der Entwickler Zeit für den nächsten großen Modellsprung. Nach 8488 gebauten Fahrzeugen wurde die Produktion des J2 eingestellt und der Weg für seinen Nachfolger J4 geebnet, der fortan die Welt erobern sollte.

Aber halt: Die ganze Welt? Ein kleines Dorf hörte nicht auf, Widerstand zu leisten: Bei Toyota do Brasil im beschaulichen São Paulo wurde die Umstellung auf den J4 nämlich noch ein wenig hinausgezögert. Bereits 1959 war Toyota do Brasil zu 60% in staatlicher Hand, und der Anteil sollte weiter steigen. Die Verstaatlichung und ein deutlich nationalistischer Trend gaben dem Land Cruiser dann auch einen neuen Namen: Er lief nun als „Toyota Bandeirante" vom Band, in Anlehnung an die Pioniere, die das Land einstmals von der Küste aus eroberten. Bis das neue Werk in São Bernardo do Campo mit den J4-Produktionsanlagen im Jahre 1962 fertig gestellt war, beglückte Toyota do Brasil also den südamerikanischen Kontinent noch mit dem „Toyota Bandeirante TB25L".

Der Land Cruiser wurde immer wieder auf Briefmarken verehrt – hier eine nicaraguanische Sondermarke

Randnotiz:
Kaizen

Als Toyota nach dem zweiten Weltkrieg in die Krise schlitterte und Massenentlassungen drohten, schlossen Unternehmensführung und Gewerkschaften nach einem harten Arbeitskampf und langwierigen Verhandlungen einen noch heute für die japanische Automobilindustrie bedeutenden Kompromiss: Jene Arbeitnehmer, die im Unternehmen verbleiben konnten, bekamen lebenslange Beschäftigung zugesichert, sowie eine Entlohnung, die sich fortan nach der Dauer der Betriebszugehörigkeit richtete und durch einen an den Unternehmenserfolg gekoppelten Bonus aufgewertet wurde.

Die Arbeitnehmer rückten damit als Unternehmenskapital an die erste Stelle: Sie waren nicht mehr bei Bedarf oder aufgrund etwaiger Fehlleistungen schnell austauschbar, sondern mussten – im Hinblick auf ein vielleicht noch Jahrzehnte andauerndes Vertragsverhältnis – gehegt und gepflegt werden. Vor allem aber mussten ihre Fähigkeiten kontinuierlich gefördert und verbessert werden, um ihre Leistung konstant zu steigern und somit ihren Wert für das Unternehmen weiter zu erhöhen. Der Arbeitnehmer war ein Kapitalstock, den es mehr denn je aufzubauen galt.

Aus dieser Erkenntnis entwickelte Toyota eine lebendige Lebens- und Arbeitsphilosophie, deren Leitidee das Streben nach ständiger Verbesserung ist: „Kaizen".

Im Mittelpunkt steht dabei immer der wirtschaftliche Erfolg. Dieser kann nur durch höchste Kundenzufriedenheit erreicht werden, die ihrerseits wiederum nur auf Basis höchster Qualität, niedriger Kosten und Schnelligkeit gedeihen kann. Kaizen bedient sich dafür einer Reihe standardisierter Begriffskataloge und Checklisten, die immer wieder durchlaufen und hinterfragt werden. Das Prinzip des „Geh zur Quelle" (Genkin-butso) zum Beispiel besagt, bei unerwünschten Ergebnissen oder Fehlern fünf Mal nach dem „Warum" zu fragen, um eine Lösung zu erzielen.

Der bei Kaizen angestrebte Weg ist dabei nicht die sprunghafte Verbesserung, sondern die schrittweise erfolgende Perfektionierung und Optimierung. Der Kaizen-Befürworter geht davon aus, dass der gegenwärtige Zustand IMMER verbesserungswürdig ist – nichts ist so gut, dass es nicht noch ein Stückchen besser sein könnte. Das gilt mithin nicht nur für die Produkte und Dienstleistungen, sondern auch für das interne Arbeitsumfeld. Kaizen verfolgt also grundsätzlich einen ganzheitlichen Ansatz und hat das hehre Ziel der allumfassenden Vollendung.

Soweit die Theorie.

In der (japanischen) Praxis ist Kaizen vor allem eine Philosophie der „ewigen Veränderung", was in erster Linie „sichtbare Veränderung" bedeutet. Nicht immer muss mit dieser Veränderung auch eine Qualitätsverbesserung einhergehen. Oft wird dem Verbraucher nur durch leichte konstruktive Veränderungen ein erweiterter Nutzwert versprochen. Elektrogeräten werden beispielsweise immer neue Funktionen hinzugefügt, die das Produkt an sich letztendlich nur überladen und der Gesamtqualität nicht immer zuträglich sind. Zwangsweise führt dieses Verständnis von Kaizen zu einem immens hohen und immer höher werdenden Entwicklungstempo. Zwar verdankt die Welt diesem Tempo zahlreiche Produktinnovationen, aber auch die damit einhergehenden höheren Fehlerzahlen aufgrund höherer Komplexität.

Das Chassis des J2 ist ein Paradebeispiel für Kaizen, die stetige Verbesserung: Die Rahmenprofile wurden größer dimensioniert, im vorderen Bereich des Rahmens wurden statt offener Profile nun geschlossene verwendet. Die Federung wurde optimiert, für den Export gab es Lenkungsdämpfer – die Ingenieure drehten an vielen Stellschrauben und optimierten die Basis des neuen Land Cruiser sanft, aber nachhaltig.

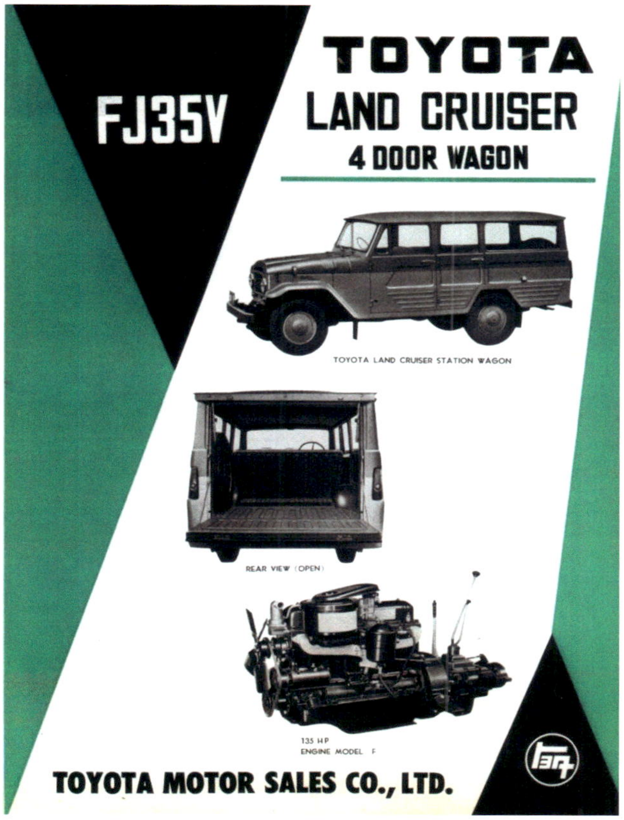

Der US-amerikanische Prospekt des FJ25 Softtop pries vor allem seine technischen Vorzüge und die Power des Sechszylinder-Benziners

Modellvarianten J2/J3

BJ25	Länge 3838 mm, Radstand 2285 mm, Stoffverdeck, 08/1955-1957
BJ26	Länge 3838 mm, Radstand 2285 mm, Stoffverdeck, Version mit Heckantrieb
BJ28	Länge 4196 mm, Radstand 2430 mm,
FJ21	Länge 3838 mm, Radstand 2285 mm, Stoffverdeck, 08-09/1955
FJ24JA	Länge 4200 mm, Radstand 2430 mm, Feuerwehr-Geräteträger
FJ25	Länge 3838 mm, Radstand 2285 mm, Längs- oder Querbänke hinten, Stoffverdeck, 09/1955-59
FJ25V	Länge 3838 mm, Radstand 2285 mm, Hardtop, 1956-1960
FJ25 Pick-up	Radstand 2285 mm, 1959-1960
FJ26	Länge 3838 mm, Radstand 2285 mm, Version mit Heckantrieb
FJ27	Länge 3838 mm, Radstand 2285 mm, Version mit Heckantrieb
FJ28	Länge 4225 mm, Radstand 2430 mm, Stoffverdeck, 1955-1960
FJ28V	Länge 4195 mm, Radstand 2430 mm, Hardtop, 3. Sitzreihe, 1956-1960
FJ28VA	Länge 4225 mm, Radstand 2430 mm, Station Wagon mit 2 Türen, 1958-1959
FJ28LVA	Radstand 2430 mm, Station Wagon mit 4 Türen, 1958-1959
FJ29	Länge 4225 mm, Radstand 2430 mm, Version mit Heckantrieb
FJ35V	Radstand 2650 mm, 09/1960-11/1960

Weitere Informationen finden Sie unter www.legendelandcruiser.de

Zwei Mal FJ40 Hardtop: Oben die alte, runde Brille, unten die neue

J4 (1960–1986) – das Kultobjekt

Der BJ entzündete die Fackel, der J2 trug sie in die Welt: Er begründete den geradezu famosen Ruf der Unzerstörbarkeit, den der Land Cruiser bereits Ende der 50er weltweit besaß. Mit ihrer Flexibilität bezüglich verschiedenster Anforderungen, dem seit 1954 beginnenden Export und der dahinter steckenden „Land-Cruiser-Strategie" kurbelte Toyota den Absatz zusätzlich so enorm an, dass vor allem in der Produktion schnell Umstrukturierungen notwendig wurden, um der steigenden Nachfrage Herr zu werden.

Einer der ersten in Europa angelieferten J4 wird zusammen mit einem Hiace vom Schiff abgeladen.

Als sich Ende der Fünfziger die Produktionsmethoden und Materialien deutlich verbesserten, entschied sich Toyota im Hinblick auf den Erfolg des J2 für eine weitere, grundlegende Überarbeitung und präsentierte 1960 den eigentlichen Ursprung des enormen und bis heute anhaltenden Land-Cruiser-Kultes: den legendären J4.

Die 60er Jahre waren in Japan von rasantem Wachstum geprägt: Bis zur ersten Ölkrise 1973 nahm die japanische Wirtschaft ordentlich Fahrt auf, was nicht zuletzt durch einige spezifische Eigenheiten des Nippon-Marktes begünstigt wurde. So zeigte er sich nach außen hin weitestgehend abgeschirmt: Es gab zwar ausreichend Wettbewerb in Japan selbst, die Unternehmen waren jedoch zumindest vor internationaler Konkurrenz geschützt. Noch dazu war das Produktivsystem von starken Abhängigkeiten geprägt, was dazu führte, dass die Lohnentwicklung nicht mit dem Wirtschaftswachstum Schritt hielt – „Reiches Japan, arme Japaner". Hinzu kam eine außerordentlich prozyklische Politik, es wurden also parallel zum Wirtschaftswachstum auch die Staatsausgaben erhöht. Und schlussendlich war ein ganz wesentlicher Faktor ihres Erfolges die Fähigkeit der japanischen Unternehmen, sich aus den im Ausland entwickelten Technologien die relevantesten herauszugreifen, sie konsequent weiterzuentwickeln und kurz darauf günstig und qualitativ hochwertig wieder in den Weltmarkt einzubringen. Japaner sah man auf internationalen Messen nie ohne Fotoapparat – ein immer wieder gern zitiertes Klischee, das aber in gefährlicher Konkurrenz für westliche Hersteller mündete. Man unterschätzte die Japaner, ihr konsequentes Handeln und ihre Qualitätsansprüche. Und man bezahlte dafür.

In diese Zeit wurde der J4 geboren, mit dem Wind dieser Entwicklung segelte er in die Weltwirtschaft. Und er hatte wirklich alles, was nötig war, um erst geschätzt, dann geliebt und schließlich zum Kult zu werden. Die robuste, langlebige, sinnvolle und einfach zu wartende Technik war die Grundlage seines Erfolges, Toyotas Umgang mit diesem neuen Konzept, seine Vermarktung und konsequente Fortentwicklung sicherten ihm breite Bekanntheit. Und schließlich garantieren die lange Bauzeit und die schiere Unzerstörbarkeit, dass Millionen von Nutzern über einen sehr langen Zeitraum eine Vielzahl von Erlebnissen mit diesem Fahrzeug hatten: Das ist der Garant für die unzähligen „Weißt Du noch?"-Geschichten, die untrennbar mit dem Land Cruiser J4 verbunden und das Herz und die Seele der Land-Cruiser-Szene sind. Und das Wichtigste von allem: Der J4 macht kein Aufsehen um seine Fähigkeiten, er ist deutlich mehr Sein als Schein.

Das Design

Äußerlich unterschied sich der J4 gar nicht einmal so sehr von seinem Vorgänger: Die augenfälligste Änderung war die charakteristische weiße Brille die nun Scheinwerfer und Kühlergrill einrahmte. Der hintere Radausschnitt wurde etwas eckiger, die vorderen Blinker wanderten auf die Kotflügel – der Rest blieb bis auf Kleinigkeiten weitestgehend gleich. Die kurzen Trittbretter

FJ45 Pick-up aus den Sechzigern: Kleine runde Blinker, geteilte Motorhaube mit Chromfinne, Scheibenwischer oben am Scheibenrahmen und eine Fahrerkabine, im Sardinenbüchsenformat.

wurden übernommen, ebenso die „Türklinken", die langen, filigranen Außenspiegel und die klappbare Frontscheibe. Und auch die praktischen Lüftungsklappen im Fußraum und im Scheibenrahmen unter der Frontscheibe blieben erhalten, ohne Frage zwei der praktischsten Toyota-Erfindungen.

Nach wie vor war die äußere Hülle nur dazu da, um die Umwelt halbwegs draußen und Mensch und Ladung drinnen zu halten. Einen ästhetischen Zweck hatte sie ursprünglich nicht wirklich. Das sehen wir heute natürlich anders: Gerade diese einfache Gestaltung, dieses „bieg' Blech drum und gut is'" macht ja den Charme der alten 4er aus. Die ausgestellten Kotflügel, die runde (damals noch mittig geteilte) Haube, die nach vorne schräg zulaufende Karosserie und die ansonsten geraden Flächen versprühen mehr als nur einen Hauch von Solidität: Er soll nicht schön sein, er soll funktionieren. Das sieht man dem J4 an, und damit gewinnt er sofort Vertrauen.

Insgesamt vier Radstände gab es vom J4, wenn man den Halbbruder Bandeirante hinzu nimmt, sind es sogar sieben. Vom Vorgänger übernommen wurden die Radstände 2285 und 2430 mm, die nun die Plätze „Short" und „Middle" einnahmen und durch „Long" mit 2650 mm und kurze Zeit später auch „Super Long" mit 2950 mm ergänzt wurden.

Auf dem kurzen Radstand fand sich die legendäre offene Karosserie des „J40" mit ihren charakteristischen runden Türausschnitten und dem Softtop aus Vinyl oder Canvas, sowie die Hardtop-Version „J40V" mit den eher rechteckigen Türausschnitten. Die Hardtop-Version hatte Blechtüren, beim Softtop waren es Stofftüren oder, ganz selten, Blechtüren mit der Form des runden Türausschnitts und kleinem, fast quadratischem Fenster. Das erste Modell des J4 war der FJ40, also der Benziner

Oben: Ein 61er FJ40 Softtop mit Blechtüren und den noch runden Türausschnitten

Rechts: 1969er FJ40 Hardtop bei einem US-amerikanischen Händler

mit Softtop. 1961 folgte die Hardtop-Version FJ40V, damals noch mit den charakteristischen Sicken und den kleinen Seitenscheiben im abnehmbaren Dach und vor allem, wie erwähnt, mit einem größeren Türausschnitt.

Der mittlere Radstand trug die gleichen Karosserieformen, also offen oder mit Hardtop verschlossen. Ergänzt wurden diese beiden um einen kurzen Station Wagon, den Nachfolger des FJ28VA (dazu später mehr). Die Karosserie war dabei bis hinter die vorderen Türen baugleich mit dem J40, erst dahinter war sie schlicht verlängert. Der FJ43 war der erste seiner Art, also wieder ein Benziner mit Softtop. Später folgten J44 und J46 (da die 45 schon vom langen und später vom extralangen Radstand belegt war… es ist ein Kreuz mit den Modellbezeichnungen, aber lassen Sie sich nicht verwirren, weiter unten gibt es eine Tabelle).

Dem Radstand „Long“ mit 2650 mm war keine allzu lange Ära vergönnt: Er beherbergte eine kurze Pick-up-Kabine mit

Das „Buschtaxi“: Ein J45 Troop Carrier, die geschlossene Variante des superlangen Radstands.

festem Stahldach (FJ45P) und die Station-Karosserie mit zwei oder vier Türen (FJ45V) – auch dazu weiter unten mehr. Schon im Jahre 1966 wurde allerdings der Pick-up wieder eingestellt, ein Jahr später war auch Schluss für den Station.

Grund für diese kurze Karriere war der Radstand „Super Long", der 1964 eingeführt wurde: Mit 2950 mm war er Basis für einen „Long Bed" Pick-up (das erste Modell mit Benzin-Motor wurde ebenfalls „FJ45P" genannt) und später auch für die „Troop Carrier" J45 und J45V sowie die reinen Fahrgestelle für weitere Aufbauten. Der Pick-up hatte nun eine etwas längere Kabine und ein abnehmbares Hardtop, was jedoch nichts daran ändert, dass man in der Fahrerkabine ein eher zusammengefaltetes Dasein führt. Mit der Einführung der „Super Long Wheel Base" und dem Wegfall des etwas kürzeren „Long" wurde ab 1966 dann der mittlere Radstand zum „Long Wheel Base" umbenannt. In der historischen Betrachtung verwirrt das zuweilen, jedoch bügelt man begriffliche Unstimmigkeiten einfach aus, in dem man kurzerhand vom „FJ45P Short Wheel Base" spricht, wenn man die kürzere, ältere Version meint.

Das Heck aller Versionen war je nach Spezifikation unterschiedlich gestaltet: Für die Stahldach-Modelle gab es die sogenannten „Ambulance Doors", also mittig geteilte Flügeltüren, eine Version mit kleinen Flügeltüren („Halbtüren") bis auf Höhe des Bodys und einer Heckklappe im Hardtop sowie eine Version mit kleinen Flügeltüren und einer zweiteiligen Heckklappe, die nach oben geschoben wurde und sich dabei horizontal zusammenfaltete. Die Softtop-Modelle kombinierten die Flügeltüren mit gesteckten Stoff- oder Vinyltüren oder einfach mit einer hochrollbaren Softtop-Rückwand („Roll Up"), als dritte Option gab es „Tail Gate + Roll Up". So oder so ruhte das Reserverad an einem separaten, je nach Ausführung links oder rechts angeschlagenen Halter, der vor dem Öffnen jedweder Heckklappen oder -türen weggeschwenkt wurde. Bei den Pick-up-Versionen versteckte es sich unter der Ladefläche.

Als Reisemobil ideal: Ein BJ45 mit Hubdach

Komplett offen war und ist der 40er ein wahres Spaßgerät, der originale Überrollbügel sorgt für die nötige Sicherheit.

Die „Wellblechkisten": Der FJ35V und seine Nachfolger 43 und 45

Von September bis November 1960 hatte der Vorgänger J2/J3 noch einen kurzen Gastauftritt: Der Station Wagon FJ28VA wurde auf 2650 mm Radstand verlängert und damit zum „FJ35V", das einige Modell mit einer „3" in der Kennung. Vom FJ28V verließen immerhin 1250 Exemplare die Werkshallen, der FJ35V war hingegen nur ein Übergangsmodell: Ganze 60 Stück wurden gebaut, bevor im Dezember 1960 der FJ45V bzw. die kürzere Version FJ43V unter dem knackigen Slogan „World's toughest 4x4 Station Wagon" antraten. Der FJ45V war der Vorgänger des J5 und damit der separaten Modellreihe der Station Wagons. Als solcher wurde er produziert bis Januar 1967, der FJ43V lief noch bis Dezember des gleichen Jahres. Der Weltmarkt kannte allerdings nur den FJ45V (bzw. „FJ45LV", die linksgelenkte Version). Der FJ43V, vorne nur zweitürig und am Heck mit einer Doppeltür ausgestattet, blieb dem japanischen Markt vorbehalten und verschwand Ende 1963 nach 200 gebauten Exemplaren wieder. Eine Anmerkung zur Modellbezeichnung: Das Kürzel „V" steht zwar auch für „Van", bedeutet bei diesen beiden speziellen Modellen jedoch kein Hardtop, sondern eine geschlossene Karosserie. Die spätere Hardtop-Version FJ45V, der „Troop Carrier", also das klassische „Buschtaxi", trägt eine andere Karosserie.

Der FJ45V ist nicht nur außerordentlich selten, er ist auch ein echter Hingucker: Die Blechschlosser bei der „Gifu Body Co., Ltd.", einem Toyota angeschlossenen Karosseriebauer, haben ein

in mancherlei Hinsicht bemerkenswertes Fahrzeug geschaffen. Denn „bemerken" wird man ihn auf jeden Fall, wenn man ihn sieht. Das barocke Schmuckstück, nennen wir es „Wellblechkiste", trägt ein geschlossenes, etwas unförmiges und mit zahlreichen Sicken verstärktes Blechkleid, dessen monströser hinterer Überhang eigentlich mit „Fahrzeug schert aus"-Schild versehen sein müsste. Der Radstand des FJ45V beträgt nur 2650 („Long Wheel Base" – der spätere 45er hatte dann wie oben erwähnt den „Super Long Wheel Base"), die Gesamtlänge hingegen stolze 4630 Millimeter. Deshalb ragt die Karosserie umso weiter nach hinten, damit sie ihren eigentlichen Zweck erfüllt: Personen und Ladung zu transportieren. Und nicht nur das Heck unterscheidet ihn von seinen J4-Brüdern: Um im vorderen Bereich mehr Platz zu schaffen, wächst die Karosserie schon an der A-Säule in die Breite, die Türen stehen fast parallel zueinander, Motorhaube und Seitenwand gehen in einer wunderschönen Rundung in den breiten Scheibenrahmen über. So steht den bis zu drei Personen in der ersten Reihe immerhin ein Raum von 1 Meter 35 zur Verfügung: Im regulären J4 sind es nur 1,27, noch dazu läuft dort der Fußraum schräg zusammen. In der Gesamtbreite wird es deutlicher: 1,72 Meter misst der FJ45V, das sind 60 mm mehr als im normalen J4. Auch in der zweiten Reihe, über separate Türen bequem zugänglich, war Platz für drei. Und dahinter präsentierte sich ein Gepäckabteil mit genügend Raum für den 6-Personen-Wochenendurlaub. Es gab zwar auch eine 2-türige Ambulanz-Version, dennoch: Der FJ45V war eindeutig auf die wachsende Freizeitgesellschaft zugeschnitten – allerdings war dies eher ein Versuch denn ein ausgereiftes Konzept. Schlussendlich war handelte es sich hier doch nur um einen vergrößerten J4, also eigentlich ein Arbeitsgerät. Die Zielgruppe goutierte die ausgefallene Form nicht gerade, und so waren in sechs Jahren gerade einmal 5080 Stück in Umlauf gebracht worden, als der Wagon schließlich 1967 von seinem Nachfolger J5 abgelöst wurde.

Die kleine Evolutionsgeschichte

Alle Veränderungen beschreiben zu wollen, die der J4 im Laufe der Jahre und in seinen unterschiedlichen Spezifikationen durchgemacht hat, würde jeglichen Rahmen sprengen und schlussendlich in einem reinen Tabellenbuch münden, das sich nur noch ein Bruchteil selbst der eingefleischten Land-Cruiser-Fans antun würde. Deshalb galoppieren wir hier ein wenig durch die J4-Geschichte und beschränken uns auf einige interessante und wegweisende Änderungen.

Und die beginnen erst im Jahre 1964, vier Jahre nach Start der Baureihe, als die Bodenwanne der Softtop-Modelle kurzerhand aus dem Programm gestrichen wird. Fortan gibt es nur noch die großen Türausschnitte, und somit auch die theoretische Möglichkeit, jederzeit aus einem Soft- ein Hardtop-Modell zu stricken und umgekehrt. Der Pick-up bekommt nun auch ein abnehmbares Hardtop mit kleinen Fenstern, die schön übersichtlich um die Hardtop-Ecke reichen. Hinzu kommt die „Super

Ganz oben: Fertig zur Auslieferung: J4 und J6 im japanischen Hafen

Oben: von links nach rechts: J45 Pick-up, J40 Softtop offen, J43 Softtop, J45 Softtop, J40 Hardtop, J43 Hardtop

9 Personen (oder acht Personen plus Hund) fanden schon im mittellangen Radstand J43/44/46 Platz; Gurte, Türen oder übertriebene Ängstlichkeit waren hingegen bei der Prospektgestaltung in den Achtzigern nicht gerade üblich.

Long Wheel Base“ mit 2950 mm, Pick-up-Aufbau und ebenfalls abnehmbarem Hardtop. 1965 wird das kurze, noch aus dem J2 stammende Trittbrett gegen ein langes ersetzt, das seinen Namen auch verdient. Ein Jahr später, 1966, wird das Hardtop der Modelle mit kurzem Radstand umgestaltet: Es verliert seine Sicken und bekommt dafür eine große Seitenscheibe sowie die „runden Eckfenster“, der vordere Scheibenrahmen verliert zudem seine Lüftungsklappen. Irgendwann im Laufe des Jahres läuft auch der 50.000ste Land Cruiser vom Band. Und: Ende des Jahres werden der FJ45LV und der Pick-up mit 2650 mm Radstand eingestellt, fortan gibt es nur noch die „Super Long Wheel Base“. Das hat handfeste Gründe: Der Station Wagon FJ45LV wird beerbt vom Anfang 1967 neu präsentierten FJ55, und den kurzen Pick-up kauft kein Mensch, wenn es auch einen langen gibt.

1969 läuft der 100.000ste Land Cruiser vom Band. Toyota feiert dieses Jubiläum mit einem kleinen Facelift: Die Motorhaube ist nun einteilig und verliert leider ihre schöne Chromfinne, auch die Lüftungsgitter an der Seite werden verändert und wandern etwas höher. Im Jahre 1970 startet die Endmontage in Pakistan und Indonesien, im Jahr 1972 hat sich die Produktionszahl schon verdoppelt: 200.000 Land Cruiser, davon 12.000 verkaufte Exemplare in den USA.

1975 verlieren die Türen ihre kleinen Ausstellfensterchen. Auf den meisten Märkten zumindest, denn in Europa kommen die einteiligen Scheiben erst 1980. Die Blinker auf den Kotflügeln wachsen zum zweiten Mal und nehmen nun auch die Positionslichter auf, die Scheibenwischer sitzen nun nicht mehr oben am Scheibenrahmen, sondern unten.

Taxi!

1976 wird zu einem besonderen Jahr in der Land-Cruiser-Geschichte. Im Laufe der Zeit war nicht nur der Transportbedarf der Kunden für Material und Ausrüstung gewachsen, sondern auch für Personen. Der FJ55 war zwar ein recht geräumiger und bequemer Station, seine Zielrichtung waren jedoch nicht die Bohrcamps in der Wüste oder die Entwicklungshelfer im Busch, sondern der zivile Markt. Der FJ45 Pick-up konnte zwar wahlweise auch mit Sitzbänken auf der Ladefläche ausgestattet werden, das Erlebnis war jedoch ein recht rustikales. Außerdem lief man je nach Streckenbeschaffenheit Gefahr, hin und wieder eines Fahrgastes verlustig zu gehen. Also wurde dem „zivilen“ Station ein langes Arbeitstier zur Seite gestellt: Der J45 Pick-up bekam eine Karosserie über seine gesamte Länge und konnte nun, ausgestattet mit Hard- oder Softtop und Längs-Sitzbänken auf der Ladefläche, bis zu 13 (!) Personen in seinem Inneren befördern. Das war zwar ziemlich eng, aber durchaus machbar, immerhin hatte diese Trutzburg von einem Auto über zwei Meter Platz hinter den Vordersitzen.

Ein großer Bedarf für diese Art von Fahrzeugen bestand bei den australischen Minengesellschaften, die sowohl aufgrund ihrer Ordermengen als auch wegen der unbarmherzigen Testumgebung hin und wieder einen gewichtigen Tipp Richtung Toyota-Entwicklungsabteilung geben konnten. Hierhin wurden die ersten „Troop Carrier“ 1976 dann auch geliefert, und zwar in Form des FJ45V. Die Tests liefen derart erfolgversprechend (was hätte auch schiefgehen können, es war ja nur eine verlängerte Version der schon existenten Modelle), dass drei Jahre später, im April 1979, der HJ45V und im August 1980 der BJ45V nachfolgten. Die „Troopys“ eroberten schnell die Herzen ihrer Nutzer und wurden in allen erdenklichen unwegsamen Gebieten

Oben: Wunderschön restaurierter FJ45LV – man erkennt sehr gut den herrlich rund geformten Übergang vom Vorbau zur verbreiterten Karosserie.

Rechts: Platz ist auf dem kleinsten Chassis – BJ41 (also der kurze J4 mit Turbodiesel 13B-T) inkl. selbstgebauter Integralkabine.

45er in der Softtop-Version

Serien-Ausstattung FJ40 1978 (Deutschland)

Automatik-Sicherheitsgurte (Hardtop)
Beckengurte (Softtop)
Kopfstützen verstellbar
zwei Rücksitzbänke seitlich hochklappbar
Zwischengetriebe
Getriebeschutz aus Stahlblech
Kugelumlauflenkung
Handgas
Bremskraftverstärker
Zweikreis-Bremsanlage
Handbremskontrolleuchte
Viskoselüfter
Rechter Außenspiegel
Scheibenwaschanlage elektrisch
Scheibenwischer zweistufig
Tank abschließbar
Zwei Rückfahrscheinwerfer
Ampèremeter
Kühlwasserthermometer
Tankanzeiger
Drehstromlichtmaschine
Handschuhfach geschlossen
Öldruckmesser
Zigarettenanzünder
Heizgebläse zweistufig
Separate Sommerlüftung
Sonnenblenden seitlich schwenkbar
Ablagebox zwischen den Vordersitzen
Verbundglaswindschutzscheibe
Freilaufnaben an der Vorderachse

zum Personentransport eingesetzt. Natürlich auch in Afrika, wo besonders im Westen die Personen-Sammeltaxis „Taxi Brousse" bzw. „Bush Taxi" genannt wurden (und werden). Auch wenn dies dort zumeist alte Peugeot-Kombis waren: Der Troop Carrier war groß, zuverlässig und für den Busch gebaut – und so bekam er über kurz oder lang den Spitznamen „Buschtaxi", den er dann ein paar Jahre später an seinen Nachfolger J75 bzw. J78 vererbte.

Aber zurück zur Evolution: Ebenfalls 1976 wurde in Kalifornien übrigens die „Toyota Land Cruiser Association" gegründet, der weltweit größte Zusammenschluss von Land-Cruiser-Fans.

1977, ein Jahr nach der Einführung des FJ45V, beginnt die Endmontage des J4 in Kenia, im selben Jahr kommen FJ40 und FJ55 auch nach Deutschland. Toyota feiert eine halbe Million produzierter Land Cruiser und spendiert den Seitenscheiben im Hardtop ein kleines Ausstellfenster. Die irische Armee bekam die ersten von 77 georderten FJ45, merkte jedoch rasch, dass die japanische Rostvorsorge dem irischen Wetter nicht gewachsen war. Rostete der J4 an sich schon, sobald er aus dem Werk gerollt wurde, waren die Auswirkungen im rauen nordischen Klima fatal: In ruhigen Momenten konnte man den 45ern beim Korrodieren zuhören.

1979 dann, erst 19 Jahre nach seiner Einführung, folgt für viele überraschend schon ein echtes Facelift: Die Brille ist nun nicht mehr rund, sondern eckig, was dem J4 auf einen Schlag zu einem hochmodernen Äußeren verhilft. So flapsig das jetzt auch klingt, drückt es doch eigentlich nur Bewunderung aus: Bewunderung dafür, dass man ein Fahrzeug 19 Jahre lang äußerlich praktisch unverändert lässt und dennoch die Verkaufszahlen Jahr für Jahr steigen. Das muss man erst einmal schaffen. Und wo wir gerade davon sprechen: Im Jahre 1979 lief das 800.000ste Exemplar vom Band.

Die Spirale drehte sich immer schneller: Bereits 1980 war die Million voll. Eine Million Land Cruiser weltweit, verteilt über „Land Cruiser" und „Land Cruiser Station Wagon" – eine beeindruckende Zahl. Im gleichen Jahr bekommt der HJ47 hinten praktische Schiebefenster und der mittlere Radstand, der BJ44, ein Hardtop. Letzterer bleibt allerdings nach wie vor dem japanischen Markt vorbehalten.

1984 war die Zahl produzierter Land Cruiser auf über 1,5 Millionen angestiegen. Im Oktober folgte dann das „kleine Aus" für den J4: In Japan wurde die Produktion eingestellt. Die Modelle HJ47 und das FJ45-Fahrgestell wurden allerdings noch bis 1985 bzw. 1986 weiter produziert, bis die Pendants des Nachfolgers J7 soweit waren und ausgeliefert werden konnten.

Oben: Prospekt des ganz frühen J4 in der Softtop-Version, hier noch mit den runden Türausschnitten

Rechts: Der FJ43V war die Station-Version auf Basis des mittellangen Radstands.

Unten links: Die Produktionsstraße im japanischen Hauptwerk: Für die Produktion des J4 wurden die Werke entscheidend ausgebaut, die Techniken verbessert und die Produktionskapazitäten erhöht.

Unten rechts: Externe Karosserieschmieden fertigten unzählige Sonderversionen des J4: Im Bild ein schweizer Doppelkabiner Pick-up auf Basis des 45ers.

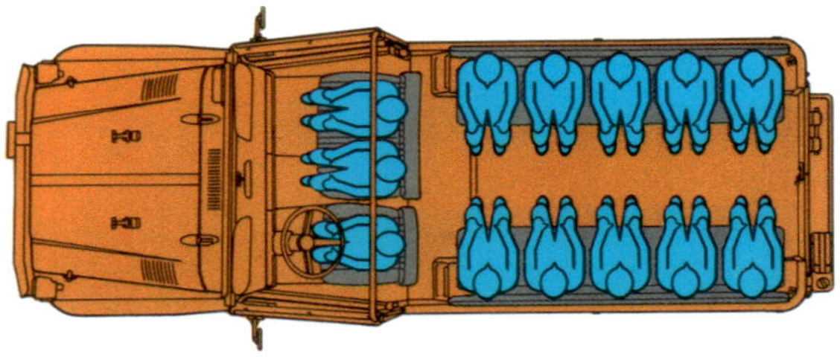

Oben: Das Armaturenbrett war spartanisch, aber ausreichend: Viel nacktes Blech, ein paar Schalter und Hebel und eine leidlich weiche Abdeckung für den Crash-Fall.

Links: Der J45 ist als 13-Sitzer konzipiert und erfreut sich beim Personentransport in unwegsamem Gelände größter Beliebtheit.

Der Bandeirante

Schon 1955 hatte Toyota den Land Cruiser nach Brasilien exportiert, ab 1959 wurde der FJ25 bei Toyota do Brasil montiert – in der „Completely Knocked Down"-Montage, also auf Basis komplett zerlegt angelieferter Bausätze. Aufgrund der rasant steigenden Nachfrage in Südamerika wurde die Entscheidung getroffen, im brasilianischen São Bernardo do Campo eine eigene, komplette Fertigung aufzubauen. 1962 war es soweit: Der J4 wurde fortan als „Toyota Bandeirante" bei Toyota do Brasil produziert, ab 1968 auch ohne jede Teilelieferung aus Japan.

Bestückt wurden die brasilianischen Toyos mit Diesel-Motoren von Mercedes-Benz: Zuerst der OM 326, ab 1973 der OM 314, später der OM 364 und gegen Ende der von Daihatsu produzierte Toyota-Motor 14B. Folgerichtig hießen die Bandeirante-Modelle zuerst „OJ", trugen danach jedoch verwirrenderweise keine „4" im Kürzel wie der J4, sondern eine „5": „OJ50L" war z.B. der kurze Linkslenker mit Softtop.

Auf vier Radstände verteilt gab es offene und geschlossene Fahrzeuge, Pick-ups in kurz und lang und ab 1983 sogar einen Pick-up mit Doppelkabine. Ebenfalls 1983 bekamen die Bandeirante im Rahmen eines Facelifts eckige Scheinwerfer mit einer etwas klobigen schwarzen Kunststoffbrille. Über die Jahre gab es einige Verbesserungen – und Zeit dazu hatten die Entwickler noch genügend: Während 1986 die letzten „echten" J4-Fahrgestelle vom Band rollten, wurde in São Bernardo do Campo fleißig weiter produziert. Aus dem gleichen Grund, warum die Produktion in Brasilien einst begann, wurde sie nun weitergeführt: Importfahrzeuge waren verboten und die heimische Automobilindustrie war praktisch nicht existent. Der Bandeirante hatte es sich in seinem Nest äußerst bequem gemacht, und die Nachfrage war ordentlich: Alleine 1991 rollten 6750 Exemplare vom Band.

1991 hob Brasilien das Importverbot auf, und der Wettbewerb drängte auf den riesigen Markt. Der Bandeirante hatte nun schwer zu kämpfen: Mit einem eigentlich veralteten Konzept, schwachen und durstigen Motoren und den Qualitätsproblemen, die sich über die Jahre in der „Schutzzone" eingeschlichen hatten, stand der Bandeirante auf verlorenem Posten. In den folgenden Jahren wurde ein wenig aufgerüstet, um die Palette attraktiver zu machen: 1993 wurde ein manuelles 5-Gang-Getriebe eingeführt, 1994 wurde der schwächliche Mercedes-Motor gegen den 14B ersetzt, einen von Daihatsu für Toyota produzierten 4-Zylinder-Reihendiesel mit knapp 3,7 Litern Hubraum. Ab nun hießen die Bandeirantes folgerichtig „BJ5x".

1999 lief schließlich der 100.000ste Bandeirante vom Band, was mit einem quietschgelben Sondermodell gefeiert wurde. Ein Jahr später war allerdings schon klar, dass der 14B die kommenden Emissionsrichtlinien nicht würde einhalten können. Nach Durchführung einer Marktstudie für den Einsatz moderner Turbodieselmotoren wurde entschieden, die Produktion im November 2001 einzustellen. Damit lief nach 46 Jahren das letzte Exemplar dieser knorrigen Karosserie vom Band, die im Grunde genommen schon mit dem J2 eingeführt worden war.

Ein Bandeirante BJ55LP 2BL – die Doppelkabiner-Version des J4

Das Interieur

Das Innere des Land Cruiser ist so puristisch wie sein Äußeres: Sitze, Lenkrad, ein paar Schalter und Anzeigen – mehr braucht der Fahrzeuglenker nicht, um die Maschine in Gang zu halten. Das Armaturenbrett ist, sagen wir, übersichtlich: Ein paar Zugknöpfe, Schalter und filigrane Hebel für die rudimentären Funktionen reichen aus, hinter dem Lenkrad findet sich zudem eine Handvoll Anzeigen für die wichtigsten Werte. „Erreichbarkeit" ist dabei Definitionssache, und für ein zielgerichtetes Auffinden des korrekten Schalters bei einer Nachtfahrt bedarf es intensiven Trainings. Allerdings sind die paar Schalter im Bedarfsfall ja auch schnell durchprobiert. Wie im J2 ist das Armaturenbrett auch im J4 spiegelsymmetrisch gestaltet, so dass es für rechts- und linksgelenkte Versionen genutzt werden kann. In den ersten J4 sitzt der Schalthebel an der Lenksäule und der neue, massive Hebel für die Untersetzung am Armaturenbrett. Dadurch ist nun genügend Platz, um die vordere Sitzbank mit drei Personen zu bevölkern, die allerdings Land-Cruiser-typisch keine Angst vor körperlicher Nähe haben durften.

Die Sitzanordnung war simpel: In der ersten Reihe gab es eine Sitzbank für drei, eine Doppelbank plus Fahrersitz oder zwei Einzelsitze, in der zweiten Reihe begannen die Längs-Sitzbänke, die in verschiedenen Größen (für 1, 2 oder 3 Personen) kombiniert den Rest des Fahrzeugs ausfüllten. So konnten je nach Aufbau-Variante zwischen zwei und 13 Personen im Inneren Platz finden.

Der mangelnde Seitenhalt der Vinylsitze ist legendär: Vielfach bleibt dem Fahrer nur das dünne Lenkrad, um sich irgendwie Halt zu verschaffen, was während der Fahrt allerdings auch nicht immer die beste Idee ist. Umso lustiger wird es, wenn man beim Auf- und Abwippen versehentlich das Gaspedal aufs Bodenblech drückt. Speziell die Federkern-Sitzbänke der älteren Pick-ups sind hierfür prädestiniert. Wobei man sich dort bei solchen Spielchen aufgrund der ziemlich beengten Kabine gerne die eine oder andere Extremität prellt. Dafür war sich der Fahrzeuglenker stets bewusst, wie sicher der wertvolle Kraftstoff verwahrt wurde: Der Tank gluckerte nämlich bis zur Modelländerung 1979 direkt unter dem rechten Sitz vor sich hin, im Inneren des Fahrzeugs.

Die Übersicht über das vor, hinter und neben einem liegende Gelände ist fantastisch, die senkrecht stehenden Seitenwände und Fenster und die massiven Kotflügel zeigen dem Fahrer immer an, wo das Fahrzeug zu Ende ist. Lediglich die weit vorgezogene vordere Stoßstange muss man sich denken, dafür entfällt diese am Heck. In den Hardtop-Versionen der Baujahre bis 1966 ist die Sicht nach hinten aufgrund der schmalen Fenster noch ein wenig eingeschränkt, mit den großen Fenstern der neuen Hardtops und der um die hinteren Ecken herumgebogenen Fenster ist sie geradezu formidabel.

Die Geräuschentwicklung im J4 vermittelt den akustischen Eindruck, in einem Großkraftwerk zu stehen: Ohne jegliche Schalldämmung brüllt die Maschine nach Leibeskräften durch die Spritzwand, die Reifen surren ungefiltert, der Wind fängt sich an allen Ecken und Kanten (ganz besonders unter dem hervorspringenden Dach) und je nach Bodenbeschaffenheit runden hochgeschleuderte und gegen die Kotflügel prasselnde Steinchen das akustische Inferno ab. Das traditionell wie im Orkan flatternde Softtop gibt sich zudem größte Mühe, sich akustisch gegen den Rest durchzusetzen.

Nimmt der unvoreingenommene Leser das gerade Beschriebene zusammen, so erkennt er messerscharf: Die Fahrt im J4 ist ein Erlebnis, das unter die Haut geht. Der Fahrer ist vornehmlich „Maschinenführer" und versucht vor allem, die ungezähmte Urgewalt dieses Allradbrockens im Zaum zu halten. So zumindest erscheint es aus heutiger Sicht. Wer zur damaligen Zeit in den J4 stieg, war hingegen erstaunt, wie leicht und willig sich das Ganze bewegen ließ. Der Benziner hing fröhlich am Gas und hatte in allen Lebensbereichen ausreichend Bums, das Interieur war praktisch und angenehm gestaltet. Und die Kugelumlauflenkung machte die Arbeit am Volant einfach und leicht, vor allem im Gelände. Auf der Straße war sie bei schneller Fahrt bauartbedingt eher unruhig und unpräzise, aber in die Verlegenheit allzu schneller Fahrt kam der J4-Fahrer in aller Regel eh nicht.

In den Jahrzehnten seiner Bauzeit veränderte sich das Innenleben natürlich: Stück für Stück wird es in kleinen Schritten verbessert und komfortabler gestaltet. Der Schalthebel zum Beispiel wanderte 1972 auf den Mitteltunnel, ein Jahr später saß das Zündschloss an der Lenksäule, 1980 gab es Kopfstützen, 1981 wurde auch die Krückstockhandbremse durch einen Hebel auf dem Mitteltunnel ersetzt. Auch die Türen und Seitenwände wurden im Laufe der Jahre mit Vinylverkleidungen versehen, das Armaturenbrett erhielt ein weiches „Crash Pad" und das Lenkrad eine kleine Prallfläche. 1979 gab es die tiefgreifendste Änderung: Im Zuge des Facelifts bekam der J4 im April auch eine neue Bodenwanne, der Tank wanderte nun unter den Fahrzeugboden und wurde von ehemals 62 auf 85 Liter vergrößert, die vorderen Sitze waren nun verstellbar und es gab optional auch Servolenkung und Klimaanlage für den FJ.

Technische Daten

Toyota Land Cruiser F4

Produktion:	Japan, Brasilien, Pakistan, Indonesien, Kenia, Bangladesh

Allgemeine Daten:

Antrieb:	Heckantrieb, Vorderachse zuschaltbar / FJ42: Heckantrieb
Fahrwerk:	Leiterrahmen, zwei Starrachsen an Blattfedern

Modellspezifische Daten:

J40/J41/J42

Aufbauten:	Softtop/Hardtop
Motoren:	B, 2B, 3B, F, 2F
Radstand:	Short 2285 mm
Maße:	3640 x 1665 x 1950 mm
Spurweite:	1404, 1350 mm
Sitzplätze:	3-7
Wendekreis:	10,6 m

J43/J44/J46

Aufbauten:	Softtop/Hardtop/Station Wagon 2-türig
Motoren:	B, 2B, 3B, F
Radstand:	Middle 2430 mm
Maße:	4215 x 1665 x 1970 mm
Spurweite:	1404, 1350 mm
Sitzplätze:	3-9
Wendekreis:	11 m

J45 „Short Wheel Base"

Aufbauten:	Pick-up (festes Dach)/Pick-up (abnehmbares Dach)/ Station Wagon 2-türig/Station Wagon 4-türig
Motoren:	F
Radstand:	Long 2650 mm
Maße:	4630 x 1720 x 1770 mm
Spurweite:	1404, 1350 mm
Sitzplätze:	3-6
Wendekreis:	12,4 m

J45 „Long Wheel Base"/J47

Aufbauten:	Softtop/Hardtop/Pick-up
Motoren:	3B, H, 2H, F, 2F
Radstand:	Super Long 2950 mm
Maße:	5040 x 1660 x 2035 mm (HT) 4985 x 1665 x 1960 (PU)
Spurweite:	404, 1350 mm
Sitzplätze:	3-13
Wendekreis:	13,8 m

Gegen Ende, 1983, gab es sogar eine Ausstattungslinie Namens „LX", die mit einigem Luxus aufwarten konnte: Nun gab es sogar Teppich im J4. Dieser verschwenderische Eindruck war jedoch von kurzer Dauer, schon ein Jahr später war Schluss für die Baureihe J4.

Fahrwerk und Antrieb

Der Rahmen war weitestgehend mit dem des J2 identisch, große Änderungen gab es nicht: Nach wie vor handelte es sich natürlich um einen Leiterrahmen mit zwei Starrachsen, die an (verbesserten) Blattfedern geführt wurden.

Die eigentliche, revolutionäre Neuerung steckte im Antriebsstrang: ein Reduktionsgetriebe. Der J2 hatte ein Vierganggetriebe mit extrem kurzem erstem Gang, was zwar in Kombination mit dem hubraumstarken Motor grundsätzlich ausreichte, jedoch für einen immensen Kraftstoffverbrauch sorgte. Der Nachfolger J4 erhielt deshalb ein Reduktionsgetriebe, das die Gänge des Hauptgetriebes nach Zuschaltung noch einmal im Faktor 2,31:1 untersetzte. Das Hauptgetriebe wurde wieder auf drei Gänge zurechtgestutzt, somit standen jetzt insgesamt sechs Gänge zur Verfügung, drei für die Straße und drei fürs Gelände. Zusätzlich konnte der Kunde zwischen drei verschiedenen Achsübersetzungen wählen (full, economy, moderate). Der Allradantrieb an sich wurde mit einem separaten Unterdruckschalter eingelegt. Für den Nahen Osten gab es kurze Zeit einen rein heckgetriebenen FJ42, der jedoch nicht zu einem großen Erfolg wurde.

In den 60er Jahren musste man nicht viel an diesem Konzept ändern: Auch die Konkurrenz arbeitete auf ähnlicher Basis, und ein Geländewagen war in erster Linie ein Nutzfahrzeug. Anfang der 70er Jahre jedoch zogen Innovationen ein: Befeuert durch die Nutzung der Geländegänger als Freizeitfahrzeug und die Erweiterung der Zielgruppe taten sich vor allem die US-amerikanischen Hersteller in der Einführung aufwertender Ausstattungsmerkmale hervor. Jeep CJ5, Ford Bronco, IHC Scout, Chevrolet Blazer, aber durchaus auch Land Rover 88 und Nissan Patrol G60 waren ein starkes Wettbewerbsumfeld, auf das Toyota dann auch reagierte.

1972 gab es in Verbindung mit dem H-Motor ein 4-Gang-Getriebe, 1975 folgte dieses Getriebe auch in den anderen Modellen. Parallel dazu blieb die 3-Gang-Version den „General Countries" jedoch noch bis 1982 erhalten. 1976 bekam der J4 optional Scheibenbremsen an der Vorderachse, jedoch auch hier gilt: Die Basisversionen für die Dritte Welt kamen weiterhin gut mit Trommelbremsen rundum zurecht, und das war sogar bis weit in die Ära des J7 der Fall. 1982 folgte dann ein modernes 5-Gang-Getriebe (die „General Countries" bekamen dafür die Version mit 4 Gängen).

Sonderlich viel mehr kann man über Fahrwerk und Antrieb des J4 eigentlich nicht ausführen, ohne in die unzähligen minimalen Detailänderungen abzugleiten, wie die Einführung der

TLC Icon

Jonathan Ward von der Firma TLC im kalifornischen Van Nuys zählt zu den bekanntesten Land-Cruiser-Spezialisten in den USA. Seine Verdienste um die Restaurierung alter Land Cruiser und sein Verständnis um die Bedeutung von „Historie" für die Marke Toyota brachte ihm nicht nur hohe Reputation innerhalb der Land-Cruiser-Szene ein, sondern auch die Aufmerksamkeit von Toyota. So sehr, dass ihn eines Tages Akio Toyoda persönlich bat, einen Geländewagen zu entwerfen, der das Erbe des J4 aufnimmt und auf eine Weise interpretiert, die dem Kult-Cruiser gerecht wird.

TLC stellte daraufhin drei Prototypen auf die Rädern, von denen einer ausgewählt und ins kalifornische Toyota-Design-Zentrum gesandt wurde. Als die Designer damit „durch" waren, hatte der fertige Entwurf zwar nichts mehr mit der Vision von John Ward gemein. Dennoch wurde dieser Entwurf die Basis für jenes Designfahrzeug, das kurze Zeit später zu einem eigenständigen neuen Modell werden sollte: der FJ Cruiser.

Jonathan Ward war jedoch ein wenig enttäuscht, dass der endgültige Entwurf alle klassischen Elemente verloren hatte, die er dem Prototypen ursprünglich hatte angedeihen lassen. Also entschied er sich, erneut und nun befreit von äußeren Zwängen an die Arbeit zu gehen und einen Geländewagen zu entwerfen, der seiner Ansicht nach ein würdiger Nachfolger des J4 sein könnte. Heraus kam im Jahre 2006 der „TLC ICON", der dem J4 zum Verwechseln ähnlich sieht und in drei Radständen als 40, 43, 44 und 45 erhältlich ist. Die Technik unterscheidet sich ein wenig, u.a. stecken auf Wunsch ein V8 unter der Haube und Schraubenfedern im Radkasten... aber der ICON ist eine mehr als würdige Reminiszenz an einen legendären Land Cruiser.

Oben: Der J45 Pick-up, einmal mit Plane und einmal komplett offen. Die Pritsche konnte auch mit Sitzbänken ausgestattet werden.

Rechts: Das Markenzeichen des J45 war seine unerschöpfliche Variabilität: Hier im Bild sieht man die geschlossene, die offene und die Pick-up-Version mit verschiedenen Versionen der Bestuhlung. Auch eine Bus-Anordnung mit Mittelgang war erhältlich!

großen Federaugen Ende 1980, die verschiedenen Ausführungen des Bremskraftreglers oder „siebzehn Wege, den Allradantrieb einzuschalten"... zusammen mit den regional unterschiedlichen Spezifikationen ist das ein wahrlich unendliches Feld. Die Modifikationen im Detail waren reichlich, das große Ganze blieb jedoch unverändert: Leiterrahmen, Starrachsen, Blattfedern, Hauptgetriebe, zuschaltbarer Allradantrieb, Reduktionsgetriebe. Das ist der Stoff, aus dem unverwüstliche Arbeitsgeräte gemacht werden, und dieses Konzept hat für die eigentliche Zweckbestimmung so gut funktioniert, dass es in großen Teilen auch heute noch im Nachfolger J7 weiterlebt.

Motorisierung

Die Motorenauswahl beim Start des J4 war reichhaltig, solange man sich mit dem F-Motor zufrieden gab: Dieser 3878 cm^3 große Gussbrocken wurde dem J2 entnommen und noch ein wenig überarbeitet, so dass er nun, bei gleicher Kompression von 7,5:1 und bei 3600 Umdrehungen, 125 PS leistete, also saubere 20 PS mehr. 1975 wurde der F im Zuge seines Einsatzes im J5 grundlegend überarbeitet, hatte nun üppige 4230 cm^3 Hubraum und 135 PS und nannte sich „2F" (eine ausführlichere Beschreibung gibt es im Kapitel „J5"). Der 2F war eine hoffnungslos überdimensionierte und überaus durstige Maschine, die allerdings auch bei einer halben Million Kilometer noch lange nicht schlapp machte und sich deshalb auch sehr lange im Modellprogramm hielt. Im Jahre 1973 wurde der F ein wenig überarbeitet, um für den kalifornischen Markt – schon damals mit den strengsten Abgasvorschriften gesegnet – konforme Modelle bereitstellen zu können. Erst im Jahre 1981 wurde der 2F noch einmal angefasst: Schärfere Abgasbestimmungen machten eine neuerliche Überarbeitung notwendig, die Leistung schwand wieder auf 120 PS.

F und 2F waren die einzigen Benzinmotoren im J4-Programm – mehr brauchte es allerdings auch nicht, denn der Stern der Ottomotoren leuchtete in den folgenden Jahren lange nicht mehr so hell. Die erste Ölkrise 1973/74 ließ die Welt am Sinn armdicker Kraftstoffleitungen zweifeln und forderte zunehmend sparsame, effizientere Motoren, und das möglichst als Selbstzünder. Da traf es sich gut, dass Toyota 1967 und '68 auf Einkaufstour war und in weiser Voraussicht die Motorenhersteller Hino und Daihatsu mit in den Konzern holte.

Schon 1974 konnte also auf den global sich verändernden Bedarf reagiert und ein „kleiner" Dieselmotor präsentiert werden, der allerdings mit 3 Litern Hubraum immer noch nicht zu übersehen war. Der B-Motor (nicht zu verwechseln mit dem „B"-Benziner aus den früheren Modellen) hatte eine Bohrung von 95 mm bei einem Hub von 105 mm und holte aus 2977 cm^3 Hubraum ganze 76 PS. Aufgrund dieser (anfänglichen) Leistungsknappheit wurde er dann auch nur in den kurzen Modellen 40 und 43 eingesetzt, die nun „BJ40" und „BJ43" hießen. Der relativ große Hubraum resultierte aus einem ursprünglich anderen Einsatzzweck: Die Maschine wurde eigentlich für 2-Tonner entwickelt und fand ihren Einsatz in Gabelstaplern, im Lkw Dyna und dem Bus Coaster. Das war jetzt jedoch von enormem Vorteil, denn der Rest der Dieselwelt beschränkte sich allzu gerne auf unter drei Liter Hubraum. Speziell auf dem Heimatmarkt Japan zog dieser Schritt äußerst positive Effekte für Toyota nach sich: Der F-Motor galt aufgrund seines Hubraums eigentlich als Antrieb für „Großfahrzeuge", was eine deutlich höhere Steuerbelastung bedeutete.

Im kompakten Land Cruiser öffnete die 3-Liter-Dieselmaschine dagegen den Markt in Richtung der Privatkunden. Ihre Herkunft aus dem Industriesektor machte sich auch bei der Wartung bemerkbar: Die Kolben waren mit Hülsen versehen,

Oben: BJ40 bei den Mandara-Seen in Libyen

Unten links: BJ42 bei einer kitzeligen Passüberquerung in den Alpen

Unten rechts: „Schlechte Entscheidungen ergeben gute Geschichten" – Wasserdurchfahrt in den französischen Alpen, die doch ein wenig tiefer war als angenommen.

Links: Heckansichten des J4: Softtop mit Halbtüren, Hardtop mit „Ambulance Doors" und Hardtop mit Halbtüren und Klappe. Nicht im Bild sind die Tailgate-Version und die zusammenfaltbare Heckklappe.

Links: Beliebte Basis für Spezialaufbauten: Das J4-Chassis mit Fahrerkabine

die bei Verschleiß einfach ausgetauscht werden konnten. Und während zum Beispiel der geradezu luxuriöse „Strich-8" von Mercedes noch mittels separatem Zugknopf vorgeglüht wurde, bot der B-Motor schon die sogenannte „EDIC", mit der Vorglühen, Starten und wieder Abschalten bequem über das Zündschloss erledigt werden konnten.

Der B-Motor war also ein guter Schritt, jedoch für den Einsatz in den langen Versionen und erst recht aus Sicht gewerblicher Kunden ein wenig schwächlich auf der Brust. Ab April 1972 ergänzte also ein größerer Diesel die Palette: Der H-Motor war der erste 6-Zylinder-Diesel und fand sich fortan im HJ45 wieder. Mit 3576 cm^3 war er ein Stückchen größer, in seiner Konstruktion glich er indes dem kleineren B: Auch der H arbeitete mit einer Wirbelkammer, einer seitlich liegenden Nockenwelle mit Zahnradantrieb, hängende Ventilen und hatte einen Zylinderkopf aus Grauguss – und eben zwei Zylinder mehr. Allerdings war seine Kurbelwelle siebenfach gelagert, was ihm eine ungekannte sonore Laufruhe bescherte, die beim Fahrer geradezu Urvertrauen auslöst. Der H-Motor war die Basis für einige legendäre Maschinen, die mit zum Besten zählen, was Toyota je gebaut hat. Unter anderem war dies der „2H", der im August 1980 folgte und im Kapitel „J6" ausführlicher beschrieben wird. Der 2H wurde jedoch nur in den australischen Versionen des langen J4 eingesetzt, die fortan „HJ47" hießen (da die „46" schon belegt war).

Mit der größeren Modellüberarbeitung 1979 wurde auch Hand an den B-Motor gelegt: Bei gleichbleibendem Hub wurde die Bohrung auf 98 mm vergrößert, der Hubraum wuchs damit auf 3168 cm^3 und die Leistung auf brodelnde 84 PS. Dieser Motor blieb allerdings dem asiatischen Markt vorbehalten und trieb fortan die Modelle BJ41 und BJ44 voran.

Im August 1980 – in diesem Jahr waren zwei Drittel aller deutschen LC-Zulassungen Diesel-Modelle – präsentierte Toyota abermals eine überarbeitete Version des kleinen Diesels, der nun mit einer Bohrung von 102 mm auf stattliche 3431 cm^3 angewachsen und damit endlich eine außerordentlich ausgewogene Maschine geworden war. Der nun „3B" genannte Saugdiesel leistete 90 PS und brachte mit 216 Nm auch 15 Nm mehr Drehmoment als der Vorgänger. „Ein Spiel der kleinen Zahlen", mag man sich denken, aber diese kleine Steigerung reichte zusammen mit ein paar anderen Änderungen aus, um aus dem BJ ein geradezu spritziges Auto zu machen. Die Modelle wurden der Tradition folgend abermals umbenannt und hießen nun „BJ42", „BJ46" und, endlich, „BJ45". Die Modellvielfalt führt hier einmal mehr zu einem verwirrenden Kuriosum: Der BJ46 hatte den gleichen Radstand wie J43 und J44 und war damit kürzer als der BJ45. Letzterer durfte die „45“ tragen, da es ihn vorher noch nicht gegeben hatte: Erst jetzt war die Leistung ausreichend, um den 3B auch in den langen Varianten einzusetzen.

Das Ende

„Das Toyota Land-Cruiser-Programm wird von den zufriedenen Kunden in aller Welt vornehmlich gewerblich genutzt“, erfahren die Journalisten bei der Pressevorstellung des BJ42 im Mai 1981. Der J4 war von Anfang an ein Arbeitsgerät, und er blieb es bis zum Schluss.

Heutzutage ist der J4 im wahrsten Sinne des Wortes ein „altes Auto“: Auch wenn der Produktionsstopp gerade einmal 25 Jahre zurückliegt, so reichen seine Anfänge ganze 51 Jahre zurück. Und wenn man bedenkt, dass der J2 im Großen und Ganzen die gleiche Karosserie trug, und dass der Bandeirante erst im Jahre 2001 eingestellt wurde, ergibt sich für die Karosserieform des J4 eine wahnwitzige Zeitspanne von sage und schreibe 46 Jahren.

Noch heute findet man selbst in deutschen Gefilden BJ oder FJ40, die seit Jahrzehnten unverändert zur Arbeit auf Wald und Feld eingesetzt und dabei weder geschont noch gepflegt werden. Weltweit ist der Anteil natürlich größer: So fährt die syrische Polizei heute noch FJ40, nordafrikanische Streitkräfte haben noch FJ45 im Programm, in australischen Minen sind noch HJ47 unterwegs. Der J4 ist wie ein gut gemachtes Werkzeug der alten Schule: sinnvoll, wartungsfreundlich und nicht kaputt zu bekommen. Diese unaufgeregte Präsenz macht gerade seinen Charme aus: Einsteigen und losfahren, egal wohin die Reise geht. Das strahlt er auch heute noch aus.

Nichtsdestotrotz wurde der J4 in den letzten Jahren erfreulicherweise zu einem beliebten Restaurierungsprojekt, und so entstehen Jahr für Jahr wunderschön aufgebaute Fahrzeuge, die mit einem gerüttelt Maß an Engagement fit gemacht worden sind für die nächsten 30 Jahre Arbeitseinsatz – auch wenn viele dieser Fahrzeuge sich nun auf Sonntagsfahrten und in beheizten Garagen ausruhen dürfen.

Mit dem J4 gelang Toyota ein geradezu revolutionärer Schritt: Durch konsequente Orientierung an den verschiedensten und sich ständig ändernden Kundenanforderungen, starke Exportanstrengungen und vor allem einen ernsthaften Fokus auf Haltbarkeit, Robustheit und Geländegängigkeit eroberte der J4 zuerst die Weltmärkte und schließlich die Herzen der Kunden. Dafür war (und ist) es nicht einmal so sehr von Bedeutung, ob der Kunde sich einer wie auch immer gearteten „Offroad-Szene“ zugehörig fühlte: Der Land Cruiser J4 war ein Vielzweckfahrzeug, das für unendlich viele Situationen die richtige Lösung darstellte. Die konsequente Ausrichtung als „robustes Gebrauchsfahrzeug“ garantierte ein so eindrucksvolles Erlebnis von schierer Zuverlässigkeit in jeder Lebenslage, dass man schlicht nicht umhin kam, ihn zu mögen oder zumindest größten Respekt vor seiner Technik zu entwickeln. Hinzu kam, dass es neben einer beinahe unüberschaubaren Modellvielfalt auch bezüglich Ausbau und Ausstattung auf absolut jeden Wunsch eine Antwort gab, und sei es durch die mannigfaltig auftauchenden externen Anbieter. Durch diese runde Kombination trat der J4 einen derart nachhaltigen Siegeszug rund um die Welt an, dass er selbst heute, mehr als drei Jahrzehnte nach seiner Deutschlandpremiere und mehr als zwei Jahrzehnte nach Produktionsende, in vielen Erdteilen noch immer zum alltäglichen Straßenbild gehört. Und nicht zuletzt hat der J4 damit das Image der Marke Toyota nachhaltig geprägt: In seinem Fahrwasser explodierte der Erfolg des japanischen Autobauers, er ebnete den Weg bis hin zum Status des „größten Automobilherstellers der Welt“.

Modellvarianten J4

Modell	Ausführung	Motorisierung
BJ40	Softtop/Hardtop, Radstand 2285 mm	B: Saugdiesel, Wirbelkammer, 2977 cm^3, R4, 76 PS/56 kW (3600/min), 187 Nm (2200/min)
BJ41	Softtop/Hardtop, Radstand 2285 mm	2B: Saugdiesel, Wirbelkammer, 3168 cm^3, R4, 84 PS/62 kW (3600/min), 201 Nm (2200/min)
BJ42	Softtop/Hardtop, Radstand 2285 mm	3B: Saugdiesel, Wirbelkammer, 3431 cm^3, R4, 90 PS/66 kW (3500/min), 216 Nm (2200/min)
BJ43	Softtop, Radstand 2430 mm	B: Saugdiesel, Wirbelkammer, 2977 cm^3, R4, 76 PS/56 kW (3600/min), 187 Nm (2200/min)
BJ44	Softtop/Hardtop, Radstand 2430 mm	2B: Saugdiesel, Wirbelkammer, 3168 cm^3, R4, 84 PS/62 kW (3600/min), 201 Nm (2200/min)
BJ45	Softtop, Radstand 2950 mm	3B: Saugdiesel, Wirbelkammer, 3431 cm^3, R4, 90 PS/66 kW (3500/min), 216 Nm (2200/min)
BJ45 Pick-up	Radstand 2950 mm	3B: Saugdiesel, 3431 cm^3, R4, 90 PS/66 kW (3500/min), 216 Nm (2200/min)
BJ46	Softtop/Hardtop	3B: Saugdiesel, Wirbelkammer, 3431 cm^3, R4, 90 PS/66 kW (3500/min), 216 Nm (2200/min)
HJ45	Softtop/Hardtop, Radstand 2950 mm	H: Saugdiesel, Wirbelkammer, 3576 cm^3, R6, 90 PS/66 kW (3600/min), 205 Nm (2200/min)
HJ45 Pick-up	Radstand 2950 mm	H: Saugdiesel, Wirbelkammer, 3576 cm^3, R6, 90 PS/66 kW (3600/min), 205 Nm (2200/min)
HJ45 Fahrgestell	Radstand 2950 mm	H: Saugdiesel, Wirbelkammer, 3576 cm^3, R6, 90 PS/66 kW (3600/min), 205 Nm (2200/min)
HJ47	Softtop/Hardtop, Radstand 2950 mm	2H: Saugdiesel, Wirbelkammer, 3980 cm^3, R6, 103 PS/76 kW (3500/min), 241 Nm (1800/min)
HJ47 Pick-up	Radstand 2950 mm	2H: Saugdiesel, Wirbelkammer, 3980 cm^3, R6, 103 PS/76 kW (3500/min), 241 Nm (1800/min)
HJ47 Fahrgestell	Radstand 2950 mm	2H: Saugdiesel, Wirbelkammer, 3980 cm^3, R6, 103 PS/76 kW (3500/min), 241 Nm (1800/min)
FJ40	Softtop, alter Türausschnitt, Radstand 2285 mm	F: Ottomotor, Vergaser, 3878 cm^3, R6, 125 PS/92 kW (3600/min), 234 Nm (1800/min)

Modell	**Ausführung**	**Motorisierung**
FJ40	Softtop,neuer Türausschnitt, Radstand 2285 mm	F: Ottomotor, Vergaser, 3878 cm^3, R6, 125 PS/92 kW (3600/min), 284 Nm (1800/min)
FJ40	Hardtop, Radstand 2285 mm	F: Ottomotor, Vergaser, 3878 cm^3, R6, 125 PS/92 kW (3600/min), 284 Nm (1800/min)
FJ40	Hardtop/Softtop, Radstand 2285 mm	2F: Ottomotor, Vergaser, 4230 cm^3, R6, 135 PS/99 kW (3600/min), 294 Nm (1800/min)
FJ42	Heckantrieb Softtop, Radstand 2285 mm	F: Ottomotor, Vergaser, 3878 cm^3, R6, 125 PS/92 kW (3600/min), 284 Nm (1800/min)
FJ43	Softtop, Radstand 2430 mm	F: Ottomotor, Vergaser, 3878 cm^3, R6, 125 PS/92 kW (3600/min), 284 Nm (1800/min)
FJ43V	Station Wagon 2-door, Radstand 2430 mm	F: Ottomotor, Vergaser, 3878 cm^3, R6, 125 PS/92 kW (3600/min), 284 Nm (1800/min)
FJ45	Softtop, Radstand 2950 mm	2F: Ottomotor, Vergaser, 4230 cm^3, R6, 135 PS/99 kW (3600/min), 294 Nm (1800/min)
FJ45	Hardtop, Radstand 2950 mm	2F: Ottomotor, Vergaser, 4230 cm^3, R6, 135 PS/99 kW (3600/min), 294 Nm (1800/min)
FJ45 Pick-up SWB	Pick-up (Short Wheel Base), Radstand 2650 mm	F: Ottomotor, Vergaser, 3878 cm^3, R6, 125 PS/92 kW (3600/min), 284 Nm (1800/min)
FJ45 Pick-up	Pick-up (Long Wheel Base), Radstand 2950 mm	F: Ottomotor, Vergaser, 3878 cm^3, R6, 125 PS/92 kW (3600/min), 284 Nm (1800/min)
FJ45 Pick-up	Pick-up, Radstand 2950 mm	2F: Ottomotor, Vergaser, 4230 cm^3, R6, 135 PS/99 kW (3600/min), 294 Nm (1800/min)
FJ45V	Station Wagon 2-türig, Radstand 2650 mm	F: Ottomotor, Vergaser, 3878 cm^3, R6, 125 PS/92 kW (3600/min), 284 Nm (1800/min)
FJ45V	Station Wagon 4-türig, Radstand 2650 mm	F: Ottomotor, Vergaser, 3878 cm^3, R6, 125 PS/92 kW (3600/min), 284 Nm (1800/min)
FJ45 Fahrgestell	Radstand 2950 mm	F: Ottomotor, Vergaser, 3878 cm^3, R6, 125 PS/92 kW (3600/min), 284 Nm (1800/min)
FJ45 Fahrgestell	Radstand 2950 mm	2F: Ottomotor, Vergaser, 4230 cm^3, R6, 135 PS/99 kW (3600/min), 294 Nm (1800/min)

Modell	Ausführung	Motorisierung
Toyota Bandeirante		
Bandeirante OJ50L/BJ50L	Softtop, Radstand 2285 mm	
Bandeirante OJ50LV/BJ50LV	Hardtop, Radstand 2285 mm	
Bandeirante OJ50LVB/BJ50LVB	Hardtop, Radstand 2755 mm	
Bandeirante OJ55LPB/BJ55LPB	Pick-up, Radstand 2955 mm	
Bandeirante OJ55LPBL/BJ55LPBL	Pick-up, Radstand 3355 mm	
Bandeirante OJ55LP2BL/BJ55LP2BL	Pick-up-Doppelkabine, Radstand 3355 mm	
Bandeirante-Motoren		
1962-1973	OM 326 (Mercedes-Benz)	Saugdiesel, indirekte Einspritzung, 3661 cm³, R4, 102 PS/75 kW (3400/min), 250 Nm (2000/min)
1973-1993	OM 314 (Mercedes-Benz)	Saugdiesel, Direkteinspritzung, 3784 cm³, R4, 85 PS/63 kW (2300/min), 235 Nm (1800/min)
1993-1994	OM 364 (Mercedes-Benz)	Saugdiesel, Direkteinspritzung, 3972 cm³, R4, 90 PS/66 kW (2300/min), 319 Nm (1800/min)
1994-2001	14B (Toyota)	Saugdiesel, Direkteinspritzung, 3660 cm³, R4, 98 PS/72 kW (3400/min), 240 Nm (1800/min)

Weitere Informationen finden Sie unter www.legendelandcruiser.de

Oben: Braun-weiß, rot-weiß, grün-weiß, blau-weiß, grau-weiß – die Zweifarblackierung prägte das Bild des J5 ganz entscheidend.

Rechts: Doppeltür und Heckklappe mit versenkbarer Scheibe in der Generation vor September 1978

J5 (1967–1980) – der erste echte Station Wagon

In den fünfziger Jahren war der Land Cruiser vor allem eines: Ein Arbeitstier, das den Fahrer, vielleicht auch ein wenig Ladung und ein paar Passagiere von A nach B bringen sollte. Da man nicht immer wissen konnte, was zwischen diesen beiden Punkten lag, war der Land Cruiser mit Allradantrieb ausgerüstet und entsprechend solide gebaut. Am Ort des Geschehens angekommen, wurde die Fahrmaschine nicht selten zur Zug-, Schub-, Winden-, Sägemaschine oder was auch immer erforderlich war, um den anstehenden Job zu erledigen.

Der Land Cruiser war eine Multifunktionsmaschine, ein reines Zweckfahrzeug.

Dies spiegelte sich auch im äußeren Erscheinungsbild wider. Natürlich gab es auch damals bereits eine eigenständige Design-Abteilung bei Toyota. Die war jedoch zu dieser Zeit vollauf mit der Entwicklung der Pkw-Modelle Corona und Crown beschäftigt, die seit dem Ende der fünfziger Jahre konsequent zu Exportschlagern getrimmt wurden.

Die „Gestaltung" der Geländewagen überließ man deshalb praktischerweise einfach den Ingenieuren. Das sah man den Serien BJ bis J4 dann auch an: Die Form war eine direkte Folge der gewünschten Funktion.

Die Ansprüche ändern sich

Anfang der sechziger Jahre bemerkte Toyota vor allem auf dem wichtigen US-Markt allmählich eine Erweiterung der Käuferschicht: Die Nachkriegsjahre waren endgültig vorbei und mit den Präsidenten Kennedy und Johnson erlebten die Vereinigten Staaten eine Zeit des Umbruchs und des kontinuierlichen wirtschaftlichen Wachstums. Die Kaufkraft stieg und die Kunden sehnten sich nach modernen, komfortablen Fahrzeugen, die nicht nur über ausreichend Platz im Innenraum sondern auch über vier Türen plus Hecktür verfügten und nicht das Gefühl vermittelten, mit einer selbstfahrenden Arbeitsmaschine unterwegs zu sein. Parallel zu den Allrad-Nutzfahrzeugen entstand ein Markt für einen großen, komfortablen Geländewagen mit Freizeitwert.

Der FJ45lV hatte zwar vier Seitentüren und war 1960 schon auf dem US-Markt präsentiert worden, wartete jedoch wie seine Vorgänger FJ28lv und FJ35lv mit einem etwas extravaganten Blechkleid auf: Die große seitliche Blechfläche mit dem geradezu monströsen Hecküberhang musste technisch mit allerlei Sicken stabilisiert werden. Im Nutzfahrzeugbereich spielte das damals keine große Rolle, in den Augen der amerikanischen Käuferschicht war dies hingegen alles andere als schön anzuschauen und machte nicht gerade einen modernen Eindruck.

Die Folge: Die „mobilen Wellblechkisten" mutierten in den Verkaufsräumen eher zu bleischweren „Immobilien" und verkauften sich schlecht. Gerade der US-amerikanische Markt verhieß jedoch für die Stückzahl das größte Potenzial, denn immerhin war der Land Cruiser

Hier erkennt man gut die flache Motorhaube der ersten Generation vor 1975. Später machte sich dort eine weitere Wölbung breit, um dem Luftfilter der 2F-Maschine Platz zu schaffen. Die hier gezeigte Ausführung hat auch die optionalen Schutz-Verstrebungen innen vor den hinteren Seitenscheiben.

Einer der ersten deutschen FJ55 zum Pressetermin in den Alpen: Wie man am Nummernschild erkennt, wurde das Pressefahrzeug auch wirklich abseits der Straße bewegt …

J4 schon 1965 der bestverkaufte Geländewagen in den USA. Und die Konkurrenz war alles andere als träge: Bereits 1963 stand mit dem Jeep Wagoneer ein moderner Allrad-Van bereit, der mit seiner Verbindung von Tauglichkeit und Komfort den Nerv der Käufer traf und sogar mit Servolenkung und Automatik-Getriebe aufwartete – zur damaligen Zeit ein absolutes Novum im Geländewagen-Segment.

Die Weichenstellung

Toyota reagierte auf diese Veränderungen konsequent und schickte Techniker und endlich auch Designer ans Werk, um einen komplett neuen Typ zu entwickeln. Im Jahre 1967, nach knapp 60.000 produzierten Land Cruisern der Baureihen BJ, J2 und J4, wurde der FJ55 vorgestellt – ein echter, eigenständiger, moderner Station Wagon.

Die Spezifikationen des neuen Fahrzeugs verlangten dabei einen ungewohnten Spagat von den Entwicklern: Eine der Hauptforderungen war eine geräumige geschlossene Karosserie mit Platz für mindestens fünf Personen plus Gepäck; gleichzeitig jedoch wurden kompakte Abmessungen und ein gefälliges Äußeres angestrebt. Man wollte einerseits komfortable, Pkw-ähnliche Fahreigenschaften und andererseits gewohnt kompromisslose Fahrleistungen im Gelände. Mit anderen Worten: Die zentralen Entwicklungsvorgaben „Platz“ und „Komfort“ sollten dabei weder Geländegängigkeit noch Haltbarkeit schmälern.

Dennoch war dieser Spagat keine unlösbare Aufgabe: Auf die verschiedensten Kundenwünsche einzugehen und veränderte Anforderungen in die Entwicklung einfließen zu lassen gehörte seit jeher zur Toyota-Unternehmensphilosophie. Und der Land Cruiser war schon immer ein Alleskönner – nun wurde der Liste lediglich ein weiterer Punkt hinzugefügt. Der neue Station Wagon sollte also einen hohen Nutz- wie auch einen ebenso hohen Frei-

zeitwert besitzen. Bei seiner Entwicklung zeigte sich, wie sehr Toyota mittlerweile seine Produkte auf die wichtigen Exportmärkte ausrichtete: Er sollte eine komfortable Reisegeschwindigkeit von 130 km/h erreichen – das entscheidende Argument für die Nutzung auf US-amerikanischen Highways. Und er sollte ebenso den materialmordenden Pisten in Afrika und Australien standhalten, denn vor allem der fünfte Kontinent war mittlerweile ein immens wachsender Absatzmarkt.

Diese Vereinigung verschiedener Zielgruppen in einem Produkt und die daraus folgende Teilung der Modellreihen in „Land Cruiser" und „Land Cruiser Station" war eine grundlegende Weichenstellung in der Land Cruiser-Historie – und der Beginn der heute noch bestehenden Geländewagen-Modellpolitik Toyotas.

Zu dieser Zeit gab die japanische Automobilindustrie ordentlich Gas: Die jährliche Produktion überstieg erstmalig 10 Millionen Einheiten, Japan wurde damit zum zweitgrößten Automobilproduzenten weltweit. Wurden die japanischen Fahrzeuge Anfang der sechziger Jahre auf den internationalen Automobilmessen noch müde belächelt, begann jetzt die Ära der japanischen Sportwagenikonen: Mit dem wankelmotorisierten Mazda Cosmo Sport, dem Datsun 240Z und nicht zuletzt dem Traum-Coupé Toyota 2000GT zeigte das Land der aufgehenden Sonne mehr

Wunderschön restauriertes zweifarbiges Exemplar eines FJ55, Baujahr 1975-1978, ausgestattet mit originaler Winde und Heckklappe mit elektrisch versenkbarer Heckscheibe.

Randnotiz:

Sicherheits- und Umweltstandards

Die in den 1950er Jahren beginnende Massenmotorisierung stellte die Wächter der öffentlichen Ordnung vor schwerwiegende Probleme: Mit der Zahl der Pkw und den steigenden Leistungsdaten wuchs auch die Zahl der Unfälle – und der Verkehrstoten.

Am 20. März 1958 wurde im Rahmen der ECE (Economic Commission for Europe) ein Abkommen geschlossen, in dem sich die Vertragspartner verpflichteten, ein einheitliches Regelwerk technischer Vorschriften für Kraftfahrzeuge einzuführen. Die Privatwirtschaft war der Politik allerdings schon um einiges voraus: Mit Crashtest und Dummy, Sicherheitslenksäule, Dreipunktgurt, Knautschzone und einigen weiteren Errungenschaften waren bereits um das Jahr 1960 die wesentlichen Grundlagen und Konzepte des Insassenschutzes in Personenkraftwagen bekannt. Logischerweise traten die USA der ECE nicht bei, ein Import von Fahrzeugen nach ECE-Standard war jedoch erlaubt.

Mitte der sechziger Jahre wuchs auch in den USA der öffentliche Druck, die Sicherheit der Fahrzeuge zu verbessern, auch wenn hier das Verhältnis tödlicher Unfälle zum Fahrzeugbestand weltweit tatsächlich am niedrigsten war. Spätestens jedoch mit Ralph Naders Bestseller „Unsafe at any speed" wurde das Thema zum Inhalt einer breiten öffentlichen und politischen Debatte. Diese gipfelte vorerst in der Verabschiedung des „National Traffic and Motor Vehicle Safety Law" im Jahre 1966 und schließlich in der Gründung der „National Highway Traffic Safety Administration (NHTSA)" und dem Highway Safety Act im Jahre 1970.

Der J5 nahm diese Entwicklungen nahtlos auf: Bereits bei seiner Einführung 1967 erfüllte er die US-amerikanischen Sicherheitsstandards für einen Frontalaufprall bei 30 Meilen pro Stunde.

Dieses leidlich betagte Eisenschwein in den Weiten der libyschen Wüste zeigt die Essenz des Land-Cruiser-Rufes: Er funktioniert einfach, und das seit Jahrzehnten unter schwersten Bedingungen.

als deutlich, dass man sich nicht mehr hinter westlichen Wettbewerbern zu verstecken brauchte. Japan war von der "Kopiernation" zum eigenständigen, ernstzunehmenden Automobilproduzenten aufgestiegen.

Komplette Neuentwicklung

Das zeigte sich nun auch im Geländewagensegment: Das Chassis des J5 war bis auf Achsen, Antriebseinheit und Motor eine vollständige Neuentwicklung. Der Radstand wurde gegenüber dem FJ45lV um 50 Millimeter verlängert und betrug nun 2700 mm, der Hecküberhang wurde um 100 mm eingekürzt, auch wenn er immer noch beachtlich war. Für den Rahmen wurden nun zum ersten Mal ausschließlich komplett geschlossene Profile als Querträger verwendet und ihre Anzahl wurde auf drei verringert, um Platz für den Antriebsstrang zu schaffen. Im Gegenzug fungierten vordere Stoßstange, Getriebeschutz und Ersatzradhalterung als zusätzliche Querträger und stärkten so die Gesamtkonstruktion. Darüber hinaus wurde der Rahmen nun nicht mehr vernietet, sondern erstmals verschweißt, und die Rahmenmontage zur Verbesserung der Produktivität in drei Schritte aufgeteilt. Der vordere Teil des Rahmens wurde in zwei Längen ausgeführt, je nachdem ob das Fahrzeug mit Winde geordert wurde oder ohne. Eine Variation des Radstandes gab es darüber hinaus nicht – das hat der J5 mit allen nachfolgenden Stations gemein. Die stabile Konstruktion hatte zwar Langlebigkeit zum Ziel, aber auch ihre Nachteile: Einem Leergewicht von beachtlichen 1935 kg standen gerade einmal 535 kg Zuladung gegenüber, und das bei einem recht großen Ladevolumen. Die Konstruktion war schlichtweg überdimensioniert.

Wie auch schon seine Vorgänger wurde der J5 bei der „Gyfu Body Industry Co., Ltd." hergestellt – im Gegensatz zur restlichen Land Cruiser-Palette, die bei „Arakawa Auto Body Co., Ltd." aus den Werkshallen rollte.

Interessanterweise schafften es die Entwickler, das Gewicht des Rahmens gegenüber dem des J4 zu senken, während sie die

Oben: Auch das gab es: Integral-Kabine auf einem FJ55, der zum BJ55 mit 3B-Motor umgebaut wurde.

Rechts: Auch in der Rückansicht unübertroffen barock: Die durchlaufende Kante in der Karosserie wurde durch die zweifarbige Lackierung betont, die breite Sicke am Heck der frühen Versionen ist aufwändig in die Hecktüren geformt, das Heck an sich gewinnt zusätzlichen Reiz durch die im unteren Bereich wieder leicht nach innen laufende Wölbung.

Oben: Das Marketing pries die luxuriösen Eigenschaften des J5 an, vergaß aber dennoch nicht die Kunden, die einfach nur ein großes Fahrzeug zum Arbeiten brauchten: Ausschnitt aus einem US-amerikanischen Prospekt Anfang der Siebziger.

Torsionssteifigkeit um 20% steigern konnten. Und: Der J5 erfüllte bereits damals die US-amerikanischen Sicherheitsstandards hinsichtlich eines Frontalaufpralls.

Karosserie

Die extravagante Formgebung spaltet noch heute die Gemüter: Die einen finden ihn eher gewöhnungsbedürftig, die anderen können sich an den barocken Formen nicht sattsehen. Die Formensprache ist dabei eindeutig ein Kind der Sechziger: Große, klar gegliederte Flächen und kantige Formen prägen die Karosserie, deren Proportionen insgesamt eher an einen Brotkasten denn an ein Lifestyle-Fahrzeug erinnern. So konnte der Innenraum großzügig gestaltet, die Abmessungen dennoch recht kompakt gehalten werden. Denn in der Tat wirkt der J5 auf Bildern deutlich größer als er es tatsächlich ist, auch wenn man ihn mit knapp vier Metern siebzig Länge nicht gerade als kompakt bezeichnen kann.

Prägendes Merkmal ist die sachte gebogene Schulterlinie, die von den immer noch freistehenden Kotflügeln beginnend das Fahrzeug bis zum Heck harmonisch in zwei Bereiche gliedert. Der untere, flächige Teil wurde in den Versionen mit der legendären, geradezu historisch anmutenden Zweifarblackierung

Ein „früher 78er“ in seltener einfarbiger Ausführung: Schon ein FJ56 (motorisiert mit dem „2F“) mit der erhöhten Motorhaube, den großen Kombi-Leuchten und ohne die Ausstellfenster in den vorderen Seitenscheiben – aber noch mit der großen Sicke und den kleinen Rückleuchten im Heck.

Die markante und tiefe Sicke prägt das Heck der frühen Generation, die Heckleuchten sind noch klein und fast quadratisch. Wunderschönes Detail: Das liebevoll gestaltete „4 Wheel Drive“-Emblem.

Die einfarbigen Versionen in grün, rot, blau, weiß und braun sind ein überaus seltener Anblick – die zweifarbigen Lackierungen waren einfach begehrter.

Rechte Seite oben: Ein seltenes Bild: Die ersten FJ55 bei der Entladung in Rotterdam, wie sie zusammen mit ihren J4-Cousins die Rampe herunterrollen.

Oben: Nicht übertrieben, aber doch ein deutlicher Unterschied zum Armaturenbrett des J4: Der J5 zeigte auch innen modernen Schick und setzte sich deutlich vom „normalen" Land Cruiser ab.

Links: Die Sitzanordnung war schon im J5 maximal variabel: Klappte man die zweite Sitzreihe um, entstand eine ebene und noch dazu vollständig mit Blech ausgekleidete Ladefläche. In der ersten Reihe fand man eine durchgehende Sitzbank oder zwei Einzelsitze, die dritte Sitzreihe konnte mit Längsbänken bestückt werden.

sogar noch bewusst betont, die farbliche Trennung verleiht hier durch die Fortführung unter dem Kühlergrill und (ab 1971) die Wiederholung im Dach der ganzen Karosserie einen eleganten Rahmen. Fast wirkt es, als bestünde die Karosserie aus zwei aufeinandergesetzten Teilen: Lego für Trendsetter.

Einen auffälligen Gegensatz bilden Front und Heck zueinander: Während die Nase mit der spitz zulaufenden Motorhaube und dem freundlichen, auf den ersten Blick etwas merkwürdig geformten Gesicht eine (für damalige Geschmäcker) gewisse Leichtigkeit versprüht, gleicht das Heck in seiner klobigen Schlichtheit eher einem überdimensionalen Kühlschrank. Das ungewöhnliche Gesicht bescherte dem J5 in Amerika den schlichten Spitznamen „Moose" (Elch) oder „Iron Pig" – in Deutschland wird er entsprechend "Eisenschwein" genannt.

Zu Anfang saßen kleine, fast quadratische Rücklichter in der Mitte des Hecks und wurden durch eine durchlaufende Sicke mit geprägtem „TOYOTA"-Schriftzug optisch miteinander verbunden. Die Rückfahrscheinwerfer saßen weiter unten, über den runden Reflektoren.

Das Heck gab es von Anfang an wahlweise mit einer großen, mittig geteilten und 90° öffnenden Doppeltür oder einer Heckklappe mit elektrisch (!) versenkbarer Scheibe, deren Ersatz einen Restaurateur heutzutage in den Wahnsinn treibt. Technisch gesehen ein unverhältnismäßig hoher Aufwand und eine anfällige Konstruktion – das amerikanische Publikum aber liebte dieses Gimmick. Die symmetrisch geteilte Hecktür offenbart hingegen erst beim Fahren ihre wahre Schwäche: Beim Blick in den Rückspiegel sieht man ganz wunderbar die Bereiche rechts und links der Fahrbahn, nie jedoch die Fahrbahn selbst oder gar den rückwärtigen Verkehr – der breite Mittelholm verdeckt den wichtigsten Teil zur Gänze ... Aber gut, man soll ja im Leben auch eher nach vorne schauen, und der Land Cruiser war seit jeher auf das Vorankommen ausgerichtet, nicht auf den Rückzug.

„Asientos Confortables", textete der venezolanische Prospekt: Bequeme Sitzmöglichkeiten machten die Fahrt im J5 zum Vergnügen.

Insgesamt war die Karosserie deutlich aufwändiger gestaltet als die des J4, und die Wünsche der Designer wurden dabei von den sich stetig verbessernden Möglichkeiten des Karosseriebaus angeheizt. Leider war es um die Bemühungen bezüglich Korrosionsschutz nicht ganz so gut bestellt und so treffen hier und da in den dunklen Tiefen eines Holms die Träume der Blechkreativen auf ein äußerst fruchtbares Milieu für Rostbakterien. Hinter der glänzenden Fassade hatte die Oxidation oft leichtes Spiel, sehr zum Leidwesen der J5-Fans. Speziell betroffen sind die Radkästen, Kotflügel, Kofferraumboden und die Heckpartie inklusive Hecktür, die quasi schon serienmäßig mit Korrosionsoption ausgeliefert wurden.

Im Laufe der folgenden Jahre gab es einige kleinere Änderungen, die vielfach nur auf den zweiten oder dritten Blick erkennbar sind. So saßen zum Beispiel die Blinker erst am Seitenblech der Motorhaube, dann an der Seite des Kotflügels und später auf dem Kotflügel, wo sie schließlich auch mit den Positionslampen kombiniert wurden. Jene Kombinationslampen waren der Einfachheit halber die gleichen wie beim J4, wie auch so manch anderes Teil.

1975 kam die erste und einzige große Modellpflege, die neben einer Überarbeitung des Motors auch ein paar kleine optische Änderungen mit sich brachte. Die vorderen Blinker nahmen zusätzlich die Positionslampen in sich auf, die Parklichter in der Frontmaske verschwanden. Die Türen verloren die kleinen dreieckigen Ausstellfenster und bekamen dafür große Rückspiegel – alternativ saßen die Rückspiegel seitlich von der Motorhaube. Letztere wurde mit einer weiteren kleinen Erhöhung versehen, um für den Luftfilter des neuen Motors Platz zu schaffen. Im September 1977 wuchsen die Rücklichter in die Höhe, nahmen Blinker und Rückfahrscheinwerfer auf und wanderten in der Karosserie nach unten, gleichzeitig ging das Heck der horizontalen Sicke verlustig.

Innenraum: Der Komfort der Sechziger

So extravagant sich der FJ55 von außen gibt, so solide präsentiert sich der Innenraum: Dem Wunsch nach Komfort wurde Rechnung getragen, jedoch nicht auf übertriebene Art und Weise. Die Überraschungen liegen eher im Detail, nicht in der Fülle an unnötigem Schnickschnack. Die J4-typischen Frischluftklappen im Fußraum zum Beispiel waren immer noch vorhanden, wurden jedoch nun nicht mehr mit dem Fuß geöffnet, sondern mittels eines überraschend filigranen Hebelchens unter dem Armaturenbrett – und sie ließen auch keinen direkten Blick auf die Straße mehr zu, sondern zeigten in den Kotflügel. Das Armaturenbrett und die Lenkradnabe bekamen eine weiche Abdeckung, die im Falle unerwarteter Negativbeschleunigung als Prallschutz fungierte.

Hebel, Schalter, Lenkrad und ein paar weitere Kleinigkeiten wurden aus dem J4-Regal entnommen. Die Anzeigen wurden etwas zuverlässiger gestaltet, so arbeitete die Temperaturanzeige zum Beispiel nun mit einem temperaturabhängigen Widerstand.

Das Raumgefühl gewinnt durch die nahezu senkrechten Scheiben enorm, die damals übliche gerade Gestaltung des Armaturenbretts und die durchgehende Sitzbank verstärken diesen Eindruck noch. Die Rückbank ließ sich nach vorne falten und gab einen ebenen (!), unverkleidet blechernen Laderaum frei, der 1,4 x 1,2 Meter maß und 2,8 m³ Raum bot. Ein geräumiges Gepäckabteil für Freizeit, Job und Reise. Zusammen mit der vorderen Sitzbank ergibt das tatsächlich ausreichend Raum für sechs Personen, auch wenn das für den mittleren Fahrgast nur in den frühen Versionen mit Lenkradschaltung angenehm war, später schlossen seine Knie stetig Bekanntschaft mit dem Schalthebel. Ab der Modellpflege 1975 konnten vorne auch zwei Einzelsitze geordert werden, in Deutschland z.B. bekam der J5 als Hafenoption sogar Scheelmann-Sitze.

Das Chassis des J5 war eine komplette Neuentwicklung, Achsen, Antriebseinheit und Motor wurden vom J4 übernommen. Der Radstand wurde gegenüber dem FJ45V um 50 Millimeter verlängert und betrug nun 2700 mm, der Hecküberhang wurde um 100 mm eingekürzt, auch wenn er immer noch beachtlich war.

Links das Heck vor der Modellpflege, rechts danach, beides mit der mittig geteilten Doppeltür.

Ansonsten hielt sich der Schnickschnack in Grenzen: Ab 1971 gab es auf Wunsch eine Klimaanlage, ab 1976 Automatikgurte vorne und ab 1980, kurz vor Produktionsende, auch eine Servolenkung.

Motorisierung

Bei der Vorstellung des FJ55 werkelte unter der Haube der bekannte „F"-Motor, ein fulminant röchelnder Reihensechszylinder-Benziner mit entspannten 3878 Kubikzentimetern Hubraum – ein geradezu unzerstörbares Stück Grobmechanik. Die schon längst zur Legende gewordene Maschine hatte bereits im Jahre 1960 mit der Einführung des FJ40 signifikante Verbesserungen erhalten. Für den Einsatz im J5 wurde noch einmal Hand angelegt und Zylinderkopf, Brennkammern, Ansaugkanäle und -krümmer überarbeitet sowie eine Abgasreinigung hinzugefügt. Darüber hinaus wurden Anzahl und Form der Kipphebel geändert und eine andere Nockenwelle eingesetzt, um die Ansaugeffizienz in höheren Drehzahlbereichen zu verbessern. Die maximale Leistung betrug nun 125 PS bei 3600 Umdrehungen, das Drehmoment 284 statt vormals 256 Nm. Diese Änderungen hatten vor allem zwei Effekte: Zum einen verbesserte sich das Ansprechverhalten speziell bei niedrigeren Drehzahlen signifikant, zum anderen wurde die Nenndrehzahl angehoben, um ein angenehmeres Laufverhalten bei den für den Export wichtigen höheren Geschwindigkeiten zu erreichen. Insgesamt wurde die Maschine durch die Modifikationen sogar marginal leichter – soweit man das bei einem immer noch scheinbar aus dem Vollen gefrästen Gussbrocken sagen kann.

Für die Generation ab September 1973 wurde der F-Motor nochmals überarbeitet, die Leistung stieg nun auf 130 PS, das Drehmoment auf 294 Nm. Eine Entwicklung, die vor allem den Wünschen der leistungsverwöhnten amerikanischen Kundschaft Rechnung trug.

Im Januar 1975 kam dann mit der großen Modellpflege auch eine grundlegend überarbeitete Maschine: Der „F" wurde zum „2F". Für diesen Schritt bohrte man den F-Motor von ursprünglich 3,9 auf 4,2 Liter auf (die Zylinderbohrung weitete sich dabei um 4 mm) und änderte den Vergaser, was eine Mehrleistung von 10 PS einbrachte. Der Motor leistete nun also 140 PS bei 3600 Umdrehungen und brachte es auf ein maximales Drehmoment von 294 Nm bei 1800 Umdrehungen. Der Ölfilter wurde an die Seite des Motorblocks verbannt, Ventildeckel und Wasserpumpe nun aus Aluminium gefertigt und der Luftfilter schrumpfte ein wenig. Ein Lufteinblassystem und teilweise Abgasrückführungssystem mit Katalysator diente der Emissionsreduzierung, ein Tribut an die verschärften US-amerikanischen Abgasvorschriften.

In Japan resultierte diese neue Motorisierung in der Toyota-typischen Umbenennung: Aus dem "FJ55" wurde der „FJ56". Interessanterweise beschränkte sich die Umbenennung allerdings auf Japan: Für den Export änderte sich die Modellbezeichnung nicht, es blieb beim „FJ55". Warum es diesen Bruch in der Nomenklatur gab, ist zumindest dem Autor ein völliges Rätsel. Denn schlussendlich wurde die Bezeichnung „FJ55" zumeist eh nicht verwendet: Der J5 hieß in den Märkten schlicht „Land Cruiser Station Wagon".

In seinem letzten Produktionsjahr 1979 wurde der J5 sogar mit der 2B-Maschine bestückt, also einem Vierzylinder-Diesel mit 3,2 Litern Hubraum. Diese Version blieb allerdings dem japanischen Markt vorbehalten.

Kraftübertragung und Fahrwerk

Der FJ55 wurde mit einem 3-Gang-Schaltgetriebe präsentiert, dessen zweiter und dritter Gang synchronisiert waren, der Schalthebel saß an der Lenksäule. Ein Unterdruckschalter war für das Untersetzungsgetriebe zuständig, das die Antriebskraft bei Bedarf noch einmal um den Faktor 2,31 verstärkte. Klassischerweise wurde die Hinterachse angetrieben, die Vorderachse war mittels manueller Freilaufnaben zuschaltbar, der Durchtrieb

Technische Daten

Toyota Land Cruiser J5

Bauzeitraum:	1967–1980
Karosserieform:	Geschlossener Station, 4 Türen
Sitzplätze:	5, 6, 9 oder 10, je nach Konfiguration
	Heckantrieb, zuschaltbarer Frontantrieb
	Leiterrahmen, Starrachse an Blattfedern (vorne 7, hinten 8 Lagen), Öldruckstoßdämpfer
Radstand:	2700 mm
Länge x Breite x Höhe (FJ56V):	4675 x 1690 x 1960 mm
Spurweite v/h (FJ56V):	1415/1400 mm
Bodenfreiheit:	210 mm
Wendekreis:	12,4 m
Leergewicht (FJ56V):	1935 kg
Motorisierung:	
1967-1973:	Ottomotor (F), 6 Zylinder, 3878 cm3, 125 PS, 284 Nm
1973-1974:	Ottomotor (F.5), 6 Zylinder, 3878 cm3, 130 PS, 294 Nm
1975-1980:	Ottomotor (2F), 6 Zylinder, 4230 cm3, 135 PS, 294 Nm
1979-1980:	Dieselmotor (2B), 4 Zylinder, 3168 cm3, 93 PS, 201 Nm (nur Japan)
Kraftübertragung:	
1967-1974:	3-Gang-Getriebe manuell
1975-1980:	4-Gang-Getriebe manuell
Bremsen:	
1967-1974:	Trommelbremsen v/h
1975-1980:	Scheibenbremsen vorne, Trommelbremsen hinten
Achsen:	vorne Full-Floating, hinten Semi-Floating oder Full-Floating
Getriebeabstufung:	
1967-1974:	2,76/1,7/1,0/R 3,67
1975-1980:	4,925/2,643/1,519/1,0/R 4,925
Untersetzung:	
1967-1974:	2,31 : 1
1975-1980:	1,959 : 1

Die Fahrt im FJ55 – ein Liebesbrief an zwei Tonnen Stahl

Sind Sie schon einmal mit einem Einrad ohne Sattel auf einem mit Vaseline eingeschmierten Drahtseil im Sturm bergauf über eine Schlucht voller hungriger Raubkatzen gefahren? Nun, in den Sechzigern gab es in der Tat Fahrzeuge, die dieses Fahrgefühl vermittelten.

Nicht so der FJ55: Hier fühlt man sich zu jeder Zeit sicher, komfortabel und als Herr der Lage. Mithin fragt sich der Fahrzeuglenker ab und an, wie es vor gefühlten hundert Jahren möglich war, ein solch entspanntes und entspannendes Fahrzeug auf die Räder zu stellen.

Aber fangen wir vorne an. „The Iron Pig", die eiserne Sau, – dieser Titel ist dem Fünfer nicht ganz zu Unrecht verliehen worden: Massig, gedrungen, geradezu aufdringlich stabil wirkt er im ersten Moment der Annäherung. Die ungewöhnliche Front mit den unbekümmert dreinschauenden Scheinwerferaugen blickt einem freundlich entgegen, die geraden und ungebrochenen Blechflächen vermitteln Solidität. Eine Burg auf Rädern.

Dieses Gefühl setzt sich im Innenraum fort: Wenn man die schweren Türen hinter sich geschlossen (und diese schließen mit jenem satten „Plopp", das man immer gerne den Produkten aus Untertürkheim nachsagt) und es sich auf der federnden Vinylcouch bequem gemacht hat, ist man umgeben von schlichter, schnörkelloser Wertarbeit. Das Interieur wirkt stabil, klapperfrei und durchdacht. Wobei es zugegebenermaßen auch nicht allzu viel Schalter anzuordnen galt. Selbst der Hebel für den Richtungsanzeiger, filigraner als ein Essstäbchen, hat eine solide Haptik und verzückt mit einem bodenständigen „Klack".

Hat man dann das Triebwerk röchelnd gestartet, ziehen sich die Mundwinkel unvermittelt nach oben. Ist das ein Sound! Hier darf der Motor wenigstens noch Motor sein und mehr als hörbar (und spürbar!) vor sich hin röcheln, vibrieren, sich verschlucken. Hier ist die Maschine noch integraler Teil des Ganzen statt nur notwendiges Übel unter der Haube. Man gibt sachte Gas, der Sechszylinder grummelt leise vor sich hin, die Fuhre setzt sich in Bewegung – und auf einmal können einen alle im Verkehrsgetümmel drumherum mal so richtig gernhaben. Sollen sie doch hetzen, in ihren bordsteinhohen Sardinenbüchsen. Sollen sie sich räkeln in ihren akustisch abgekoppelten Elektronikschachteln. Sollen sie sich von der 7-Zonen-Klimaanlage umwehen oder den Hintern gleichzeitig wärmen und belüften lassen, während sie mit dem Drehknopf das Programm für die Dämpferabstimmung suchen. Das kümmert einen alles nicht.

Wenn man mit diesem Blech gewordenen 60er-Jahre-Designtraum durch die Lande rollt, stellt sich wahrlich maximale Entspannung ein. Man lehnt sich zurück, gewährt dem fingerdicken Lenkrad lässig Freiraum und stellt sich plastisch vor, wie Unmengen Sprit mit einem beruhigenden Gurgeln durch die Leitungen fließen. Man fühlt sich rundum geborgen, jedoch nicht abgekoppelt von der Außenwelt. Hier ist man mittendrin im Geschehen.

Zudem ist es eine außerordentlich komfortable Angelegenheit, mit dem FJ55 unterwegs zu sein; das hat nur wenig mit jener „Schwerstarbeit" zu tun, die man sich im Allgemeinen unter der Fahrt mit einem Oldtimer vorstellt. Während der arbeitswütige Bruder J4 in seinem Inneren eine unverhohlen blecherne Optik zur Schau stellt, hält es der J5 mit sachlichem Komfort. Und man kann sich sehr gut vorstellen, was die Entwickler seinerzeit in ihrem Lastenheft stehen hatten. Versetzt man sich einmal mit Bedacht in die automobile Landschaft der sechziger Jahre, so erscheint der J5 tatsächlich als außergewöhnliches Fahrzeug in seiner Klasse. Und mehr noch: Man kann sich auch heute ohne Probleme vorstellen, damit auf große Tour zu gehen. Der Fünfer vermittelt ungezähmte Lust am Reisen, auch wenn seit seiner Vorstellung über 40 Jahre vergangen sind. Man ist nicht froh, dass die Fahrt in diesem alten Hobel endlich vorbei ist – man will immer weiter. Man spürt, dass dieses Automobil mit Sorgfalt entwickelt wurde. Und Sorgfalt ist eben zeitlos.

Jegliche Ausfahrt (so es nicht gerade um Einparkübungen auf engen Supermarktparkplätzen geht) ist eine wahre Freude. Der kleine Station läuft gemütlich und entspannt auf der Autobahn, lässt sich zielgenau und wendig auf der Landstraße dirigieren, hängt willig am Gas und macht einfach rundherum Spaß. Da lernt man wieder gute alte Vergasermotoren zu schätzen: Die Maschine macht jederzeit genau das, was man ihr durch sanftes Streicheln des Gaspedals nahelegt. So marschiert der FJ auch willig und ohne zu zögern auf lockere 150 km/h – eben genau bis zum Maximum seiner Leistung. Danach ist einfach völlig unspektakulär Schluss und so langsam erscheint ohnehin wieder das Bild vom Tankwart vor dem geistigen Auge.

Auch bei Vollgas scheint die Nadel der Temperaturanzeige festgetackert zu sein. Im Gegensatz zu anderen Instrumentennadeln: Gibt man dem latenten Drängen der Maschine nach und dem FJ richtig die Sporen, könnte man durch Abnehmen des Glases der Tankanzeige einen probaten Ventilator herstellen... Aber ein ordentlicher Motor muss eben auch ordentlich durchgespült werden. Hält man sich während der Beschleunigung jedoch vor Augen, dass Benzin zu einem nicht unwesentlichen Teil auch als Kühlmittel fungiert, mindert das den Schmerz beträchtlich. Man gibt ihm einfach, was er braucht – es ist ja im Endeffekt doch alles nur zu seinem Besten.

Drehzahlmesser braucht man keinen, das Triebwerk unter der Haube lässt einen zu keiner Zeit im Unklaren darüber, wie viel Umdrehungen gerade anliegen und ob es diese Zahl für angemessen hält. Gut – das wilde Tier unter der Haube brüllt nach Leibeskräften durch die Spritzwand, und auf längeren Strecken sind leichtere Gehörschäden sicherlich nicht ganz auszuschließen. Aber in Kombination mit den Lenkkräften und der direkten Rückmeldung des Fahrwerks merkt der geneigte Cruiser-Fahrer wenigstens unmittelbar, dass er noch lebendig ist.

Der FJ55 ist also die starke Schulter zum Anlehnen. Der freundliche Typ von nebenan, der Ruhe und Sicherheit ausstrahlt und in jeder Situation Überlegenheit vermittelt. Er kann allerdings auch ein ordentliches Biest sein. Eine richtige kleine eiserne Sau eben, wie gesagt. Dieses Biest tritt genau dann zutage, wenn man das elegante Gerät einmal abseits der Straßen bewegt und dem Sechszylinder ordentlich Saures gibt. Dann brüllt die Maschine, dann poltert das Fahrwerk, dann schießt die Fuhre mit Vehemenz vorwärts. Und dann prügelt man den Fünfer auch problemlos durch jedes Gelände, zur Not auch mit Brachialgewalt. Wenn es drauf ankommt, ist er bereit. Und auch wenn er optisch keinen großen Aufriss darum macht: Seine Fahrleistungen im Gelände nötigen Respekt ab. Wie alle anderen Land Cruiser ist auch der FJ55 eben ein Geländewagen von echtem Schrot und Korn.

Es ist genau diese Mischung aus rollender Burg, optischer Biederkeit und subtiler Aggressivität, die den Fünfer so unwiderstehlich macht. Ein echtes Traumauto.

Wenn man auf eisenschweinische Träume steht.

Oben: Ahnentreffen: Bei einem Treffen im Elsass trafen knappe 20 Prozent der in Europa noch fahrbereiten J5 zusammen. Ein Spiel der kleinen Zahlen: Es waren nur neun Stück…

Im Juli 1980, nach 113 Tausend produzierten Exemplaren und recht genau einer Million produzierten Land Cruiser insgesamt, war die Karriere des J5 endgültig beendet: Das Zepter des „Luxusoffroaders" wurde an seinen Nachfolger übergeben, den nicht minder legendären J6.

war starr. 1971 wanderte der Schalthebel auf den Getriebetunnel und die Untersetzung wurde nun durch einen Hebel direkt daneben rein mechanisch geschaltet. Mit dem FJ56 kam auch ein 4-Gang-Getriebe, dessen erster Gang natürlich deutlich kürzer ausfiel als in der alten 3-Gang-Version. Dadurch konnte die Spreizung angenehmer gestaltet und die Untersetzung auf 1,959 abgeschwächt werden. Die Achsen hatten analog den FJ4x-Modellen ein Übersetzungsverhältnis von 3,7:1, wobei Fahrzeuge für den amerikanischen Markt bis 1979 die kürzere 4,11er-Übersetzung bekamen.

Geführt wurden die Achsen an halbelliptischen Blattfedern, die in der gleichen Version auch im Toyoace und im Stout zum Einsatz kamen. Die Lenkung arbeitete nach dem Kugelumlaufprinzip und war in den USA ab 1980 auch mit Servounterstützung erhältlich.

Der Allradantrieb entsprach dem damals üblichen Standard: Getriebe, Verteilergetriebe mit Nebenabtrieb, manuelle Freilaufnaben, fertig. Waren die Freilaufnaben verriegelt, konnte man den Allradantrieb bei jeder Geschwindigkeit zuschalten. Wenn. Denn die Erfahrung zeigt, dass man über das Verriegeln der Freilaufnaben zumeist erst dann nachdenkt, wenn man mittendrin im Schlamassel steckt. Dieses Erwachen kann man natürlich umgehen, indem man die Naben immer verriegelt lässt, was dem Verschleiß der Vorderachse nicht gerade zuträglich ist. Lässt man sie hingegen größtenteils entriegelt, wird die Achse nicht geschmiert und die Naben sind im Bedarfsfall fest. Damals wurde dem Fahrzeugführer deutlich mehr Denkarbeit zugemutet, als man das heutzutage wagen würde.

Verkaufsschlager

Der J5 war schlicht ein außerordentlich robustes Stück Automobil. Der Automobiljournalist Julian Schmidt schrieb 1978 ein wunderbares Statement, das der Wirkung zuliebe im Original wiedergegeben wird:

„The Toyota Land Cruiser Station is a bare fist. And it so happens that, in situations such as central Arizona's mountains where we tested it, bare fists are the only things that work. I've tried negotiations and pusillanimous pleadings, but you quickly discover after they've all failed that gutting it out is the only way to win.

As a modern four wheeler, it took me a while to understand why. After all, my modern four wheeler had everything – air conditioning, slick custom paint job, 8-track multi-plex stereo, power steering, power windows, arm-chair-type living room seats, plus tires with letters on the sidewalls so big and shiny they looked like billboards, and so fat an ballooney they could drive you across the Atlantic. But you learn quickly when you hit the first caliche cliff that the only qualities that count are downright cussedness and indestructibility."

Dieser Ruf schlug sich auch in den Zahlen nieder: Der neue Station verkaufte sich prächtig. Insgesamt 113.000 Exemplare liefen zwischen 1967 und Juli 1980 vom Band, mehrheitlich produziert bei der Arakawa Auto Body Co. Ltd. (jetzt ARACO). Eine beachtliche Zahl, die in dieser Höhe niemand vorausgesagt hätte. Die Nachfrage war so groß, dass die Endmontage auch außerhalb Japans durchgeführt wurde, unter anderem in Brasilien und ab 1970 auch in Indonesien und Pakistan. In den USA wurde der J5 ab 1969 angeboten, und zu dieser Zeit kamen die Exportzahlen richtig in Fahrt: Von 1967 bis 1969 hatten sich sich die „Overseas Sales" schon verdoppelt, von 11.000 auf 22.000. Und diese Entwicklung setzte sich nahtlos fort: 1977, im Jahr der Deutschland-Einführung, wurden schon sagenhafte 102.000 Land Cruiser nach Übersee verschifft.

Heute

Einen J5 heutzutage in Europas freier Wildbahn anzutreffen, gleicht hingegen dem sprichwörtlichen Sechser im Lotto: Auf unserem Kontinent war er schon zu seiner Zeit ein äußerst seltenes Exemplar. Seine bedauerliche Neigung zur korrosiven Verflüchtigung tat ihr Übriges: Die meisten Fünfer hat schlicht der Gammel dahingerafft, die übrigen wurden größtenteils einfach genutzt, bis sie „fertig" waren. Das dauert bei einem Land Cruiser zwar ein Weilchen, aber es kommen seit 30 Jahren ja keine mehr nach. Der J5 ist mittlerweile einfach eine aussterbende Gattung. Grob geschätzt dürften sich zur Drucklegung dieses Buches noch etwa 50 fahrbereite Exemplare in Europa tummeln, der überwiegende Teil in Sammlerhand, wovon einige Glückliche gleich ein ganzes Dutzend ihr Eigen nennen dürfen. In den Augen mancher ist das wahrer Reichtum, für andere irgendwie pathologisch. Ein Eisenschwein hat halt einfach Suchtpotenzial.

Auch eine Legende muss irgendwann gehen

Der FJ55 hatte sich bereits im Erscheinungsjahr in den USA gegen eine ganze Handvoll Wettbewerber zu verteidigen. Zwar konnte nur der Jeep Wagoneer mit ebenfalls vier Türen aufwarten, jedoch war bei Chevy Blazer, GMC Jimmy, Dodge Ramcharger, Plymouth Trailduster, Ford Bronco oder IHC Scout II die Auswahl an Motor- und Getriebevarianten deutlich größer. Zudem waren die Konkurrenten fast durchweg mit großen V8-Maschinen mit bis zu 220 PS bestückt, denen der betagte F-Motor auf dem Papier nicht das Wasser reichen konnte. Dennoch wurde der FJ55 in den USA zum sprichwörtlichen Renner, was vor allem an zwei herausragenden Merkmalen lag: Den Fahrleistungen im Gelände und der Zuverlässigkeit. Bei einer Umfrage des amerikanischen Magazins „PV4" im Jahre 1979 ergab die Frage nach den „Three Best Features" des Land Cruiser eine bezeichnende Aufzählung: „1. Go anywhere, anytime / 2. Durability / 3. Reliability". Unter der Antwort „No troubles reported" wurde der Land Cruiser mit 39% auf dem ersten Platz gelistet, 90% der Befragten würden sich jederzeit wieder einen J5 kaufen.

Allerdings sprachen auch die „Three Worst Features" eine deutliche Sprache „1. Poor gas mileage / 2. Noisy inside / 3. Lack of power". Und da waren sie wieder, unsere drei Probleme: Der gute alte F-Motor (bzw. später der 2F) hatte ein nahezu krankhaftes Trinkverhalten, wobei sich die Menge des konsumierten Sprits nicht ansatzweise in den Fahrleistungen niederschlug. Und der FJ55 war nun einmal ein Kind der Sechziger. Die Entwicklung war nicht stehengeblieben, und der Wettbewerb legte an Komfort, Fahrleistungen und Verbrauchsverhalten Jahr für Jahr die Latte höher.

Deshalb war die Karriere des J5 im Juli 1980, nach 113.000 produzierten Exemplaren und recht genau einer Million produzierten Land Cruisern insgesamt, endgültig beendet. Das Zepter des „Luxus-Offroaders" wurde an seinen Nachfolger übergeben: den J6.

Modellvarianten J5

Modell	Ausführung	Motorisierung
FJ55	Station Wagon	F: Ottomotor, Vergaser, 3878 cm³, 6 Zylinder Reihe, 92 kW/125 PS (3600/min), 284 Nm (1800/min)
FJ55	Station Wagon	F.5: Ottomotor, Vergaser, 3878 cm³, 6 Zylinder Reihe, 96 kW/130 PS (3600/min), 294 Nm (1800/min)
FJ55/FJ56	Station Wagon	2F: Ottomotor, Vergaser, 4230 cm³, 6 Zylinder Reihe, 99 kW/135 PS (3600/min), 294 Nm (1800/min)
BJ55	Station Wagon	2B: Saugdiesel, Wirbelkammer, 3168 cm³, 4 Zylinder Reihe, 62 kW/84 PS (2200/min), 215 Nm (2200/min)

Weitere Informationen finden Sie unter www.legendelandcruiser.de

Oben: VX mit Hochdach, Zweifarblackierung, Kotflügel-Verbreiterungen, Chrom-Applikationen und weiteren Extras aus einem japanischen Prospekt.

Rechts: 1987er FJ62 VX in der US-amerikanischen Version: Zweifarbig und mit viel Chrom, aber gegenüber dem japanischen VX geradezu schlicht

J6 (1980-1989) – der erste „Luxus Station“

1980 war ein Jahr des Schwermetalls. Iron Maiden und weitere Balladenkünstler beglückten die Welt mit einer neuen Welle des British Heavy Metal, AC/DC setzten mit ihrem Album „Back in Black“ Maßstäbe im Australian Heavy Metal und aus Nippon rollte eine neue Welle des Japanese Heavy Metal heran: der Land Cruiser J6.

Mit dem FJ55 eröffnete Toyota Ende der Sechziger eine neue Fahrzeugklasse, die den Nerv der Zeit traf. Die Dinge entwickelten sich jedoch schnell: Bereits Mitte der Siebziger war abzusehen, dass der J5 in Kürze zwangsweise zum Ladenhüter würde, da er als „luxuriöser Station“ gegenüber dem munteren Wettbewerb so langsam ins Hintertreffen geriet. Der Jeep Wagoneer bzw. ab 1974 sein Cousin Cherokee boten noch Einiges mehr an Luxus, und auch der ehemals ähnlich reduziert angetretene englische Wettbewerber Range Rover hatte in den siebziger Jahren einige deutliche Aufwertungen erfahren. In den USA war der J5 zwar recht beliebt, in Europa hingegen fristete er ein Schattendasein: Als er 1977 in Deutschland eingeführt wurde, trafen Design, Ausstattung und technische Spezifikationen schon nicht mehr den Geschmack des Publikums.

Chefingenieur Hiroshi Ohsawa und sein Team begannen schon im Jahre 1976 mit der Planung des Nachfolgers. Die Vorgaben waren dabei schnell zusammengefasst: Sie lauteten schlicht „Mehr von allem“. Mehr Platz, mehr Komfort, mehr Luxus, mehr Anschein eines Personenwagens – bei, das versteht sich von selbst, gleichbleibend hoher Geländetauglichkeit. Besonders der US-Markt war aufgrund des starken Wettbewerbs einmal mehr ein entscheidender Orientierungspunkt. 1975 gingen immerhin schon 328.000 Fahrzeuge in die Vereinigten Staaten, auch wenn die erste Ölkrise ab 1973 den Absatz schrumpfen ließ.

An ihrem Tiefpunkt 1976 sank dann auch der Absatz im Heimatland Japan dramatisch, und das passte so gar nicht zu Toyotas selbstgesteckten Zielen. Die Folge war ein deutlich härter werdender Wettbewerb und damit auch kürzer werdende Modellzyklen. Echte Innovationen wurden immer wichtiger, und vor allem auf den Exportmärkten setzte sich langsam die Erkenntnis durch, dass Kraftstoffverbrauch und Schadstoffemission nicht unwesentliche Kenngrößen darstellen: Maßgeblich im deutschsprachigen Europa entwickelte sich während der siebziger Jahre eine Umweltbewegung, die ab 1980 noch einmal deutlich an Fahrt gewann. Das Waldsterben war in aller Munde, die Grünen gründeten sich und der Ausbruch des ersten Golfkriegs erschütterte die Welt. Benzindurstige Arbeitsgeräte waren nicht gerade das, was sich die Zielgruppe wünschte.

Toyota war technisch erstklassig ausgestattet und auch flexibel genug, diesem veränderten Bedarf binnen kurzer Zeit mit neuen Modellen zu begegnen. Folgerichtig konzentrierte man sich auf den Export, wobei Europa dabei im Fokus stand: Was sich dort gut verkaufen ließ, kam nach wie vor auch in den USA gut an.

Rechtzeitig zur zweiten Ölkrise 1979 präsentierte Toyota also sparsame, wirtschaftliche und äußerst praktische Autos wie den Corolla und den Carina. Und auch der große Land Cruiser sollte effizienter werden: Vor allem die japanische Käuferschicht wünschte sich sehnlichst einen Diesel-Station.

Ein japanischer GX High Roof mit Zweifarblackierung, Hecktür und originaler Halterung für den Reservekanister.

Die beiden Versionen auf dem deutschen Markt: Oben der HJ60 mit der Saugdiesel-Maschine bei seiner Einführung 1980, unten der Turbodiesel-Bruder HJ61 nach dem Facelift im Jahr 1988

Und da war er nun, der J6: Im August 1980 präsentierte Iichi Shingu, der den zwischenzeitlich zur Entwicklung des Hilux abberufenen Hiroshi Ohsawa als Chefingenieur abgelöst hatte, ein neues Fahrzeug. Ein Fahrzeug, das für die Geschichte des Land Cruiser die eine oder andere Weiche stellen sollte.

Das Design

Zum ersten Mal (nach immerhin über 900.000 produzierten Modellen bis Ende 1980) präsentiert sich ein Land Cruiser ohne die markanten freistehenden Kotflügel. Die Designer haben sie jedoch beim Entwurf dennoch angedeutet: Vom breiten Schweller kommend steigt eine Sicke auf Höhe der A-Säule an, imitiert die Kotflügellinie und läuft dann am unteren Ende der Motorhaube auf die andere Seite, was dem J6 unvergleichlich „dicke Backen" beschert. Durch diesen Design-Kniff und die nun erstmals nicht leicht schräg zulaufende Motorhaube wirkt die Front des J6 extrem bullig: Es ist ein Berg von einem Auto, der sich da vor dem Betrachter aufbaut und dessen gestalterische Wucht das Fahrgefühl ganz hervorragend widerspiegelt. Dennoch präsentiert sich das Äußere weniger als Lastwagen denn als Pkw.

Die Karosseriegestaltung macht insgesamt einen deutlich runderen Eindruck als beim Vorgänger, was aber vor allem an den verbesserten Möglichkeiten der Blechverarbeitung lag. Denn auch der neue Station hat im Grunde genommen die geometrische Form eines Schuhkartons, auch wenn Seiten und Heck nun ein wenig mehr geneigt sind als beim J5. Das Konzept machte (und macht heute noch) Sinn, denn schlussendlich geht es ja vor allem um Platz im Innenraum bei gleichzeitig möglichst minimierten Außenmaßen. Und Platz bot der J6 wahrlich: Er war bei gleicher Außenlänge 6 cm flacher und 6 cm breiter als der J5 und bot den Fahrgästen durch einen 3 cm längeren Radstand auch mehr Knieraum im Fond.

Das Heck des J6 ist schnörkellos geschnitten und wird – das ergibt sich bei dieser Fahrzeuggattung von selbst – von geraden Flächen beherrscht. Es gab wahlweise eine horizontal geteilte Heckklappe oder eine Doppeltür, die jedoch wie beim Vorgänger symmetrisch geteilt war und dadurch eine eher eingeschränkte Sicht nach hinten bot. Die hinteren Seitenscheiben gab es entweder einteilig oder in einer Schiebe-Version, so dass auch die Passagiere einer eventuellen dritten Sitzreihe über Frischluft-Hoheit verfügten.

Im Laufe der Jahre gab es bis auf eine größere Modellpflege nur wenige Veränderungen an der Karosserie, die sich vor allem

Selbsterklärend: Die verschiedenen Versionen der ersten Generation in einem japanischen Prospekt.

アクセサリーメーター（スポットランプ一体式オーバーヘッドコンソール組込み型）（VXに標準装備、GXに特別装備）

AM/FM電子チューナーカセット一体式ラジオ（写真はVX。VXは5スピーカー、GXは2スピーカー）

ワンタッチ式パワーウインドゥ&全ドアロックコントロール（写真はGX。VXに標準装備、GXに特別装備）

Oben: FJ62 VX High Roof: Velours-Ausstattung, geteilte Rückbank, dritte Sitzreihe, Schiebefenster hinten und natürlich die originale mechanische Winde mit der verlängerten Stoßstange, für deren Ausladung man eigentlich ein rotes Fähnchen bräuchte.

Links: Luxus pur: Thermometer/Altimeter/Schiebedachbedienung im Dachhimmel, Radiobedieneinheit, Tasterkombination für Fensterheber und Zentralverriegelung in der Türverkleidung.

auf die Unterscheidung verschiedener Ausstattungsvarianten beschränkten. Die höherwertigen Ausstattungen erhielten Chromleisten um den Scheinwerfereinsatz und später auch an Türen und Regenrinne, dazu gab es auch eine verchromte Stoßstange und verchromte Spiegelabdeckungen. Die Spiegel saßen in Japan übrigens wie gehabt am Kotflügel, bei den Exportmodellen an den Türen. Zu Anfang wurden hierfür Spiegel verwendet, die denen des J5 stark ähnelten, später kam eine deutlich hochwertigere (und vibrationsfestere) Version zum Einsatz.

Im Oktober 1982 wurde dem flachen Standard-Dach ein um 100 Millimeter erhöhtes „High Roof" optional zur Seite gestellt, das das ohnehin angenehme Raumgefühl noch einmal deutlich verbesserte. Die Einführung dieses Hochdachs (das leider nie nach Deutschland kam) rührte dabei eher aus der Marktorientierung denn aus Notwendigkeit: Nicht zuletzt durch die Einführung des Mitsubishi Pajero im selben Jahr kamen Hochdach-Limousinen bzw. Limousinen-nahe Wagons schwer in Mode. Und der innen wie außen deutlich aufgewertete J6 musste sich nun weiß Gott nicht mehr verstecken.

Zum Modelljahr 1988 gab es dann ein deutliches Facelift: Die freundlichen runden Hauptscheinwerfer wichen eckigen und chromeingefassten Doppelscheinwerfern, die Blinker wanderten zur Seite in die Kotflügel und nach vorne unter die Scheinwerfer und ließen an ihrem angestammten Platz nur noch die Positionslampen zurück. Der J6 schaute jetzt recht

Plüschiger Teppich und bequeme, konturierte Stoffsitze: Deutscher HJ61 in der VX-Version. Der J6 war tatsächlich ein verblüffend luxuriöser Geländewagen, der innerhalb der Fahrgastzelle an den Komfort so manches PKW heranreichte.

Keine Seltenheit: Gerade erst eingefahrener HJ61 mit etwas über 860.000 Kilometern auf der Uhr …

Oben das alte, unten das neue Armaturenbrett: Mit der Modellpflege 1988 kam der Innenraum J6 modern, weich und geschwungen daher.

Flausch allerorten war in den hohen Ausstattungsvarianten üblich, im Bild ein deutsches Modell des HJ61.

entschlossen drein, was ganz wunderbar zum bereits 1985 eingeführten Turbodiesel-Triebwerk passte.

Ab 1988 gab es sowohl Standard- als auch High Roof in schicken Bicolor-Versionen: Charcoal Grey/Silver Blue, Champagne/Brown, Champagne/Warm Grey oder Light Blue/Dark Grey hoben sich wohltuend von der in den Achtzigern üblichen Farbgestaltung ab, wirkten ausgesprochen edel und zählen für viele heute noch zu den schönsten Land-Cruiser-Farbversionen. Nach Deutschland kamen die zweifarbigen Sechser jedoch nie.

Die Gestaltung insgesamt traf den Nerv der wichtigen US-Zielgruppe und wurde auch in den anderen Märkten sehr positiv aufgenommen: Mit dem J6 hat der Land Cruiser Station endgültig den letzten Schritt Richtung Luxus-Offroader gemacht: Ein Fahrzeug, das nicht nur geräumig, robust und geländegängig war, sondern darüber hinaus auch modern und komfortabel. Damit war der Weg frei für eine bequeme alltägliche Nutzung in allen denkbaren Bereichen, ohne große Kompromisse eingehen zu müssen – eine Grundvoraussetzung für hohe Absatzzahlen.

Das Interieur

Das Interieur des J6 war durchaus ein „großer Wurf", wenn man die vorherigen Land-Cruiser-Modelle zum Vergleich heranzieht: Ein gefällig gestaltetes Armaturenbrett mit neuen Armaturen, verstellbare Lüftungsdüsen, neue und moderne Schalter und Hebelchen, stoffbezogene Sitze, flauschiger Teppich, gepolsterter Dachhimmel, Türverkleidungen – weit und breit war kein Stück nacktes Blech zu sehen. Schon bei seiner Einführung verfügte er über Liegesitze, ein höhenverstellbares Lenkrad, Scheibenwischer mit Intervall-Schaltung, Scheinwerfer-Reinigungsanlage, Heckscheibenwischer mit Waschfunktion, separate Fondheizung, Halogen-Scheinwerfer, getönte Scheiben, Automatikgurte vorne (ab 1987 auch hinten), abschließbares Handschuhfach, abblendbarer Innenspiegel... man sieht ungefähr, worauf es hinausläuft: Der J6 wartete schon in der Basisversion mit mehr Ausstattungsopulenz auf als sie J4 oder J5 zusammen je besessen hatten. Toyota profitierte natürlich von der eigenen Pkw-Entwicklung, die in den Jahren davor massiv vorangetrieben und unter ständiger Berücksichtigung der Kundenwünsche auf-

Oben: Im Nahen Osten gibt es seit jeher eine große Liebe zu plüschigem Velours, im Bild ein „Wagon GVX High Roof Automatik".

Mitte: Handschuhfach-Beleuchtung, Gurtschloss, Zusatzheizung: Ein kolumbianischer Prospekt zeigte die wichtigsten Neuerungen.

Der „Commercial Version" des J6 (hier die belgische Ausführung) fehlte die Rückbank, der robuste Teppichboden war durchgehend geschlossen.

gewertet wurde. Mit diesem Pfund konnte die Land-Cruiser-Entwicklungsabteilung nun wuchern. Das Ergebnis war tatsächlich ein verblüffend luxuriöser Geländewagen, der innerhalb der Fahrgastzelle an den Komfort so manches Pkw heranreichte, unten drunter jedoch immer noch ein waschechter Geländewagen war. Ein Konzept, das nun so richtig durchstartete und zur Grundkonzeption für all seine Nachfolger wurde.

Toyota Deutschland formuliert dazu in der Pressemappe aus dem Jahre 1981: „Das Nachfolge-Modell des 14 Jahre lang gebauten Station-Wagon vereinigt nämlich die Robustheit, das Leistungsvermögen und die Geländetauglichkeit mit den Annehmlichkeiten eines komfortabel ausgestatteten Personenwagens, ohne in der einen oder anderen Richtung einen Kompromiss einzugehen."

Der J6 war je nach Konfiguration wahlweise 5-, 6-, 8-, 9- oder 10-Sitzer – es lebe die Vielfalt. Auf der Beifahrerseite gab es wahlweise die berüchtigte und kontaktfördernde Doppelsitzbank, die zweite Sitzreihe wurde optional als einteilig oder zweiteilig symmetrisch umklappbare Rückbank geliefert, die dritte Sitzreihe bestand aus den bekannten seitlich herunterklappbaren Längsbänken für jeweils zwei Personen bzw. in manchen Regionen auch aus einer weiteren Rückbank für drei Personen (die symmetrisch geteilt war und ebenfalls links und rechts hochgeklappt werden konnte). Zählt man das zusammen, konnte man im bestmöglichen Fall vorne drei, in der Mitte drei und hinten links und rechts jeweils zwei Personen auf dem Gestühl unterbringen. Der geneigte Leser mache jedoch bitte nicht den Fehler, über das „Wie" einer 10-Personen-Belegung nachzudenken: Japanische Entwickler rechnen mit einem gänzlich anderen persönlichen Raumbedarf als der gemeine Mitteleuropäer bereit ist, sich vorzustellen. Bei den Tailgate-Versionen (also der horizontal geteilten Heckklappe) erfolgte der Einstieg auf die dritte Sitzreihe über die hinteren Seitentüren, bei den Versionen mit Hecktür ganz normal über eben dieselbe.

Ohne dritte Sitzreihe ergibt sich ein Stauraum von 1,16 Metern Länge, klappt man die Rückbank dann noch um und fixiert sie, hat man 1,78 Meter und stattliche 2760 Liter Gesamtvolumen zur Verfügung – damit kann man auch auf langen Reisen sehr gut leben.

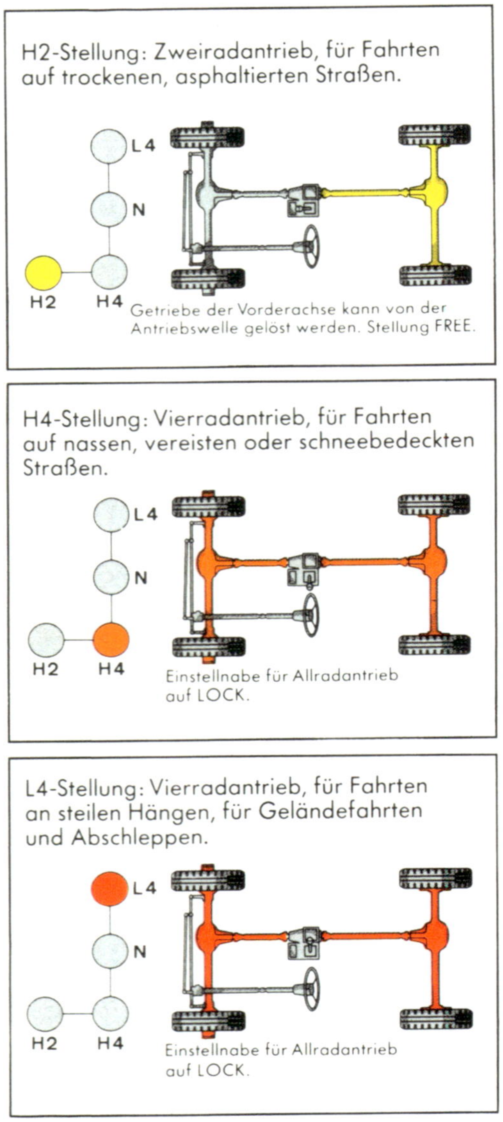

Rechts: Die Antriebstechnik des J6 war bewährt und solide: Üblicherweise rollte man mit Heckantrieb daher, hatte man die manuellen Freilaufnaben geschlossen, konnte man jederzeit in den Allradantrieb wechseln. Über die Stufe „N" am Untersetzungshebel wurde der mechanische Nebenabtrieb angesteuert, noch eine Schaltstufe weiter befand sich die Geländeuntersetzung.

Die Sitzposition ist äußerst angenehm, das Gestühl bequem und die Schalter sind genau dort, wo sie hingehören. Alles findet sich auf Anhieb und funktioniert mit 80er-Jahre-typischer Rückmeldung. Die Haptik der Kunststoffteile ist solide und gratfrei, alles wirkt, als würde es Jahrzehnte überstehen. Was es ja glücklicherweise, wie wir in der Rückschau erkennen, auch tut. Kurzum: Der J6 war das erste richtige „rollende Wohnzimmer", in dem man sich rundum wohlfühlen konnte. „Der durchgehend ausgelegte Teppichboden und eine diesen Anforderungen entsprechende Geräusch-Isolierung sind die First-Class-Attribute", schreibt Toyota Deutschland zur Einführung des J6 im Jahre 1981.

Neben eben jener durchgehend mit flauschiger Auslegeware ausgekleideten Luxusversion gibt es natürlich auch eine schlichte „Vinylversion", die mit reduziertem Interieur jene Zielgruppe anspricht, die einfach nur ein Arbeitsgerät braucht, bei dem man sich keine Gedanken um den Teppich machen muss.

1982 findet ein Minor Model Change statt, mit dem zum ersten Mal eine „Ausstattungslinie" eingeführt wird: HJ60 und BJ61 können alternativ zur Basisausstattung als „GX" geordert werden und kommen mit High Roof, Fünfganggetriebe, elektrischem Schiebedach, von innen verstellbaren Außenspiegeln und einigem mehr. Auch dies war wieder eine Weichenstellung: Bis heute bestimmen die Ausstattungslinien die Modellpolitik Toyotas (auch wenn sich die erhältlichen Varianten regional unterscheiden).

Drei Jahre später, 1985, wird dem GX mit dem VX eine noch höherwertige Version vorangestellt. 1988 schließlich wird der FJ62 mit High Roof und VX-Ausstattung in Japan auch erstmals als Pkw typisiert – ein wahrer Türöffner in den Massenmarkt.

Fahrwerk und Antrieb

Das Ziel des neuen Station war „Komfort", und das betraf vor allem die Federungseigenschaften. Die Idee einer vorderen Einzelradaufhängung wurde intern zwar besprochen, jedoch („glücklicherweise", wie die Puristen erleichtert ausriefen) erst einmal wieder verworfen. Das tat man vor allem zugunsten des schon bestehenden Rufes kompromissloser Geländegängigkeit, den man keinesfalls riskieren wollte. Schlussendlich wurden Chassis, Achsen und Fahrwerk vom J5 leicht verändert übernommen, wobei die Federung deutlich weicher abgestimmt wurde. Die Vorderachse bekam optional innenbelüftete Scheibenbremsen (ein Novum!), die Hinterachse die gewohnten Trommelbremsen.

Die Abstimmung des Fahrwerks hat noch ein anderer interessanter Aspekt beeinflusst: Der Land Cruiser, allen voran der J5, war in den Jahren zuvor im Mittleren Osten recht populär geworden. Dort allerdings wurden die Fahrzeuge nicht nur be-, sondern regelmäßig auch überladen – und das vornehmlich mittels Kraftstoff-Fässern auf dem Dach. Der ohnehin leicht hochbeinige und mit nicht allzu breiter Spur ausgestattete J5 wurde hierdurch nicht unbedingt kurvenstabiler, was den einen oder anderen unkonventionellen „Pistenabgang" zur Folge hatte. Der neue Station wurde also insgesamt ein Stückchen niedriger und die Spur wurde um ganze 60 mm breiter, zusätzlich bekam er an der Vorderachse einen Querstabilisator. Das Ergebnis war eine deutlich sattere Fahrbahn- und Kurvenlage, mit der der J6 in seiner Klasse die Nase vorne hatte. Wer schon einmal mit einem Range Rover aus den frühen achtziger Jahren versucht hat, einfach nur geradeaus zu fahren, der weiß um den Unterschied.

Die Kraft wurde über ein manuelles Vierganggetriebe an die Hinterachse übertragen, die Vorderachse war zuschaltbar und mit manuellen Freilaufnaben bestückt, ein Untersetzungsgetriebe war für die Kriechgänge zuständig. Alternativ zur Differenzialbremse an der Hinterachse (in Deutschland erst ab 1987 erhältlich) gab es auch mechanische Differenzialsperren für vorne und hinten, die über zwei Hebel auf dem Mitteltunnel geschaltet werden konnten. Das Vierganggetriebe machte schon 1983 Platz für die Fünfgang-Schaltbox, die auch im J4 Dienst tat.

Im November 1984 kam mit der 3F-Maschine auch eine Vierstufenautomatik mit kürzerer Achsübersetzung und Over-

drive – das erste Automatikgetriebe, das in einem japanischen 4x4 verbaut wurde. Man muss nicht extra erwähnen, dass speziell diese Kombination in den USA zum Renner wurde. Im Gegensatz dazu ist es auch nicht verwunderlich, dass die Automatik dem deutschen Markt vorenthalten blieb, wo man weiterhin am liebsten mit dem Schalthebel die Gänge einrührte. Diese Schaltversion des HJ60 erschien 1984 in der deutschen Preisliste für 39.770 Mark.

Im August 1986 kam dann die aus dem J7 schon seit einem Jahr bekannte elektrisch-pneumatische Zuschaltung des Allradantriebs und der Sperren. Letztere wurden über einen Druckschalter betätigt, die Schaltreihenfolge wurde mechanisch vorgegeben: Erst die hintere Sperre, dann die vordere. Diesem Wunsch, dem Fahrer aus Sicherheitsgründen die eine oder andere Entscheidung vorzugeben, ist Toyota bis heute treu geblieben. Parallel zu Fünfgang- und Automatikgetriebe wurde übrigens für manche Länder weiterhin das alte Vierganggetriebe verbaut, und auch die manuelle Zuschaltung des Allradantriebs blieb manchen Märkten erhalten.
Mit der Modellpflege im Jahre 1987 schließlich wurde das Fahrwerk ein weiteres Mal angepasst und die Federrate um 10% weicher eingestellt.

Der J6 übernahm den technischen Grundaufbau seines Vorgängers: Leiterrahmen, Starrachsen, Blattfedern, Heckantrieb, Vorderachse zuschaltbar, manuelle Freilaufnaben, das gleiche Vierganggetriebe wie im J4, Untersetzung. Diese nach wie vor einfachste und störunanfälligste Konfiguration war perfekt für

Technische Daten

Toyota Land Cruiser J6

Bauzeitraum:	1980-1989
Andere Namen:	Land Cruiser Samurai (Venezuela & Kolumbien)
Produktion:	ARACO, Japan
Motoren:	3B, 2H, 12H-T, 2F, 3F, 3F-E
Getriebe:	4-Gang manuell (H41F od. H42F)
	5-Gang manuell (H55F), 4-Stufen-Automatik (A440F)
Antrieb:	Heckantrieb, zuschaltbarer Frontantrieb
Fahrwerk:	zwei Starrachsen, Blattfedern
Maße:	
Länge:	4675 mm
Länge mit verlängerter Stoßstange vorne:	4750 mm
Länge mit Winde:	4920 mm
Länge mit verlängerter Stoßstange und Winde:	4995 mm
Breite:	1800 mm
Breite mit Kotflügelverbreiterungen:	1880 mm
Höhe mit Standard-Dach:	1785-2070 mm, je nach Bereifung
Höhe mit Hochdach:	1895-2180 mm, je nach Bereifung
	(Hochdach um 50 mm höher als Standard-Dach)
Radstand:	2730 mm
Spurweite vorne:	1475-1515 mm, je nach Ausführung
Spurweite hinten:	1460-1500 mm, je nach Ausführung
Wendekreis:	12,4 Meter

Legendärer Dampfer: Der 12H-T ist ein mächtiger 4-Liter-Turbodiesel, der mit 136 PS und 315 Nm für souveränes Fortkommen sorgt.

den Start des neuen Station: Die Zielgruppe erwartete natürlich ein modernes Fahrzeug, wollte sich jedoch bei der Kraftübertragung auf die bewährte und bekannte Konstruktion verlassen können. Robust, simpel und leicht zu warten – beste Voraussetzungen für einen Erfolg im 4x4-Sektor.

Die Motorisierung

Waren die Land Cruiser bis in die Siebziger noch recht überschaubar motorisiert, fing Toyota beim J4 und nun auch beim J6 damit an, die Palette der erhältlichen Triebwerke deutlich aufzufächern: Parallel oder nacheinander und vor allem nach Regionen unterschiedlich durften 3B, 2H, 12H-T, 2F, 3F und 3F-E unter der Haube ihren Dienst verrichten.

„Mehr von allem" war bekanntlich die Losung bei der Entwicklung des J6 – bis auf eine Ausnahme: den Kraftstoffverbrauch. Der FJ55 war und blieb ein Schluckspecht, daran änderte auch die Motorenevolution von F zu 2F nicht viel. Im Heimatland der automobilen Vieltrinker, den USA, tat dies dem Erfolg des Eisenschweins zwar keinen übermäßigen Abbruch, in anderen wichtigen Märkten wurde dieser Punkt jedoch langsam zu einem echten Verkaufsfaktor. Während der US-Markt also weiterhin nach großvolumigen Benzinern gierte, interessierten sich die Kanadier schon damals vornehmlich für Dieselmotoren. So gilt denn auch heutzutage ein Diesel-J6 in den USA als echte, äußerst begehrenswerte Rarität. Das war in Deutschland freilich exakt umgekehrt: 1980 waren zwei Drittel der verkauften Land Cruiser Diesel-Modelle.

Auch in Japan wuchs schon zu Zeiten des J5 der Bedarf nach einem geräumigen Geländewagen mit einem Dieselmotor. Dieser Bedarf wurde befriedigt, indem man dem J6 den nagelneuen 3B einpflanzte und damit den BJ60 schuf – allerdings nur für wenige ausgewählte Märkte, u.a. Japan und Kanada. 1988 wurde beim 3B die Reiheneinspritzpumpe gegen eine Verteilereinspritzpumpe getauscht, der BJ60 dadurch zum BJ61 (B und 3B werden im Kapitel „J4" beschrieben).

Parallel zum BJ60 gab es bei der Einführung des J6 auch einen FJ60, der mit dem aus J4 und J5 bekannten 2F bestückt war. So wurde der J6 dann auch in Deutschland eingeführt, allerdings wurde der Benziner aufgrund mangelnder Nachfrage bereits im Jahr 1983 wieder aus dem Programm gestrichen. (Der 2F wird im Kapitel J5 beschrieben.)

Der dritte Motor im Bunde war der unglaubliche „2H", eine saugdieselnde Dampfmaschine, die zur damaligen Zeit ihresgleichen suchte. Seit August 1980 parallel auch im HJ47 verbaut kam dieser Motor mit seinem Einsatz im J6 zu Ruhm und Ehren: Die Kombination aus Vierliter-Sechszylinder-Saugdiesel und Land Cruiser Station passte einfach perfekt zusammen. Die bei 3500 Umdrehungen anliegenden 105 Pferdestärken (mehr als 4000 Umdrehungen sind eh nicht drin) sind zwar eine eher magere Ausbeute, aber dafür läuft das Maschinchen so ruhig, überlegen und sonor vor sich hin brummend, dass es eine wahre Freude ist. Man könnte auch sagen: Für die abgegebene Leistung ist die Maschine angenehm überdimensioniert. Das Drehmoment ist mit 241 Nm bei gerade mal 1800 Touren mehr als ausreichend, um Vortrieb in allen Lebenslagen zu gewährleisten. Das Geheimnis der überaus gelassenen Ausstrahlung ist nicht zuletzt auch die siebenfache Lagerung der Kurbelwelle, die einen seidenweichen Lauf garantiert. Die Nockenwelle wird wartungsarm über Zahnräder angetrieben, an- und abgeschaltet wird das ganze über die (hin und wieder störanfällige) EDIC, die Electronic Diesel Injection Control.

Der „H"-Motor war dem „F" ein echter Bruder im Geiste: Schlicht, solide, hoffnungslos überdimensioniert und mit der Agilität einer Dampfmaschine ausgestattet. Leichtfüßiges Tänzeln ist nun wirklich seine Sache nicht, ein Einsatz als Stationärkraftwerk käme ihm eher entgegen. Das ist auch kein Wunder, wurde der H doch einstmals von Hino entwickelt, um die hauseigenen Gabelstapler anzutreiben...
Im November 1984 gab es mit dem nächsten Minor Model Change auch eine Neuerung in der Motorenpalette: Um Emissionen und Verbrauch wenigstens ein bisschen zu reduzieren und die Laufruhe zu verbessern, wurde der „2F" ein wenig leichter und kompakter gestaltet und bekam eine neue Kurbelwelle sowie eine höhere Verdichtung von 8,1:1. Der somit auf 3955 cm^2 Hubraum verkleinerte Motor hieß „3F" und lieferte bei 4220 Umdrehungen ganze 137 PS, der damit bestückte Land Cruiser nannte sich ab sofort „FJ62".

Robuster Leiterrahmen, Starrachsen, Blattfedern: Der J6 hatte alles, was ein Geländewagen brauchte.

Im Oktober 1985 gelang Toyota dann motorentechnisch der ganz große Wurf: Dem 2H wurde ein Abgasturbolader, ein neuer Zylinderkopf und ein modifizierter Block mit anderer Kurbelwelle und anderen Kolben verpasst, er mutierte zum Direkteinspritzer, nannte sich jetzt „12H-T" und veränderte die Toyota-Welt grundlegend: Satte 136 PS aus 4 Litern Hubraum und bei 3500 Umdrehungen waren schon eine recht angenehme Geschichte. Die sage und schreibe 315 Nm Drehmoment bei 1800 Touren waren jedoch geradezu phänomenal. Diese Leistungswerte in Kombination mit der ausgesprochenen Laufruhe und dem spezifischen aggressiven Ansprechverhalten machten aus dem nun HJ61 genannten Land Cruiser einen echten Dampfhammer. Und das sogar bei gleichen oder gar verringerten Verbrauchswerten gegenüber dem deutlich trägeren Bruder 2H. Nicht zu Unrecht gilt der 12H-T auch heute noch als einer der besten je von Toyota konstruierten Motoren, und er ist deshalb auch als Spendermotor für andere Land-Cruiser-Modelle heiß begehrt.

Ebenfalls 1985 kam mit dem „13B-T" die Turbodiesel-Direkteinspritzer-Version des betagten 3B-Motors. Im J6 wurde diese äußerst feine Maschine jedoch nie angeboten, obschon sie ihm sicherlich gut zu Gesicht gestanden hätte. Der Grund ist simpel: Der Station stand für Luxus, und für die Kunden gehörte dazu einfach ordentlich Hubraum. Tatsächliche Leistung hin oder her: Die Zahl auf dem Papier musste angemessen groß sein.

1988 bekommt der „3F" eine elektronische Steuerung und wird zum „3F-E" – der immer noch FJ62 genannte Station hatte damit sagenhafte 155 PS, schaffte endlich tatsächlich geringere Verbrauchswerte und sogar der Einbau eines geregelten Katalysators war nun möglich. Dennoch war es wieder nur eine

Japan und der Gebrauchtwagenmarkt

Wenn man sich intensiv mit dem Thema „alte Land Cruiser" beschäftigt, trifft man irgendwann auf besondere Versionen und Ausstattungsmerkmale, die dem japanischen Markt vorbehalten waren. Und man fragt sich, warum solche Fahrzeuge auf dem japanischen Markt mittlerweile sehr schwer zu finden sind - ja, warum der Gebrauchtwagenmarkt in Japan ganz allgemein so gut wie nicht existent ist.

Der Grund ist wie so oft ein kultureller: In der japanischen Shinto-Religion hat man ein eher gespaltenes Verhältnis zu gebrauchten Objekten. Was schon tausendfach von den Händen anderer Menschen berührt wurde, gilt als wenig attraktiv. Ein Fahrzeug, das über Jahre hinweg intensiv von einem oder gar mehreren Vorbesitzern und unzähligen Mitfahrern genutzt wurde, ist in Nippon also so gut wie unverkäuflich.

Dennoch gibt es natürlich einen Markt für gebrauchte Fahrzeuge. Allerdings spricht man im Allgemeinen nicht von „Gebrauchtwagen" sondern von „geprüften Werkswagen", und die Händler lassen die Fahrzeuge aufwändig aufbereiten. Das geht bis hin zum Austausch von Teilen der Inneneinrichtung inklusive Sitzen und Lenkrad, die man nach der Aufbereitung sogar wie im gerade vom Band gelaufenen Neuwagen mit Schutzhüllen versieht.

Und wem auch das nicht reicht, der greift auf die spirituelle Unterstützung eines Shinto-Priesters zurück, der das blecherne Objekt der Begierde in einer Reinigungszeremonie von allem Unreinen befreit, was von früheren Besitzern noch zurückgeblieben sein mag.

kleine Weiterentwicklung der F-Maschine, deren spezifische Nachteile damit nicht ausgeräumt wurden. Man konnte es drehen und wenden, wie man wollte: Der F kam allmählich in die Jahre, und das merkten nun auch langsam die Kunden.

Wer nun übrigens glaubt, endlich die Modellhistorie durchdrungen zu haben und siegesgewiss den Kennerblick aufsetzt, sollte sich nicht zu früh freuen. Im Grunde genommen folgte der HJ61 dem HJ60, das ist schon richtig, und zumindest auf dem europäischen Markt ist diese Folge auch Gesetz. Die Krux an der Sache ist nur: Der HJ60 wurde weiterhin angeboten, wenn auch nur noch auf wenigen Märkten, aber sogar mit der neuen Front. Es ist eben nichts unmöglich...

Das Ende

Der J6 hat, wie erwähnt, einige entscheidende Weichen für die Zukunft des Land Cruiser gestellt. Zum ersten Mal orientierten sich die Designer nicht mehr an der Anmutung eines reinen Arbeitsgerätes und schufen ein gefälliges Pkw-ähnliches Äußeres. Zum ersten Mal gab es Luxus, Plüsch und Elektronik in einem Land Cruiser – und zum ersten Mal kristallisierten sich zwei parallele Versionen heraus: ein mit dem Nötigsten ausgestattetes „Workhorse“ und eine „Luxus-Version“. Und auch der jährliche „Minor Model Change“ wurde beim J6 zum ersten Mal bewusst eingesetzt und bestimmt seither die Evolution des Land Cruiser.

Im Dezember 1989 läuft nach 406.700 Exemplaren der letzte J6 vom Band, gebaut wurde sowohl in Japan als auch im venezolanischen Werk Cumaná (wo er „Land Cruiser Samurai“ hieß). Von den in Japan hergestellten Modellen gingen 370.000 in den Export, immerhin knappe 40.000 blieben im Heimatland. Und nach wie vor trifft man rund um den Globus immer wieder auf Exemplare seiner Gattung – selten gehegt, meistens einfach nur seiner Zweckbestimmung nach genutzt.

Der J6 entwächst in Europa erst jetzt – also zum Zeitpunkt der Drucklegung dieses Buches – dem Dasein als Arbeitsgerät, das ohne Rücksicht auf Verluste heruntergewirtschaftet wird. Er wird so langsam vom „alten Auto“ zum Liebhaberstück, und es mehren sich jene Eigner, die sich im Sinne guter Pflege bis Restaurierung gebührend um einen 6er kümmern, statt ihn nur notdürftig am Laufen zu halten, bis zur Unkenntlichkeit umzubauen (wie in den USA oder Japan üblich), im Gelände oder als Zugmaschine runterzureißen oder gleich ganz dem Export anheimzustellen. Der J6 wird so langsam zum Oldtimer – und dieser Tage finden auch tatsächlich die ersten Exemplare mit H-Zulassung ihren Weg in den Straßenverkehr.

Stichwort „Umbau“: Speziell in den USA wird nicht gerade zimperlich mit den alten Stations umgegangen. Da man dort große, luxuriöse Wagons liebt (und damit den J6, zumal man ihn sich leisten kann und er leicht instand zu halten ist), der J6 gleichzeitig aber im Gelände zu vermehrtem Bodenkontakt mit Bauch und Heck neigt, werden die Fahrzeuge vielfach über alle vernünftigen Maßen hinaus höhergelegt.

Unterm Strich bleibt: Es kommen noch schwere Jahre auf den J6 zu. Bis er endgültig den Status als erhaltenswerter Klassiker erreicht haben wird, dürfte sich die Zahl der interessanten Fahrzeuge stark dezimiert haben. Glücklich, wer dann eine solide Restaurierungsbasis sein Eigen nennt.

Das gilt übrigens schon jetzt auch für seinen Nachfolger, der Anfang 1990 das Licht der Welt erblickte: den J8.

Modellvarianten J6

Model	Ausführung	Motorisierung
BJ60	Station Wagon Standard Roof	3B: Saugdiesel 4R, Wirbelkammer, RESP, 3431 cm³, 90 PS/66 kW (3500/min), 216 Nm (2200/min)
BJ61	Station Wagon Standard Roof High Roof	3B: Saugdiesel 4R, Wirbelkammer, VESP, 3431 cm³, 95 PS/70 kW (3500/min), 216 Nm (2200/min)
HJ60	Station Wagon Standard Roof High Roof	2H: Saugdiesel 6R, Wirbelkammer, 3980 cm³, 103 PS/76 kW (3500/min), 241 Nm (1800/min)
HJ61	Station Wagon Standard Roof High Roof	12H-T: Turbodiesel 6R, Direkteinspritzung, 3980 cm³, 136 PS/100 kW (3500/min), 315 Nm (1800/min)
FJ60	Station Wagon Standard Roof High Roof	2F: Ottomotor 6R, Vergaser, 4230 cm³, 120 PS/88 kW (3600/min), 275 Nm (1600/min)
FJ62	Station Wagon Standard Roof High Roof	3F: Ottomotor 6R, Vergaser, 3955 cm³, 137 PS/101 kW (4220/min), 289 Nm (2600/min)
FJ62	Station Wagon Standard Roof High Roof	3F-E: Ottomotor 6R, Einspritzanlage, 3955 cm³, 155 PS/114 kW (4200/min), 298 Nm (2600/min)

Weitere Informationen finden Sie unter www.legendelandcruiser.de

Beide Enden der Skala: Links ein zweifarbiger VX Hochdach mit Heckklappe, rechts die Basisversion mit normalem Dach und Hecktür, aber immerhin mit verchromten Felgen.

Oben: Der aktuelle VDJ76 in der VX-Version, die Krönung der Heavy-Duty-Baureihe.

Rechts: Der RJ70, ein Light Duty der ersten Generation, in zweifarbiger Version „Champagner/Braun“ und mit Chrompaket.

Ganz rechts: Kleinster gemeinsamer Nenner: Der BJ70 Softtop (ein Heavy Duty) in der Basisversion war die unterste erhältliche Stufe auf der langen Leiter der J7-Variationen.

J7 (1984 – heute) – der Alleskönner

Mit dem J4 hat sich der Land Cruiser als unzerstörbare Vielzweckmaschine in die Köpfe der Nutzer eingebrannt. Kein anderer Land Cruiser zuvor rollte in so vielen Varianten und einer solchen Menge aus den Werkshallen: 1,1 Millionen Exemplare wurden zwischen 1960 und 1984 hergestellt, 1,4 Millionen Land Cruiser waren es bis 1984 insgesamt bisher. Eine absolute Erfolgsstory.

Doch Anfang der achtziger Jahre kam der J4 so langsam ein wenig in die Jahre. Das Konzept an sich war immer noch das Maß der Dinge, wenn es um den Titel „robustes Arbeitsgerät" ging, aber selbst australische Minenarbeiter sahen sich mittlerweile nicht mehr nur als „Maschinenführer", sondern erwarteten zumindest ein Mindestmaß an Komfort. Das Konzept „J4" war in dieser Hinsicht ausgereizt: Das Maximum an technischen und komfortbezogenen Neuerungen war mit den letzten Modellüberarbeitungen erreicht, mehr konnte ohne tiefgreifende Veränderungen nicht mehr getan werden. Und so wurde der Prozess einer kompletten Neuentwicklung in Gang gesetzt, die im November 1984 in der Vorstellung der neuen Modellreihe „J7" mündete.

Chefingenieur Masaomi Yoshii erinnert sich: „Die größte Veränderung war der Übergang von der 40er zur 70er Serie. Wenn man bedenkt, dass der Land Cruiser 40 etwa 30 Jahre lang gebaut wurde, war der Modellwechsel nicht gerade eine Kleinigkeit. Nach wie vor verlangte der Markt nach leistungsfähigen und robusten Geländewagen, doch mittlerweile erfreuten sich auch die Freizeitfahrzeuge immer größerer Beliebtheit. Beide Kundengruppen sollten bedient werden. Während man den Land Cruiser 40 in Japan für zu schwer und für überdimensioniert hielt, beklagten die Kunden in den arabischen Ländern, dass der Offroader immer softer geworden sei. Wir haben der Kritik beider Seiten Gehör geschenkt. Nicht zuletzt deshalb wird der Land Cruiser heute den unterschiedlichsten Ansprüchen gerecht."

Für Toyota war die Entwicklung eines neuen Land Cruiser eine durchaus bedeutende Sache, und entsprechend sorgfältig ging man dabei vor: Dreieinhalb Jahre Zeit ließen sich die Entwickler für ihre Arbeit, und Masaomi Yoshii begann diesen Prozess, indem er zuallererst einmal im Land Cruiser J4 die härtesten Offroad-Gebiete der Welt bereiste. Ob Australien, Asien, Südamerika: Toyota wollte wissen, wo die Grenzen und vor allem die Schwächen des J4 lagen. Im Ergebnis zeigte sich, dass der J4 keine wirklich elementaren „Probleme" hatte. Dennoch schälten sich grundlegende Ideen für den Nachfolger heraus, und einige schon formulierte Gedanken wurden während dieser Testperiode überdacht und geändert. Das Ziel war unter anderem, den neuen Land Cruiser noch robuster zu gestalten, als es der

Fünftüriger Prado, also J77, J78 oder J79, mit „Wide Body", Rammschutz und originaler Winde hinter der vorderen Stoßstange – dieses Fahrzeug wäre der perfekte Angriff auf Pajero und Co. gewesen, kam jedoch nie offiziell nach Deutschland.

J4 ohnehin schon war. Gleichzeitig sollten aber Fahrverhalten und Komfort entscheidend verbessert werden, um neue Käuferschichten zu erreichen und veränderten Ansprüchen gerecht zu werden.

Eine wegweisende Teilung

Es war deutlich spürbar, dass sich die Kundenwünsche stetig weiter ausfächerten und man mit der bisherigen Modellpalette nicht mehr alle Zielgruppen erreichen konnte, ohne unerwünschte Kompromisse einzugehen. Und der Wettbewerb nahm weiterhin stetig zu: 1980 stellte z.B. der mittlerweile starke Mittbewerber Datsun den Patrol 160 vor, ein wahrlich gänzlich anderes Fahrzeug als der selige J4 und ein ernstzunehmender Wettbewerber. Diesen modernen Entwicklungen musste Toyota adäquat begegnen, durfte jedoch gleichzeitig die wichtige Klientel derer nicht vernachlässigen, die den Land Cruiser als reines Arbeitsgerät brauchten. Man entschied sich deshalb folgerichtig zu einer Teilung der Baureihe: Den robusten, blattgefederten Arbeitstieren („Heavy Duty") wurden etwas komfortablere, rundum schraubengefederte und auf den europäischen Geschmack abgestimmte Brüder zur Seite gestellt. Der „Light Duty" war geboren und begründete die dritte Modellreihe neben „Land Cruiser (Heavy Duty)" und „Land Cruiser Station Wagon".

So kamen also im November 1984 gleichzeitig zwei verschiedene neue Land Cruiser auf den Markt. Zur besseren Unterscheidung bekam der Light Duty den Beinamen „Land Cruiser II" bzw. „Bundera", ab dem Facelift 1990 hieß er dann „Prado". Diesen Namen trägt in den meisten Teilen der Welt auch heute noch sein Urenkel, die aktuelle Baureihe J15.

Die Modellvarianten

Wem die Artenvielfalt des J4 schon zur Verwirrung gereichte, der sollte dieses Büchlein jetzt lieber zuklappen und zur Seite legen. Der J7 übertrifft in seinem Variantenreichtum jede andere Land-Cruiser-Baureihe und darüber hinaus auch jede noch so kühne Vorstellung. Und es wäre mithin mehr als angemessen, ihm ein eigenes Buch zu widmen.

Zwei Modellgruppen, fünf Radstände, diverse Aufbauvarianten, Facelifts und sage und schreibe 20 Motoren lassen ein J7-Universum entstehen, gegenüber dessen Komplexität ein Theorem von Wittgenstein als Entspannungs-Lektüre erscheint. Aber keine Panik: Im Grunde genommen ist das Ganze aufgrund des Toyota-typischen Baukastensystems recht einfach zu durchblicken … wenn man einmal die Grundbegriffe verinnerlicht hat und die Ausnahmen zu deuten weiß.

Lässt man die Facelifts, die „kleineren" Spezifikationsunterschiede oder eventuelle Prototypen außer Acht und beschränkt sich nur auf Radstand, Fahrwerk, Aufbau und Motorisierung, so gibt es etwas über 100 verschiedene Modelle des J7. Mit anderen Worten: Es gibt fast nichts, was es nicht gibt, und die interessante Frage bei der innigen Beschäftigung mit dem Thema „J7" lautet tatsächlich eher: „Welche Version gab es NICHT – und warum?"

Nachfolgend wollen wir der Übersichtlichkeit zuliebe die grundlegendste Unterscheidung als trennendes Kriterium betrachten: Die Teilung in „Heavy Duty" und „Light Duty".

Oben: Von vorne nach hinten: Die Light Dutys LJ70 und LJ73 sowie der HDJ80 der Generation 1990, deutsche Ausführung. Alle drei Modelle kamen mit „Wide Body", also den Kotflügelverbreiterungen.

Mitte: Der Heavy Duty VDJ79 Pick-up mit australischem Rammbügel Marke „Elefantenschreck" und „Flatbed"-Pritsche.

Unten: LJ70 aus dem Jahre 1990: Der erste „Prado".

Oben: Der bestmögliche Kompromiss: Ein 2009er VDJ76. Fünf Türen, weich abgestimmtes Fahrwerk, 4,5-Liter-Turbodiesel-Motor unter der Haube und ein gerüttelt Maß an Luxus (wie Fensterheber, Airbags, Klimaanlage). So lässt es sich komfortabel vorankommen, auch im letzten Winkel abseits der Zivilisation.

Heavy Duty: Das Design

Seit der Entwicklung des Vorgängers waren über 20 Jahre vergangen, und das Äußere eines Fahrzeugs spielte mittlerweile auch im Segment der kompromisslosen Geländegänger eine nicht unerhebliche Rolle. Toyota war das bewusst, immerhin hatten sie dem Design bei den Stations bereits große Aufmerksamkeit geschenkt. Das Entwicklungsteam begann nun also schon zu Beginn seiner Arbeit damit, 3D-Studien des möglichen Endprodukts zu erstellen. Im Vordergrund stand dabei der Anspruch, den neuen Land Cruiser sportlicher aussehen zu lassen und ihm eine unverwechselbare Persönlichkeit zu verleihen. Darüber hinaus sollte das Design es dem Kunden erleichtern, sich ganz allgemein mit dem Thema „4x4“ anzufreunden.

Das Team um Masaomi Yoshii lud noch im Designprozess die Verantwortlichen der großen Handelsunternehmen ein,

Links: Dezenter Sonderumbau: HZJ78 mit Kettensätzen, die statt der Räder montiert werden und so das Fortkommen auch in Schnee und Eis sichern.

zeigte ihnen Entwurfsmodelle und bat sie um ihre Meinung – ein ungewöhnlicher Prozess bei der Entwicklung eines solchen Fahrzeugs. Im Frühjahr 1984 war schlussendlich ein Produktionsmodell des neuen Land Cruiser erstellt worden, und das Entwicklungsteam bat abermals um die Meinung der Verkaufsrepräsentanten. Yoshii erinnert sich: „Top-Entscheider von Händlern in Übersee statteten der Entwicklungsabteilung Besuche ab und betraten das Gebäude mit einer geradezu ängstlichen Spannung im Gesicht. Aber sie verließen die Abteilung mit zufriedenen Mienen!“

Dazu hatten sie auch allen Grund: Der neue Land Cruiser J7 war ein modernes Fahrzeug geworden, das auf den ersten Blick Agilität, Kraft, Robustheit und Vertrauen versprühte. Das Design hatte im Grunde genommen nichts mehr mit dem J4 gemein, nahm aber erkennbare Anleihen: Die separat angesetzten, freistehenden Kotflügel, die herausstehenden Blinker/Standlicht-Einheiten, die runden Scheinwerfer, die frei vor der Karosserie stehende Stoßstange und der Abstand zwischen Kotflügel und Stoßstange nahmen die Formensprache des Vorgängers auf und gingen einen gelungenen Mittelweg zwischen „Workhorse“-Attitüde und modernem Erscheinungsbild, zwischen J4-Vergangenheit und J7-Zukunft.

Die beiden Light Dutys Bundera und Prado (also vor und nach der großen Modellpflege 1990) im direkten Vergleich: Links ein LJ73, rechts ein KZJ73.

Oben: Der J7 Heavy Duty ist wie kaum ein anderer Land Cruiser Basis für Umbauten: Hier wurde die neue Front auf das Fahrwerk eines HZJ74 gesetzt und mit einer Kabine mit Klappdach kombiniert. Unter der Haube werkelt der famose 1HD-T.

Darunter: Mit ein wenig gutem Willen und kleineren Modifikationen bringt man den BJ75 sogar ein bisschen zum Verschränken: Dieses Exemplar ist mit Parabelfedern ausgestattet.

Die ganze Karosserie wurde massiver, stabiler, vibrationsärmer und deutlich sicherer konstruiert: Die Blechdicke wuchs, die meisten Profile waren nun als geschlossene „box sections“ gestaltet. Insgesamt wird die Karosserie des J7 von geraden Flächen und nahezu senkrecht stehenden Scheiben beherrscht: Der zur Verfügung stehende Raum wird maximal ausgenutzt, und auch die Übersichtlichkeit im Gelände ist hierdurch hervorragend. Die Seitenansicht wird optisch nur durch eine große, mittige Sicke aufgelockert, der markanteste Teil ist die Front. Mit „Short“, „Middle“, „Semi“, „Long“ und „Super Long“ wurde der Heavy Duty im Laufe seiner Produktionszeit in insgesamt fünf Radständen angeboten, womit die Variabilität wirklich keine Wünsche mehr offen ließ.

Der Radstand „Short“ wuchs um nur 25 auf 2310 Millimeter, trug die Bezeichnung „70“ und „71“ und ersetzte die Modelle 40/41/42. Den kurzen Siebener gab es als Version mit geschlossenem Stahldach oder als offene Karosserie mit Softtop, das es wie beim Vorgänger erlaubte, das Fahrzeug komplett zu öffnen: Wurden die Scheibenrahmen von Vorder- und Hecktüren demontiert und die Frontscheibe umgelegt, blieb einzig die massive und extra verstärkte B-Säule stehen, die auch als Überrollbügel fungierte – nach wie vor die ursprünglichste Form, einen Land Cruiser zu bewegen.

Oben: KZJ70 „Special" bei seiner Einführung auf dem deutschen Markt.

Rechts: Ein VDJ78 der letzten Generation ab 2007, zu erkennen an der Hutze auf der Motorhaube, die dem V8-Turbodiesel Luft zuführt. Diese Fahrzeug/Motoren-Kombination ist dem australischen Markt vorbehalten.

Der Radstand „Middle" war mit 2600 mm ganze 170 Millimeter länger als beim Vorgänger J4 und ergab die Modelle „73" bzw. „74", die Nachfolger von 43, 44 und 46. Diese Variante hatte ein (größtenteils weißes, in manchen Kombinationen jedoch auch schwarzes) abnehmbares „FPR-Top" („Fibre Reinforced Polyester"), und auch sie konnte nach Hardtop- und Scheibenrahmen-Demontage und Umklappen der Frontscheibe komplett offen gefahren werden. Wie beim kurzen Modell waren auch hier die hinteren Seitenscheiben als praktische Schiebefenster ausgeführt.

Der Radstand „Semi" mit 2730 Millimetern wurde erst 1990 vorgestellt und war eine gänzlich neue Version: Endlich wurde der J7 auch in einer fünftürigen Version mit geschlossener Karosserie angeboten. Die Modelle „77" (bzw. später „76") waren fortan die bequemen und robusten Personentransporter und ergänzten die Palette der kurzen, mittleren und langen Arbeitstiere perfekt. Der Semi wurde vor allem für die Light-Duty-Baureihe entwickelt, was ihm auch eine verblüffend schicke Gestaltung einbrachte: Die hinteren Seitenscheiben schlossen bündig mit der Karosserie ab und waren in einer Rundung um die D-Säule herumgezogen. An der C-Säule waren sie mit Scharnieren angeschlagen, sodass sie hinten ausgestellt werden konnten. Vor allem in den optisch aufgewerteten höheren Ausstattungsvarianten sah der Fünftürer nicht mehr unbedingt aus wie ein Fahrzeug

„Ein FZJ78 Troop Carrier mit Chrompaket für den australischen Markt" - hier sieht man die Heavy-Duty-Front vor und nach der großen Modellpflege 2007 im direkten Vergleich.

Oben: Das Fahrwerk des Heavy Duty bis 1999: Leiterrahmen, rundum Blattfedern, im Bild allerdings schon die eher gehobenere Version mit Scheibenbremsen vorne.

Unten: Deutscher KZJ73 „Special" der letzten Generation, also ein „Prado VX"

für den Untertagebau, brachte aber sehr wohl nach wie vor die dafür nötigen Qualitäten mit.

„Long" war die Entsprechung zu „Super Long" beim J4, wuchs jedoch noch einmal um 30 auf 2980 Millimeter. Entsprechend dem Vorgänger gab es einen Pick-up und einen geschlossenen, zweitürigen Kastenaufbau mit Hochdach namens „75" (ab 1999 „78" genannt), der jedoch nicht mehr als offene Softtop-Version angeboten wurde. Die Ladefläche des Pick-up trug in die Seitenwände eingearbeitete Zurrhaken und eine Heckklappe sowie in manchen Märkten Plane und Spriegel, darüber hinaus wurde z.B. in Australien vielfach mit einer breiteren und vor allem ebenen Ladefläche ausgeliefert, deren Bordwände auch seitlich klappbar waren. Die Frontscheibe des Pick-up konnte theoretisch umgelegt werden (wenn man das Dach abnahm): Das rührte schlicht daher, dass der lange Radstand auch als reines Fahrgestell mit offener Kabine ausgeliefert wurde, so wurde eine separate Karosserievariante eingespart. Der geschlossene „Troop Carrier", der direkte Nachfolger des „Buschtaxis" J45, war und ist aufgrund seiner schieren Größe (mit weit über 2 Metern Laderaum) und Variabilität das beliebteste Modell der J7-HD-Baureihe, sowohl für Personen- und Ladungstransport als auch im zivilen Bereich für Expeditionsreisen.

Mit der Modellpflege im Jahre 1999 (dazu weiter unten mehr) wuchs das Fahrerhaus des Pick-up um satte 15 cm. Das hätte natürlich zur Folge gehabt, dass die Pritsche um dieses Maß schrumpft, denn einen noch größeren Überhang wollte man nicht riskieren. Deshalb wurde den vorhandenen Radständen ein weiterer hinzugefügt: Der „Super Long“ hatte nun mit 3180 mm ganze 20 cm mehr Raum zwischen den Achsen, aus dem „HZJ75 Pick-up“ wurde der „HZJ79“.

Der Vorderbau der vorgenannten Modelle war bis zur A-Säule identisch und unterschied sich im Bereich der vorderen Türen nur durch die Dachform (flach, erhöht oder GfK). Die Variationen des Hecks bei den vorgenannten Modellen sind mannigfaltig, solange es sich um „Ambulance Doors“ handelt: Den J7 Heavy Duty gab und gibt es ausschließlich mit einer leicht asymmetrisch geteilten Hecktür, wobei bei den Versionen mit Softtop zumeist der obere Scheibenrahmen abnehmbar ausgeführt war. Das Ersatzrad hing entweder außen an jener Hecktür oder, beim Pick-up, unter der Ladefläche bzw. an der Rückwand auf der Ladefläche.

Welche Version man auch betrachtet: Die Karosserie des J7 ist von herber Schönheit. In ihrer schlichten Gestaltung ist sie zeitlos und verliert auch nach dem millionsten Blick nicht an Reiz. Das liegt vor allem daran, dass sie (fast) keinen modischen Schnickschnack zur Schau trägt – sie wurde entworfen, um zu funktionieren. Das weckt beim Betrachter ein ungeheures Vertrauen.

Die kleine Einschränkung bezüglich modischer Reize resultiert aus dem einen oder anderen optischen Highlight, das auch den Heavy Dutys in den höherwertigen Ausstattungsvarianten gegönnt wurde: Wie auch den Station gab es den J7 in ultraschicken zweifarbigen Versionen, die die Karosserie oberhalb der breiten Sicke in zwei Hälften teilten. Darüber hinaus gibt es zusätzlich zu den Standard-Modellen auch Versionen mit „Wide Body“, also durch aufgesetzte Kunststoff-Kotflügelverbreiterungen aufgehübschten Ausstattungsvarianten. Der 77er hatte zudem einen lackierten hinteren Stoßfänger und einen gleichfarbig lackierten Streifen am unteren Rand der Karosserie, was im Zusammenspiel mit den Kotflügelverbreiterungen ebenfalls eine zweifarbige Variante schuf.

Natürlich gab es in manchen Märkten auch einen verchromten Kühlergrill, verchromte Außenspiegel und Trittbretter sowie

Oben rechts: BJ75 (Heavy Duty Troop Carrier der ersten Generation) in den Weiten der libyschen Wüste

Mitte: Australischer J79 (Heavy Duty Pick-up der aktuellen Generation) mit Flatbed-Pritsche

Rechts unten: Deutscher LJ73 Special (vor 1990, also ein Bundera) mit Kotflügelverbreiterungen, Chrom-Applikationen und weiteren Ausstattungsmerkmalen.

Chromzierleisten um die Scheiben. Und auch eine weit nach vorne gezogene Stoßstange mit dahinterliegender Winde war erhältlich. Insgesamt gab es aber im Laufe der Jahre nur minimale Änderungen an der Optik: Ab 1990 fehlten die Gummiauflagen für die Frontscheibe auf der Motorhaube, es gab einen neuen Kühlergrill aus Kunststoff mit massiven Querrippen und bei 70 und 73 konnten die Scheibenrahmen der vorderen Türen nicht mehr abgenommen werden. 1999 wurde der große mittige „TOYOTA"-Schriftzug auf dem Kühlergrill durch das Konzern-Logo ersetzt, die berühmten drei ineinander verschlungenen Ellipsen.

Heavy Duty: Das Facelift

Grundlegend verändert wurde das Äußere des J7 erst im Januar 2007: Mit dem ersten großen Facelift nach 23 Jahren bekam er eine gänzlich neue und moderne Front, verlor die freistehenden Kotflügel (die nunmehr nur noch durch eine starke Sicke angedeutet werden) und erhielt große Klarglas-Scheinwerfer mit integrierten Blinkern. Auch die freistehende Stoßstange musste weichen: Statt massivem Stahl prangt dort nun das mittlerweile

Oben: Links das Armaturenbrett des Heavy Duty bis August 2009, rechts die aktuelle Version: Erstmals seit 58 Jahren gibt es kein nacktes Blech mehr zu sehen, dafür Airbags und Getränkehalter.

Mitte: Das Armaturenbrett des ersten Heavy-Duty-J7, hier in geschmackvollem Braun/Beige.

Unten: Massig Platz herrscht im Modell Troop Carrier 75 oder 78: Zusammen mit der Doppelbank auf der Beifahrerseite finden regulär ganze 13 Personen Platz im Innenraum.

Der Innenraum des J70, im Bild ein Prado, war naturgemäß ein wenig beschränkt, bot jedoch hinter der zweiten Sitzreihe immer noch Platz für eine Menge Gepäck.

übliche Kunststoffteil (aus „TSOP", dem „Toyota Super Olefin Polymer"). Das ist deutlich leichter als der alte Stahlklumpen und auch recyclingfähig, altert aber auch ab dem ersten Einsatz mit Grundberührung spürbar. Der Vorderbau wuchs darüber hinaus (warum, das wird weiter unten erläutert) noch einmal um stattliche 80 mm in der Breite, was die Front nun respekteinflößend massiv und bullig wirken lässt. Und der V8-Turbodiesel hat sogar eine eigene Motorhaube bekommen, erkennbar an der großen mittigen Hutze.

Die neue Front hält dennoch, was die alte schon versprach: Sie wirkt zeitlos modern, schnörkellos, kraftvoll und vertrauenerweckend. Der Rest der Linienführung und auch die Maße ab der A-Säule sind gleich geblieben, und nach wie vor ist der J7 auch als J7 erkennbar. Allerdings musste der mittlere Radstand weichen: Der J74 fiel aus dem Programm, seine Zeit war leider vorbei.

Heavy Duty: Das Interieur

Das Innere des veränderte sich ebenfalls grundlegend: Das Grundgefühl, in einer blechernen Keksdose zu sitzen wich dem Eindruck eines modernen Nutzfahrzeugs. An Türen und im Armaturenbrett war zwar immer noch ein wenig Blech zu sehen, insgesamt dominierte jedoch der gänzlich neue Kunststoff-Instrumententräger mit seinen gut einsehbaren Bereichen für die Fahrer- und die Zusatzinformationen. Im Gegensatz zu dem „ArmaturenBRETT" (im wahrsten Sinne des Wortes) des seligen J4 gab es nun eine klare Gliederung, die den Fahrer intuitiv zu den jeweiligen Funktionen leitete und ihn nun nicht mehr dem Prinzip „trial and error" überließ. Der Innenraum des neuen Land Cruiser entsprang einer echten Arbeitsplatz-Gestaltung und war sicherlich eines der bedeutendsten Elemente im neuen Konzept: Wie bereits im vier Jahre früher vorgestellten J6 waren auch hier nicht mehr einfach nur „irgendwo" ein paar Schalter platziert, sondern alles folgte einer klaren Struktur: Die Hebel für Licht, Blinker und Scheibenwischer saßen am Lenkstock, die Anzeige-Instrumente in einer kleinen und dem Fahrer zugeneigten „Einhausung" hinter dem Lenkrad (spiegel- und blendfrei mit einer gebogenen Scheibe versehen und überdacht), die Bedienelemente für Heizung und Lüftung saßen etwas tiefer in Reichweite und fast in der Mitte des Armaturenbretts, darunter gab es eine weitere Schalterreihe, daneben Aschenbecher und Zigarrenanzünder, darüber den Radioschacht. Logisch zusammengehörige Bedienelemente waren optisch zu Einheiten zusammengefasst und wurden voneinander durch den andersfarbigen Kunststoff des Armaturenträgers abgegrenzt. Man wusste nach dem ersten Blick, wo sich alles befindet und konnte es auch im Dunkeln zweifelsfrei bedienen. Erfreulicherweise waren die Elemente jedoch nun sogar ausreichend beleuchtet, was die nächtliche Orientierung zu einem Vergnügen machte.

Im Armaturenbrett saßen groß dimensionierte Kugeldüsen, der Beifahrer hatte über dem (immer noch recht kleinen) Handschuhfach einen „Panic Handle" zum Festhalten bekommen und in manchen Ausstattungsvarianten gab es zusätzlich ein weiteres, scherzhaft „Mäusekino" genanntes Instrumentenmodul für Höhen- und Neigungswinkelmesser bzw. für die Anzeige der Zusatztanks. Und auch die Sonnenblenden haben ihren Namen nun wirklich verdient und können sogar guten Gewissens zur Seite geschwenkt werden. Außerdem gab es Heckscheibenheizung, Heckscheibenwischer, eine Heizung mit Innenluftumwälzung … und überhaupt: Heizung und Lüftung konnten durch die neuen Schieberegler nun sogar feinfühlig dosiert werden

Fahrwerk des Heavy Duty ab 1999 mit vorderen Schraubenfedern.

und waren im Vergleich zum J4 ein Traum, auch wenn der J7 konstruktionsbedingt der schönen fußbetätigten Lüftungsklappen im Fußraum verlustig ging.

Die Sitzanordnung war je nach Aufbau und Ausstattungsvariante maximal variabel, wie es die Kunden vom Land Cruiser gewohnt waren: Vorne gab es zwei Einzelsitze oder einen Fahrersitz und eine Beifahrer-Doppelsitzbank, die zweite Reihe konnte (auch im Troop Carrier) mit einer Dreiersitzbank in Fahrtrichtung bestückt werden oder es ging gleich mit den Längssitzbänken weiter. Schon im kurzen Radstand fanden so bis zu 7 (!) Personen „Platz" (das Wort „Platz" sollte man dabei jedoch nicht allzu wörtlich nehmen), im Troop Carrier waren es ohne große Verrenkungen gar 13 (daran wiederum sollten sich gängige Familienkutschen mal ein Beispiel nehmen!). Beim kurzen und mittleren Radstand konnte der Beifahrersitz nach vorne geklappt werden, um den Durchstieg auf die hintere Sitzreihe zu ermöglichen, die deutlich größeren Türausschnitte vereinfachten dieses Manöver zusätzlich. Ob Vinyl oder Stoff: Die Sitze waren ausreichend konturiert und bequem, die Beinfreiheit vorne wuchs zudem um 50 Millimeter.

Abgerundet wurde das gute Gefühl durch eine fühlbare Massivität der Konstruktion: Die Türen schlossen mit einem satten „Plopp", und durch die zusätzlichen massiven Dämmungsmaßnahmen war der Geräuschpegel im Innenraum dramatisch gesunken: Die Entwickler haben eine perfekte Mischung aus angenehmer Abschottung und notwendiger Nähe zur Außenwelt getroffen.

Im August 2009 endete dann eine Ära: Aufgrund sich verändernder Anforderungen bei Großkunden mussten schlussendlich auch im Heavy Duty Airbags auf Fahrer- und Beifahrerseite eingeführt werden. Dies führte natürlich zu einer grundlegenden Umgestaltung der Armaturentafel mit neu gestalteten Luftdüsen, 4-Speichen-Lenkrad, höhenverstellbarer Crash-Lenksäule und einigem mehr. Nach 58 Jahren „Land Cruiser" sah man erstmals kein nacktes Blech mehr vor sich. Darüber hinaus erhielten die Fahrzeuge mit Airbags auch eine spezielle vordere Stoßstange, die das Fahrzeug um 100 mm streckt.

Heavy Duty: Fahrwerk und Antrieb

Das Chassis des J7 unterschied sich nicht großartig von dem des Vorgängers: Das Fahrzeug baute nach wie vor auf einem stabilen Leiterrahmen auf, der nun jedoch nicht mehr vernietet, sondern verschweißt war und durch weitere konstruktive Veränderungen (wie durchgehend geschlossene Kastenprofile) sowohl stabiler als auch leichter gestaltet werden konnte. Der Heavy Duty setzt natürlich auch weiterhin auf zwei Starrachsen, die an Blattfedern geführt werden, die Vorderachse erhielt zusätzlich einen Stabilisator. Die vorderen Dämpfer stützen sich

Turbopower: Der 1HD-FTE machte den Pick-up zum „HDJ79“ und war leider, wie sein Nachfolger VDJ, nur dem australischen Markt vorbehalten. Dafür bekam er aber auch noch den schönen Chromgrill, die Chromstoßstange und die Chrom-Einfassungen für die Blinker.

an über den Rahmen hinausragenden Profilen ab, die hinteren sind an separaten Rundprofilen befestigt und zudem versetzt angeordnet, einer vor und einer hinter der Achse. Der J77 war als Personentransporter deutlich weicher gefedert als die anderen Modelle, der J75 Pick-up ging aufgrund der möglichen hohen Zuladung den entgegengesetzten Weg und hatte an der Hinterachse Federpakete mit der Kennrate eines T-Trägers.

Die Kraft wurde wie gehabt über ein manuelles Vier- bzw. Fünfgang-Getriebe an das Verteilergetriebe weitergeleitet, wo die Antriebskraft bei Bedarf untersetzt werden konnte. Neu war die 4-Stufen-Automatik, die parallel auch im J6 eingeführt wurde und nun vor allem den höherwertigen Benzin-Versionen gegönnt

Oben: Von frühen Skizzen zum ersten 1:1-Modell: Die Entwicklung des J7 Light Duty. Oben rechts erkennt man eine Frontgestaltung, die später auch in die Entwicklung des FJ Cruiser einfloss.

Unten rechts: Der Innenraum des J73 (im Bild ein Prado VX) bot ausreichend Platz auch für 5 Personen plus Gepäck. Der integrierte Überrollbügel stützt das Hardtop im Fall der Fälle.

Unten links: Das Armaturenbrett eines europäischen Prado: Grundsätzlich bestand kein großer Unterschied zum Armaturenbrett des Heavy Duty.

Nächste Seite unten: Demontiert man dem Siebziger das Softtop und die Rahmen der Seiten und Heckscheiben und legt die Frontscheibe um, wird er zum ultimativen Spaßmobil. Die extra verstärkte B-Säule dient als Überrollbügel.

wurde. Die Zuschaltung des Allradantriebs erfolgte je nach Ausstattung mechanisch via Hebel auf dem Mitteltunnel oder per Unterdruck auf Knopfdruck am Armaturenbrett, die Achsen waren entweder mit manuellen Freilaufnaben bestückt oder entbehrten dieser gleich gänzlich. So weit, so gut: Eine bewährte und schlanke Kombination robuster Antriebskomponenten, die für den vorherbestimmten Einsatzzweck perfekt geeignet ist.

Verzögert wurde über Trommelbremsen rundum bzw. eine Kombination aus innenbelüfteten Scheiben vorne und Trommeln hinten. Die Handbremse wirkt auf die hinteren Trommeln. Die Lenkung arbeitet nach dem Kugelumlaufprinzip, und auch eine Servounterstützung war erhältlich.

Im Jahr 1999 wurde das Fahrwerk entscheidend überarbeitet und zum Erstaunen vieler an der Vorderachse mit Schraubenfedern bestückt. Der Aufschrei in der Szene war wie zu erwarten wieder einmal groß, beschränkte sich jedoch eher auf die eingefleischten „Fans“. Die überwiegende Mehrheit der (Groß-)Kunden sah den Land Cruiser Heavy Duty relativ

emotionsfrei als reines Arbeitsgerät und freute sich über diese deutliche Verbesserung von Handling und Fahrkomfort. Der überarbeitete J7 bekam die Achsen aus dem großen Bruder J105 (und hatte damit nur noch fünf Radschrauben statt sechs) und auch ein anderes Untersetzungsgetriebe mit nun 2,295:1 statt zuvor 1,963:1.

Mit der Überarbeitung änderte sich auch der Modellcode: Aus 70/73/77/75 wurde jetzt 71/74/76/78, der „75 Pick-up" hieß jetzt „79". Die meisten zumindest: Bestimmte Modelle wie den FZJ70/73/75 und den HZJ70/75 hat es für Großkunden mit bestimmten Anforderungen auch weiterhin mit Blattfedern rundum gegeben, teilweise sogar bis ins Jahr 2004 – nichts ist unmöglich! Mit dem großen Facelift im Jahre 2007 änderte sich an Fahrwerk und Antrieb nicht viel, allerdings wuchs mit dem breiter werdenden Vorbau auch die vordere Spur um ganze 95 Millimeter, was zwar ein ungewohntes Bild abgibt, aber vor allem bei den langen Modellen auch die Neigung zum Übersteuern deutlich entschärft.

Oben: Das war die Palette der Light Dutys bei ihrer Vorstellung im Jahre 1984: Mittlerer Radstand J73 Hardtop sowie kurzer Radstand J70 Softtop und Van (in diesem Fall alles Diesel).

Mitte: Frühe Skizze zum Innenraumkonzept: Der Instrumententräger „aus einem Guss" mit der angekoppelten Mittelkonsole zeigt schon den fundamentalen Unterschied zum Innenraum des J4.

Unten: Längsbänke als dritte Sitzreihe im aktuellen HZJ76.

Heavy Duty: Motorisierung

Die Palette der erhältlichen Motoren war reichhaltig: Bei seiner Einführung Ende 1984 werkelten die bekannten Selbstzünder 3B und 2H sowie der Ottomotor 3F unter dem neuen Blechkleid, der 2H jedoch nur im Modell 75 und 75 Pick-up.

Ein Jahr später, im Oktober 1985, wurde dem 3B ein neuer Kopf mit Direkteinspritzung spendiert und ein Turbo aufgesetzt. Dadurch wurde der „3B" zum „13B-T", der BJ70 zum BJ71 und der BJ73 zum BJ74. Mit nunmehr 124 PS bei 3400 Umdrehungen und unverändertem Drehmoment war das eine angenehm spritzige Angelegenheit: Im kurzen und im mittleren Modell (und nur hierfür war der 13B-T vorgesehen) ist das Maschinchen eine reine Freude, die Direkteinspritzung erzeugt Agilität, senkt den Verbrauch und zieht die Mundwinkel des Fahrers zuverlässig nach oben.
Im Januar 1990 wurden 3B und 2H durch zwei Exemplare aus einer neu entwickelten Motorengeneration ersetzt: Der 3,5 Liter große Fünfzylinder 1PZ und der 4,2 Liter messende Sechszylinder 1HZ aus der neuen „Lasre"-Familie waren bis auf die Zylinderzahl fast baugleich, arbeiteten nach dem Wirbelkammerprinzip und versteckten in ihrem massiven Gussgehäuse eine obenliegende, zahnriemengetriebene Nockenwelle und hängende Ventile. Der 1PZ mit seiner sechsfach gelagerten Kurbelwelle war eine angenehme und laufruhige Maschine mit ausreichenden 115 Pferdestärken und 138 Nm Drehmoment, hatte jedoch ab und an mit den spezifischen Problemen einer geteilten Schwungscheibe zu kämpfen. Der größere Bruder 1HZ war mit 130 PS und 285 Nm ein wenig stärker, durch die siebenfach gelagerte Kurbelwelle ebenso laufruhig und ein Musterbeispiel an ruhiger, unaufgeregter Kraftentfaltung. Der 1PZ verschwand schon im Januar 1995 wieder aus dem Programm, der 1HZ wird nach wie vor im J7 eingesetzt und treibt mittlerweile die Modelle HZJ71, 78 und 79 an.

Speziell für den australischen Markt und nur in Troop Carrier und Pick-up lieferte Toyota ab August 2001 den J7 auch mit einem wahren Dampfhammer aus: Der aus dem J8 bekannte

Auf dem australischen Markt außerordentlich beliebt: VJD79 mit Aluminium-Pritsche und in aufgewerteter Ausstattung mit Kotflügelverbreiterungen, Chrompaket und weiteren schicken Details.

1HD-FTE wuchtete aus seinen knapp 4,2 Litern Hubraum erfrischende 166 PS und 380 Nm auf die Kurbelwelle und verwöhnte die Kundschaft mit Leistung, Laufruhe und entspanntem Ansprechverhalten. Der Schritt war konsequent und zielgerichtet, hatte doch der große Wettbewerber Nissan Patrol sich wieder angeschickt, mit neuen starken Modellen am Thron des Land Cruiser zu sägen. Toyota zuckte also kurz mit der Augenbraue und sprach mit dem HDJ89/79 ein Machtwort.

Wer seine Kunden derart verwöhnt, der kann sie nur schwerlich wieder entwöhnen: Mit der großen Modellpflege im Jahre 2007 schob Toyota eine noch brachialere Maschine nach und spendierte dem australischen Markt (und das leider ausschließlich) eine leicht gedrosselte Version des auch im J20 verbauten Commonrail-Motors 1VD-FTV: Statt der in den verschiedenen J20-Versionen üblichen 231 bis 286 PS kommen im J7 allerdings „nur“ 205 Pferdestärken zum Einsatz und statt 650 nur läppische 430 Nm ... das reicht unter Umständen, um im Standgas ein Einfamilienhaus vom Fundament zu ziehen, wirkt aber im Fahrbetrieb erstaunlich unaufgeregt. Das ist wahres Understatement, und der güldene „V8 D4D Turbo“-Aufkleber auf der B-Säule der VDJ78/79 und die böse Hutze auf der Motorhaube deuten dieses Kraftwerk allenfalls dezent an. Notwendig war dieser Schritt vor allem wegen der auch in Australien drohenden Verschärfung der Abgasrichtlinien, und der neue Motor schafft nun auch ohne Probleme die Euro-4-Hürde. Die Frage, warum denn der 1HZ nicht weiterentwickelt wurde, beantwortet sich einfach mit betriebswirtschaftlicher Präzision: Der 1HZ ist ein Relikt aus den Neunzigern, und er würde so oder so eines Tages an seine Grenzen stoßen. Der Einsatz eines gänzlich neuen, modernen Motors in gleich zwei Baureihen ist da die deutlich vernünftigere Lösung. Mit dem reinen Motorentausch war es jedoch nicht getan: Da die acht Zylinder ein wenig mehr Platz verbrauchen, mussten nicht nur die markanten Kotflügel weichen, sondern der Vorderbau wurde darüber hinaus noch um 80 mm verbreitert. Ganze 300 Millimeter Platz wurden hierdurch gewonnen, genug für den 1VD-FTV und all seine Nebenaggregate.

Die Palette der Benziner umfasste zu Anfang lediglich die bekannt durstige 3F-Maschine, erst später kamen 1FZ-F und 1FZ-FE (die im Kapitel „J8“ ausführlicher besprochen werden). Wer einmal einer saharischen Grenzpatrouille begegnet ist (zumeist ein J7 Pick-up mit einer männlichen „4.5“ an und einer noch männlicheren 20-mm-Kanone auf der Ladefläche)

LJ70 der ersten Generation, aus dem Jahre 1984: Der „Bundera" oder „Land Cruiser II"

und mit seinem nur unwesentlich überladenen HZJ78 versucht hat, mit den Jungs mitzuhalten, der wird augenblicklich eine große Demut vor dem Benziner verspürt haben: Wenn der FZJ-Fahrer kurz das Gaspedal streichelt, meint der Nachfolgende, er stünde. Das ist angewandte Relativitätstheorie.
Im Januar 2007 wurde die Motorenpalette durch den 1GR-FE ergänzt, der auch im J12 eingesetzt wurde (und in dessen Kapitel auch besprochen wird).

Und um die Verwirrung bezüglich ausufernder Motorenvielfalt zu komplettieren: Bei Fahrzeugen des Typs BJ73 aus dem portugiesischen Werk (bestimmt für Portugal und Italien) wurde zwischenzeitlich der „66A" aus dem Hause „Stabilimenti Meccanici VM S.p.A." eingesetzt, der jedoch mit erheblichen Qualitätsmängeln zu kämpfen und deshalb keine allzu lange Einsatzperiode hatte. Der 66A war ein Fünfzylinder-Diesel mit 2,5 Litern Hubraum, 108 PS und 298 Nm. Eingesetzt wurde diese Maschine aus profanem Grunde: Wer mit dem Hubraum unter 2,5 Litern blieb, konnte seinen portugiesischen und italienischen Kunden handfeste steuerliche Vorteile sichern, und die reguläre HD-Motorenpalette startete ja erst bei 3 Litern. Auch Südafrika ging eigene Wege: Dort wurde im HJ75 der „ADE236" von „Atlantis Diesel Engines" verbaut, der als Direkteinspritzer aus 3,9 Litern erstaunliche 80 PS (!) und immerhin 220 Nm generierte.

Light Duty

Wie erwähnt wurde bei der Vorstellung des J7 Heavy Duty auch sein etwas softerer Cousin „Light Duty" enthüllt, der fortan das Modellprogramm ergänzte – ein Fahrzeug, das von vornherein auf Personentransport ausgelegt war und den Grundstein für die von nun an parallel fortgeführte Baureihe „Bundera" bzw. (ab 1990) „Prado" bildete. Der „Land Cruiser II", wie er anfangs auch genannt wurde, traf den Nerv der Käuferschicht und schürte damit einen wahren Boom im Geländewagenmarkt. Und er war Wegbereiter für seine äußerst erfolgreichen Nachfolger bis hin zum aktuellen Land Cruiser Prado, der Generation „J15".

Light Duty: Design und Interieur

Auf den ersten Blick kann man Light und Heavy Duty durchaus verwechseln: Auch der Light Duty blickt den Betrachter aus runden Augen an, die Proportionen beider Modelle entsprechen sich und ab der A-Säule sind die Karosserien ohnehin gleich. Das differenzierende Detail offenbart sich an der Front des Land Cruiser: Im Gegensatz zum Heavy Duty läuft die Motorhaubenkante beim Light Duty fast parallel nach vorne, die Blinker sind in der Frontmaske integriert, die Kotflügel um ein Vielfaches schmaler

Technische Daten

Toyota Land Cruiser J7

Produktion: Japan, Brasilien, Pakistan, Bangladesh, Malaysia, Indonesien, Neuseeland, Trinidad, Venezuela, Kenia, Simbabwe, Portugal, Südafrika, Iran

Allgemeine Daten:

Antrieb: Heckantrieb, Vorderachse zuschaltbar

Fahrwerk Heavy Duty: Leiterrahmen, zwei Starrachsen an Blattfedern/ab 1999 vorne Schraubenfedern, hinten Blattfedern

Fahrwerk Light Duty: Leiterrahmen, zwei Starrachsen an Schraubenfedern

Motoren Heavy Duty: 3B, 13B-T, 1PZ, 1HZ, 2H, 1HD-FTE, 1VD-FTV, 3F, 1FZ-F, 1FZ-FE, 1GR-FE, VM66A (VM), ADE236 (Atlantis)

Motoren Light Duty: 2L, 2L-T, 2L-T II, 2L-TE, 3L, 1KZ-T, 1KZ-TE, 22R, 22R-E,

Modellspezifische Daten:

J70/J71

Aufbau: Softtop/geschlossenes Stahldach, 2 Türen + Hecktür

Radstand Short: 2310 mm

Maße: 3975-4080 x 1690-1770 x 1875-1895 mm (je nach Ausführung)

Spurweite v/h: 1420/1420, ab 2007: 1515/1420

Sitzplätze: 2-7

Wendekreis: 11,0 m

J73/J74

Aufbau: Hardtop, 2 Türen + Hecktür

Radstand Middle: 2600 mm

Maße: 4125-4350 x 1690-1795 x 1875-1930 (je nach Ausführung)

Spurweite v/h: 1420/1420, ab 2007: 1515/1420

Sitzplätze: 2-9

Wendekreis: 11,4 m

J77/J76

Aufbau: Geschlossenes Stahldach, 4 Türen + Hecktür

Radstand Semi: 2730 mm

Maße: 4615-4730 x 1690-1770 x 1890-1955 (je nach Ausführung)

Spurweite v/h: 1420/1420, ab 2007: 1515/1420

Sitzplätze: 5-10

Wendekreis: 12,6 m

J75/J78

Aufbauten: geschlossenes Stahldach, 2 Türen + Hecktür/ Pick-up, 2 Türen / Fahrgestell

Radstand Long: 2980 mm

Maße: 4885-4995 x 1690-1770 x 2075-2120 mm (je nach Ausführung)

Spurweite v/h: 1420/1420, ab 2007: 1515/1420

Sitzplätze: 2-13

Wendekreis: 13,6 m

J79

Aufbauten: Pick-up / Fahrgestell, 2 Türen

Radstand Super Long: 3180 mm

Maße: 5235-5245 x 1690-1770 x 1970 (je nach Ausführung)

Spurweite v/h: 1420/1420, ab 2007: 1515/1420

Sitzplätze: 2-13

Wendekreis: 14,4 m

Ein LJ73 Bundera bei Sprungübungen für den französischen Prospekt.

geschnitten und zudem gibt es nicht diesen charakteristischen Abstand zwischen Kotflügeln und Stoßstange. Der Light Duty unterscheidet sich insgesamt nicht groß vom arbeitswütigen Bruder, aber er wirkt gezähmter, europäischer, massentauglicher.

Mit 3,2 m² hatte der neue J7 circa 36% mehr Fensterfläche als der selige J4, zudem war die Frontscheibe gebogen und mit 53 (statt vormals 75!) Grad deutlich mehr geneigt. Zusammen mit der massiven Umgestaltung der gesamten Karosserie konnte der Windwiderstand um ganze 15% reduziert werden. Alleine der vordere Dachüberhang hatte beim J4 ja wie eine Bremsklappe gewirkt.

Auch der Einstieg und vor allem der Durchstieg auf die hinteren Ränge profitierten vom neuen Karosserieschnitt: Die Seitentüren waren 6 cm höher und 12 cm breiter als beim Vorgänger, was den Zugang deutlich erleichterte. So machte die Sitzbank in Fahrtrichtung für die zweite Sitzreihe auch wirklich Sinn. Zudem erhöhte sich der Öffnungswinkel der Türen um satte 30% – das war bei den J4 der späteren Generationen nur bei abgerissenem Türfangband möglich...

Und auch den Light Duty gab es in zweifarbigen Ausführungen: Speziell in Verbindung mit Chromgrill, -Spiegeln, -Stoßstangen, -Trittbrettern und -Felgen und ohne störende Zierstreifen war und ist ein 70er in Champagner/Braun oder Silber/Grau eine wahre Augenweide und vermittelt ein herrlich klassisches Bild. Je nach Ausführung und Bereifung bekam die Karosserie darüber hinaus schmale schwarze Kunststoff-Kotflügelverbreiterungen oder die breiten Versionen, die auch den Heavy Duty zierten.
Die Radstände entsprachen denen des Heavy Duty: Kurz (geschlossenes Stahldach oder offene Karosserie mit Softtop) mit 2310 mm, Mittel (FRP-Top) mit 2600 mm und ab 1990 auch „Semi" mit 2730 mm. Auf die lange und die superlange Version wurde verzichtet. Das Heck wurde über die gleiche asymmetrische Doppeltür erreicht, wobei das Ersatzrad im ersten Jahr kurioserweise innen an der Tür befestigt war: In Japan gab es eine Steuererleichterung für Fahrzeuge unter 4 Metern Gesamtlänge, und die erreichte der J70 ohne das hintere Ersatzrad gerade eben so. Also wurde kurzerhand die ganze Welt mit dieser Konstruktion beglückt. Ein Jahr später war der Spuk vorbei und das Ersatzrad hing außen an der rechten Hecktür.

Darüber hinaus war der Innenraum von L/D und H/D grundsätzlich der gleiche: Armaturenbrett, Bedienelemente und auch die Sitzgelegenheiten entsprachen sich, und auch viele der Extras tauchten bei beiden Baureihen auf. Der japanische Heimatmarkt wurde zudem mit schicken Extras verwöhnt, unter anderem gab es Staufächer in den hinteren Seitenverkleidungen, und auch Armlehnen für die Rückbank waren verfügbar.

Im April 1990 munterten die Land-Cruiser-Entwickler die Kundschaft mit einem grundlegenden Facelift für den Light Duty auf: Der neue bekam eine komplett neue Front mit gerundeter Motorhaube (nun ohne mittlere Sicke), eckigen und tief in den neuen Kunststoffgrill eingelassenen Scheinwerfern und um die Karosserie herumgezogenen und schräg angeschnittenen Blinkern. Modern sieht er nun aus, gefällig, modisch und dennoch angenehm zeitlos, auch heute noch. Der Neue hieß nun „Prado", und wenn man genau hinschaut, sieht man eine gewisse Ähnlichkeit zwischen ihm und dem aktuellen Heavy Duty.

Mit dem Facelift kam nun auch der dritte Radstand ins Spiel: Der Semi, der speziell in der Light-Duty-Version ein mehr als interessantes Modell ist: Ausgestattet mit komfortablem Fahrwerk, spritzigen Motoren, luxuriöser Innenausstattung und nicht zuletzt schicker und modern geschnittener Karosserie war der Fünftürer namens 77/78/79 eine direkte Kampfansage an Pajero, Patrol und Co. und damit auch der direkte Vorgänger des fünftürigen Prado.

„Life's not always like a Highway – but at least your companions you can choose" – der J7 ist ein treuer Begleiter in den abgelegensten Winkeln der Erde.

Light Duty: Fahrwerk und Antrieb

„Wer das Vorläufermodell mit dem markanten Profil und der beinharten Federung gekannt hat, wird erstaunt sein über den Pkw-ähnlichen Komfort [...] des neuen Typs", textete die Pressemappe zur IAA 1985. Und wahrlich: Das Fahrwerk des Land Cruiser Light Duty glich einer Revolution. Rahmen, Aufbau, Achsen, Getriebe und Antriebsstrang waren zwar grundsätzlich die gleichen wie bei der schweren Ausführung, die Federung war jedoch eine radikal andere. Er sollte komfortabler sein als sein schwerer Bruder, sagte das Lastenheft, aber keinesfalls an Geländetauglichkeit einbüßen. Der Leiterrahmen und die Starrachsen blieben also. Die Auslegung auf deutlich weniger Nutzlast machte es nun aber möglich, die Achsen an langhubigen Schraubenfedern zu führen. Dies garantiert einen merklich höheren Fahrkomfort, eine bessere Bodenhaftung, höhere Spurtreue. Und die Verschränkung ist gegenüber den blattgefederten Modellen geradezu phänomenal, was den Light Duty im Trialsport recht beliebt machte. Die Rahmenprofile waren nun durchgehend verschweißt, was Stabilität und Haltbarkeit noch einmal deutlich verbesserte und gleichzeitig die Anfälligkeit für Vibrationen verringerte. Die Achsen wurden von jeweils zwei extra starken Längslenkern und je einem Panhardstab geführt und verliehen dem Light Duty ein angenehmes, stabiles Kurvenverhalten.

Chassis des Light Duty: Leiterrahmen, rundum Schraubenfedern, die Achsen werden von Längslenkern geführt.

Verzögert wurde der Land Cruiser II bei seiner Vorstellung über eine saugluftunterstützte Zweikreisbremsanlage mit lastabhängigem Bremskraftregler für die Hinterräder, 302 mm großen Bremsscheiben vorne und 254 mm großen, selbstnachstellenden Trommelbremsen hinten. Die Handbremse wirkte über die Seilzüge auf die Bremstrommeln an der Hinterachse. Im Normalbetrieb war man mit Heckantrieb unterwegs, der Allradantrieb konnte per Knopfdruck (und manuell verriegelten Freilaufnaben) elektropneumatisch zugeschaltet werden, für bestimmte Regionen gab es aber auch das bewährte mechanische System. War der Allradantrieb eingelegt, konnte über den Untersetzungshebel der Kriechgang eingeschaltet werden. Unsynchronisiert, versteht sich, also im Stand zu bedienen. In Japan gab es allerdings auch elektrisch betätigte Freilaufnaben und ebenfalls elektrisch verstellbare Stoßdämpfer: Der J7 hatte technisch schon damals die Nase sehr weit vorne.

Light Duty: Motorisierung

Der Land Cruiser II startete mit verhaltener Motorenauswahl: Es gab einen kleinen Vierzylinder-Diesel und einen kleinen Vierzylinder-Benziner, das sollte fürs Erste reichen. Ersterer hieß 2L, war ein Saugdiesel mit 2,5 Litern Hubraum und versuchte mittels recht diskreter 72 PS und 155 Nm, die Fuhre in Bewegung zu bringen. Der Wirbelkammermotor hatte einen Gussblock, eine obenliegende, via Zahnriemen angetriebene Nockenwelle und eine fünffach gelagerte Kurbelwelle: Laufruhig war er, „Leistung" war ihm jedoch ein Fremdwort.

Ein Jahr später, im Oktober 1985, wurde dann auch die Turboversion des 2L zur Verfügung gestellt, die u.a. auch in der Limousine Crown zum Einsatz kam. Mit 86 PS und 188 Nm war der 2L-T auf dem Papier zwar stärker als der 2L, ein Leistungswunder war jedoch auch er nicht. Zum Facelift im Jahre 1990 wurde der 2L-T nochmals überarbeitet, bekam veränderte Steuerzeiten, andere Einlasskanäle und eine höhere Verdichtung. Der zu „2L-T II" umgetaufte Motor protzte nun mit 90 PS und 215 Nm, was das ursprünglich formulierte Ziel der Fahrfreude jedoch immer noch nicht in greifbare Nähe rücken ließ. Der elektronisch geregelte Bruder des 2L-T, der 2L-TE, brachte es immerhin auf 97 PS und 230 Nm Drehmoment. Parallel gab es für einige Regionen auch den 2,8 Liter großen 3L, eine vergrößerte

Version des 2L, die mit 88 PS und 185 Nm ebenfalls recht beschaulich unterwegs war. Man sieht: Sehr viel mehr war mit diesem Block einfach nicht drin.

Im März 1993 zog Toyota daraus die Konsequenzen und stellte dem L-Block den neu entwickelten KZ-Block zur Seite, der ihn über kurz oder lang auch ersetzen sollte. Der 1KZ war neben 1PZ und 1HZ das kleinste Mitglied der Lasre-Familie, wartete mit einem Block aus Grauguss, einem Zylinderkopf aus Leichtmetall, obenliegender Nockenwelle (Zahnriemen getrieben), fünffach gelagerter Kurbelwelle und einer ausgesprochenen Laufruhe auf und wies mit satten 125 PS und 295 Nm endlich angemessene Leistungsdaten auf. Die elektronisch gesteuerte Version 1KZ-TE bot gar 130 Pferdestärken. Nun machte der J7 richtig Spaß, und man hatte sowohl im Gelände als auch auf der Straße immer ausreichend Kraft zur Verfügung.

Die Benzinversionen waren demgegenüber eher überschaubar: Von Anfang an gab es den 22R, einen gusseisernen 2,4-Liter-Vergasermotor mit Leichtmetall-Kopf, obenliegender Nockenwelle (via Duplexkette angetrieben) und hängenden Ventilen, der immerhin 105 PS und 184 Nm lieferte, was ihm jedoch nicht wirklich zu großer Berühmtheit verhalf. Sein elektronisch gesteuerter Bruder 22R-E, der ein wenig später zum Einsatz kam, hatte mit 114 PS und 192 Nm ein wenig die Nase vorne und durfte sogar den Semi-Radstand antreiben.

Heute

Osamu Shinoda, ebenfalls Chefingenieur des J7, sagte einmal: „In manchen Teilen der Welt gehört der Land Cruiser 70 zur Familie und übernimmt gewissermaßen die Rolle des ältesten Sohnes.“ In diesem Sinne war der J7 ein würdiger Nachfolger des J4, der sich seinen Platz in den Herzen der Allradwelt zu Recht erobert hat.

Der J7 Light Duty wurde 1996 von seinem Nachfolger J9 abgelöst. Er war der Begründer der „Prado“-Reihe, der dritten Modellreihe parallel zu Land Cruiser und Land Cruiser Station Wagon, und verhalf Toyota zu einem festen Standbein im Segment der „nicht ganz so kompromisslosen“ Geländewagen. 300.000 Stück wurden vom J7 Prado hergestellt, über 2 Millionen Prados sind es bislang insgesamt – ein Dauerrenner.

Heute sind gute Exemplare des Light Duty nicht mehr allzu leicht zu finden. Wie der J6, hat auch der J7 den Status als „Klassiker“ noch nicht ganz erreicht, den eines „alten Autos“ jedoch schon lange überschritten. Viele Bunderas oder Prados wurden deshalb schon verschrottet oder exportiert oder sind schlicht in einem desaströsen Zustand. Aber das Bild wandelt sich glücklicherweise, und die Restaurierungs-Stories werden häufiger.

Der J7 Heavy Duty hingegen ist geradezu eine „never ending story“: Lässt man den Bandeirante einmal gedanklich beiseite, hat der J7 im Jahre 2010 den J4 überholt. Ganze 27 Jahre wird dieses Modell nun schon gebaut, und ein Ende ist auch heute noch nicht in Sicht. Sadayoshi Koyari, seines Zeichens „Chief Engineer Land Cruiser“, hat vor kurzem die langfristige Zukunft aller gegenwärtigen Modelle zugesagt. Und mehr noch: Es wird erstmals auch ab Werk ein Doppelkabiner-Pick-up folgen.

Auch wenn die vornehmlich für den humanitären Markt produzierten Fahrzeuge in Europa kaum eine Rolle spielen: Der J7 bleibt uns noch ein ganzes Weilchen erhalten. Was sollte auch nachfolgen? Dieses Fahrzeug ist die perfekte Lösung für einen ganz bestimmten Einsatzzweck. Seine Tauglichkeit bemisst sich nicht nach Komfortmerkmalen, elektronischer Aufrüstung, modischen Gesichtspunkten oder der Lust nach Abwechslung. Er wurde konstruiert, um unter härtesten Bedingungen zu funktionieren, und genau das tut er ganz hervorragend. Der J7 wird auch weiterhin in den entlegensten Winkeln der Erde zur Stelle sein, wenn ein Fahrzeug benötigt wird, das ohne Schnickschnack die pure Tauglichkeit, Leistung und Haltbarkeit bereitstellt. Wer einmal in der Zentralsahara das Knirschen im CD-Laufwerk vernahm oder nach einer Wasserdurchfahrt vergebens den Knopf für den elektrischen Fensterheber drückte, der weiß: Derlei Spielereien sind nett, aber für die harte Arbeit schlicht unnötig. Und so wird der J7 in seinen verschiedenen Ausführungen auch weiterhin unauffällig und stoisch seinen Dienst verrichten und UN, IRK oder anderen Organisationen ein zuverlässiges Arbeitsmittel sein.

Modellvarianten J7 Light Duty

Alle Modelle: Schraubenfedern rundum
Versionen: 11/84-12/89: Bundera (eckige Front),
01/90-03/96: Prado (runde Front)

Radstand „Short“ - 2310 mm

Modell	Ausführung	Motorisierung
LJ70	Softtop Bundera	2L: Saugdiesel, Wirbelkammer, R4, 2446 cm³, 72 PS/53 kW (4000/min), 155 Nm (2200/min)
LJ70	geschlossene Karosserie Bundera	2L: Saugdiesel, Wirbelkammer, R4, 2446 cm³, 72 PS/53 kW (4000/min), 155 Nm (2200/min)
LJ70	Softtop Bundera	2L-T: Turbodiesel, Wirbelkammer, R4, 2446 cm³, 86 PS/63 kW (4000/min), 188 Nm (2400/min)
LJ70	Softtop Prado	2L-T II: Turbodiesel, Wirbelkammer, R4, 2446 cm³, 90 PS/66 kW (3500/min), 215 Nm (2400/min)
LJ70	geschlossene Karosserie Bundera	2L-T: Turbodiesel, Wirbelkammer, R4, 2446 cm³, 86 PS/ 63 kW (4000/min), 188 Nm (2400/min)
LJ70	geschlossene Karosserie Prado	2L-T II: Turbodiesel, Wirbelkammer, R4, 2446 cm³, 90 PS/66 kW (3500/min), 215 Nm (2400/min)
LJ71	geschlossene Karosserie Bundera	2L-T: Turbodiesel, Wirbelkammer, R4, 2446 cm³, 86 PS/63 kW (4000/min), 188 Nm (2400/min)
LJ71	geschlossene Karosserie Prado	2L-TE: Turbodiesel, Wirbelkammer, elektronische Einspritzung, R4, 2446 cm³, 97 PS/71 kW (3800/min), 230 Nm (2400/min)
LJ72	Softtop Prado	3L: Saugdiesel, Wirbelkammer, R4, 2779 cm³, 88 PS/65 kW (4000/min), 185 Nm (2400/min)
LJ72	geschlossene Karosserie Prado	3L: Saugdiesel, Wirbelkammer, R4, 2779 cm³, 88 PS/65 kW (4000/min), 185 Nm (2400/min)
KZJ70	Softtop Prado	1KZ-T: Turbodiesel, Wirbelkammer, R4, 2982 cm³, 125 PS/92 kW (3600/min), 295 Nm (2000/min)
KZJ70	geschlossene Karosserie Prado	1KZ-T: Turbodiesel, Wirbelkammer, R4, 2982 cm³, 125 PS/92 kW (3600/min), 295 Nm (2000/min)
KZJ71	geschlossene Karosserie Prado	1KZ-TE: Turbodiesel, Wirbelkammer, elektronische Einspritzung, R4, 2982 cm³, 130 PS/96 kW (3600/min), 289 Nm (2000/min)
RJ70	Softtop Bundera/Prado	22R: Ottomotor, Vergaser, R4, 2367 cm³, 195 PS/77 kW (4800/min), 184 Nm (3200/min)
RJ70	geschlossene Karosserie Bundera/ Prado	22R: Ottomotor, Vergaser, R4, 2367 cm³, 105 PS/77 kW (4800/min), 184 Nm (3200/min
RJ70	geschlossene Karosserie Bundera/Prado	22R-E: Ottomotor, Einspritzanlage, R4, 2367 cm³, 114 PS/84 kW (4600/min), 192 Nm (3400/min)

Radstand „Middle“ – 2600 mm

Modell	Ausführung	Motorisierung
LJ73	Hardtop Bundera	2L: Saugdiesel, Wirbelkammer, R4, 2446 cm³, 72 PS/53 kW (4000/min), 155 Nm (2200/min)
LJ73	Hardtop Bundera/Prado	2L-T: Turbodiesel, Wirbelkammer, R4, 2446 cm³, 86 PS/63 kW (4000/min), 188 Nm (2400/min) / ab 1990 2L-T II, 90 PS/66 kW (3500/min), 215 Nm (2400/min)
KZJ73	Hardtop Prado	1KZ-T: Turbodiesel, Wirbelkammer, R4, 2982 cm³, 125 PS/92 kW (3600/min), 295 Nm (2000/min)
KZJ74	Hardtop Prado	1KZ-TE: Turbodiesel, Wirbelkammer, elektronische Einspritzung, R4, 2982 cm³, 130 PS/96 kW (3600/min), 289 Nm (2000/min)
RJ73	Hardtop Bundera/Prado	22R-E: Ottomotor, Einspritzanlage, R4, 2367 cm³, 114 PS/84 kW (4600/min), 192 Nm (3400/min)
RJ73	Hardtop Bundera/Prado	22R-E: Ottomotor, Einspritzanlage, R4, 2367 cm³, 114 PS/84 kW (4600/min), 192 Nm (3400/min)

Radstand „Semi“ - 2730 mm

LJ77	geschlossene Karosserie Prado	2L-T: Turbodiesel, Wirbelkammer, R4, 2446 cm³, 86 PS/63 kW (4000/min), 188 Nm (2400/min)
LJ77	geschlossene Karosserie Prado	2L-T II: Turbodiesel, Wirbelkammer, R4, 2446 cm³, 90 PS/66 kW (3500/min), 215 Nm (2400/min)
LJ78	geschlossene Karosserie Prado	2L-TE: Turbodiesel, Wirbelkammer, elektronische Einspritzung, R4, 2446 cm³, 97 PS/71 kW (3800/min), 230 Nm (2400/min)
LJ79	geschlossene Karosserie Prado	3L: Saugdiesel, Wirbelkammer, R4, 2779 cm³, 88 PS/65 kW (4000/min), 185 Nm (2400/min)
KZJ77	geschlossene Karosserie Prado	1KZ-T: Turbodiesel, Wirbelkammer, R4, 2982 cm³, 125 PS/92 kW (3600/min), 295 Nm (2000/min)
KZJ78	geschlossene Karosserie Prado	1KZ-TE: Turbodiesel, Wirbelkammer, elektronische Einspritzung, R4, 2982 cm³, 130 PS/96 kW (3600/min), 289 Nm (2000/min)
RJ77	geschlossene Karosserie Prado	22R: Ottomotor, Vergaser, R4, 2367 cm³, 105 PS/77 kW (4800/min), 184 Nm (3200/min)
RJ78	geschlossene Karosserie Prado	22R-E: Ottomotor, Einspritzanlage, R4, 2367 cm³, 114 PS/84 kW (4600/min), 192 Nm (3400/min)

Heavy und Light im direkten Vergleich: Links ein BJ70, rechts ein LJ70. Bis auf die integrierten Blinker und die schmaleren, weiter Richtung Stoßstange heruntergezogenen Kotflügel unterscheidet sich der Light Duty nicht vom Heavy Duty.

Modellvarianten J7 Heavy Duty

Versionen: 11/84-07/99: Blattfedern rundum (BF-BF)
08/99-heute: Schraubenfedern vorne, Blattfedern hinten (SF-BF)
(FZJ70/73/75 und HZJ70/75, also Modelle mit Blattfedern rundum, wurden teilweise bis 2004 parallel ausgeliefert)
11/84-12/06: eckige Front; 01/07-heute: runde Front

Radstand „Short" – 2310 mm

Modell	Ausführung	Motorisierung
BJ70	Softtop BF-BF eckige Front	3B Saugdiesel, Wirbelkammer, R4, 3431 cm³, 90 PS/66 kW (3500/min), 216 Nm (2200/min)
BJ70	geschlossene Karosserie BF-BF eckige Front	3B: Saugdiesel, Wirbelkammer, R4, 3431 cm³, 90 PS/66 kW (3500/min), 216 Nm (2200/min)
BJ71	geschlossene Karosserie BF-BF eckige Front	13B-T: Turbodiesel, Direkteinspritzung, R4, 3431 cm³, 124 PS/91 kW (3400/min), 280 Nm (2200/min)
PZJ70	Softtop BF-BF eckige Front	1PZ: Saugdiesel, Wirbelkammer, R5, 3470 cm³, 115 PS/85 kW (4000/min), 238 Nm (2400/min)
PZJ70	geschlossene Karosserie BF-BF eckige Front	1PZ: Saugdiesel, Wirbelkammer, R5, 3470 cm³, 115 PS/85 kW (4000/min), 238 Nm (2400/min)
HZJ70	Softtop BF-BF eckige Front	1HZ: Saugdiesel, Wirbelkammer, R6, 4164 cm³, 130 PS/96 kW (4000/min), 280 Nm (2000/min)
HZJ70	geschlossene Karosserie BF-BF eckige Front	1HZ: Saugdiesel, Wirbelkammer, R6, 4164 cm³, 130 PS/96 kW (4000/min), 280 Nm (2000/min)
HZJ71	Softtop SF-BF eckige Front / runde Front	1HZ: Saugdiesel, Wirbelkammer, R6, 4164 cm³, 130 PS/96 kW (4000/min), 280 Nm (2000/min)
HZJ71	geschlossene Karosserie SF-BF eckige Front / runde Front (aktuelles Modell)	1HZ: Saugdiesel, Wirbelkammer, R6, 4164 cm³, 130 PS/96 kW (4000/min), 280 Nm (2000/min)
FJ70	Softtop BF-BF eckige Front	3F: Ottomotor, Vergaser, R6, 3955 cm³, 137 PS/101 kW (4200/min), 275 Nm (2200/min)
FJ70	geschlossene Karosserie BF-BF eckige Front	3F: Ottomotor, Vergaser, R6, 3955 cm³, 137 PS/101 kW (4200/min), 275 Nm (2200/min)
FZJ70	Softtop BF-BF eckige Front	1FZ-F: Ottomotor, Vergaser, R6, 4477 cm², 190 PS/140 kW (4400/min), 363 Nm (2800/min)
FZJ70	geschlossene Karosserie BF-BF eckige Front	1FZ-F: Ottomotor, Vergaser, R6, 4477 cm², 190 PS/140 kW (4400/min), 363 Nm (2800/min)
FZJ70	geschlossene Karosserie BF-BF / SF-BF eckige Front	1FZ-FE: Ottomotor, Einspritzanlage, R6, 4477 cm³, 215 PS/158 kW (4600/min), 373 Nm (3200/min)
FZJ71	geschlossene Karosserie SF-BF eckige Front / runde Front (aktuelles Modell)	1FZ-FE: Ottomotor, Einspritzanlage, R6, 4477 cm³, 215 PS/158 kW (4600/min), 373 Nm (3200/min)
GRJ71	Softtop SF-BF runde Front (aktuelles Modell)	1GR-FE: Ottomotor, Einspritzanlage, V6, 3956 cm³, 235 PS/173 kW (5200/min), 362 Nm (3800/min)
GRJ71	geschlossene Karosserie SF-BF runde Front (aktuelles Modell)	1GR-FE: Ottomotor, Einspritzanlage, V6, 3956 cm³, 235 PS/173 kW (5200/min), 362 Nm (3800/min)

Der J78 „Troop Carrier" in der Standard-Ausführung, hier ein australischer Turbodiesel.

Radstand „Middle" – 2600 mm

BJ73	Softtop / Hardtop BF-BF eckige Front	3B: Saugdiesel, Wirbelkammer, R4, 3431 cm³, 90 PS/66 kW (3500/min), 216 Nm (2200/min)
BJ73	Hardtop BF-BF eckige Front (Modelle für Portugal & Italien)	VM66A: Saugdiesel, R5, 2494 cm³, 108 PS/79 kW (4200/min), 298 Nm (1600/min) (Herst.: Stabilimenti Meccanici VM S.p.A)
BJ74	Hardtop BF-BF eckige Front	13B-T: Turbodiesel, Direkteinspritzung, R4, 3431 cm³, 124 PS/91 kW (3400/min), 280 Nm (2200/min)
PZJ73	Softtop / Hardtop BF-BF eckige Front	1PZ: Saugdiesel, Wirbelkammer, R5, 3470 cm³, 115 PS/85 kW (4000/min), 238 Nm (2400/min)
HZJ73	Hardtop BF-BF eckige Front	1HZ: Saugdiesel, Wirbelkammer, R6, 4164 cm³, 130 PS/96 kW (4000/min), 280 Nm (2000/min)
HZJ74	Softtop SF-BF eckige Front	1HZ: Saugdiesel, Wirbelkammer, R6, 4164 cm³, 130 PS/96 kW (4000/min), 280 Nm (2000/min)
FJ73	Softtop / Hardtop BF-BF eckige Front	3F: Ottomotor, Vergaser, R6, 3955 cm³, 137 PS/101 kW (4200/min), 275 Nm (2200/min)
FZJ73	Softtop / Hardtop BF-BF eckige Front	1FZ-F: Ottomotor, Vergaser, R6, 4477 cm², 190 PS/140 kW (4400/min), 363 Nm (2800/min)
FZJ73	Softtop BF-BF eckige Front	1FZ-FE: Ottomotor, Einspritzanlage, R6, 4477 cm³, 215 PS/158 kW (4600/min), 373 Nm (3200/min)
FZJ74	Softtop / Hardtop SF-BF eckige Front	1FZ-FE: Ottomotor, Einspritzanlage, R6, 4477 cm³, 215 PS/158 kW (4600/min), 373 Nm (3200/min)

Radstand „Semi" – 2730 mm

PZJ77	geschlossene Karosserie BF-BF eckige Front	1PZ: Saugdiesel, Wirbelkammer, R5, 3470 cm³, 115 PS/85 kW (4000/min), 238 Nm (2400/min)
HZJ77	geschlossene Karosserie BF-BF / SF-BF eckige Front	1HZ: Saugdiesel, Wirbelkammer, R6, 4164 cm³, 130 PS/96 kW (4000/min), 280 Nm (2000/min)
HZJ76	geschlossene Karosserie SF-BF runde Front (aktuelles Modell)	1HZ: Saugdiesel, Wirbelkammer, R6, 4164 cm³, 130 PS/96 kW (4000/min), 280 Nm (2000/min)
VDJ76	geschlossene Karosserie SF-BF runde Front (aktuelles Modell)	1VD-FTV: Turbodiesel, Direkteinspritzung, V8, 4461 cm³, 231 PS/151 kW (3400/min), 430 Nm (1200/min)
FZJ76	geschlossene Karosserie SF-BF runde Front (aktuelles Modell)	1FZ-FE: Ottomotor, Einspritzanlage, R6, 4477 cm³, 215 PS/158 kW (4600/min), 373 Nm (3200/min)
GRJ76	geschlossene Karosserie SF-BF runde Front (aktuelles Modell)	1GR-FE: Ottomotor, Einspritzanlage, V6, 3956 cm³, 235 PS/173 kW (5200/min), 362 Nm (3800/min)

Radstand „Long" – 2980 mm

BJ75	geschlossene Karosserie, BF-BF eckige Front	3B: Saugdiesel, Wirbelkammer, R4, 3431 cm³, 90 PS/66 kW (3500/min), 216 Nm (2200/min)
BJ75	Pick-up BF-BF eckige Front	3B: Saugdiesel, Wirbelkammer, R4, 3431 cm³, 90 PS/66 kW (3500/min), 216 Nm (2200/min)
BJ75	Fahrgestell BF-BF eckige Front	3B: Saugdiesel, Wirbelkammer, R4, 3431 cm³, 90 PS/66 kW (3500/min), 216 Nm (2200/min)
PZJ75	geschlossene Karosserie BF-BF eckige Front	1PZ: Saugdiesel, Wirbelkammer, R5, 3470 cm³, 115 PS/85 kW (4000/min), 238 Nm (2400/min)
PZJ75	Pick-up BF-BF eckige Front	1PZ: Saugdiesel, Wirbelkammer, R5, 3470 cm³, 115 PS/85 kW (4000/min), 238 Nm (2400/min)
PZJ75	Fahrgestell BF-BF eckige Front	1PZ: Saugdiesel, Wirbelkammer, R5, 3470 cm³, 115 PS/85 kW (4000/min), 238 Nm (2400/min)
HZJ75	geschlossene Karosserie BF-BF eckige Front	1HZ: Saugdiesel, Wirbelkammer, R6, 4164 cm³, 130 PS/96 kW (4000/min), 280 Nm (2000/min)
HZJ75	Pick-up BF-BF eckige Front	1HZ: Saugdiesel, Wirbelkammer, R6, 4164 cm³, 130 PS/96 kW (4000/min), 280 Nm (2000/min)
HZJ75	Fahrgestell BF-BF eckige Front	1HZ: Saugdiesel, Wirbelkammer, R6, 4164 cm³, 130 PS/96 kW (4000/min), 280 Nm (2000/min)

Radstand „Long“ – 2980 mm

HJ75	geschlossene Karosserie BF-BF eckige Front	2H: Saugdiesel, Wirbelkammer, R6, 3980 cm³, 103 PS/76 kW (3500/min), 241 Nm (1800/min)
HJ75	Pick-up BF-BF eckige Front	2H: Saugdiesel, Wirbelkammer, R6, 3980 cm³, 103 PS/76 kW (3500/min), 241 Nm (1800/min)
HJ75	Fahrgestell BF-BF eckige Front	2H: Saugdiesel, Wirbelkammer, R6, 3980 cm³, 103 PS/76 kW (3500/min), 241 Nm (1800/min)
HJ75	geschlossene Karosserie BF-BF eckige Front (südafrikanisches Modell)	ADE236: Saugdiesel, Direkteinspritzer, R4, 3860 cm³, 80 PS/59 kW (2800/min), 220 Nm (1400/min) (Herst.: Atlantis Diesel Engines/Perkins)
HJ75	Pick-up BF-BF eckige Front (südafrikanisches Modell)	ADE236: Saugdiesel, Direkteinspritzer, R4, 3860 cm³, 80 PS/59 kW (2800/min), 220 Nm (1400/min) (Herst.: Atlantis Diesel Engines/Perkins)
HJ75	Fahrgestell BF-BF eckige Front (südafrikanisches Modell)	ADE236: Saugdiesel, Direkteinspritzer, R4, 3860 cm³, 80 PS/59 kW (2800/min), 220 Nm (1400/min) (Herst.: Atlantis Diesel Engines/Perkins)
HZJ78	geschlossene Karosserie SF-BF eckige Front/runde Front (aktuelles Modell)	1HZ: Saugdiesel, Wirbelkammer, R6, 4164 cm³, 130 PS/96 kW (4000/min), 280 Nm (2000/min)
HDJ78	geschlossene Karosserie SF-BF eckige Front	1HD-FTE: Turbodiesel, Direkteinspritzung, elektronische Einspritzung, R6, 4164 cm³, 204 PS/150 kW (3400/min), 430 Nm (1200/min)
VDJ78	geschlossene Karosserie SF-BF runde Front (aktuelles Modell)	1VD-FTV: Turbodiesel, Direkteinspritzung, V8, 4461 cm³, 231 PS/151 kW (3400/min), 430 Nm (1200/min)
FJ75	geschlossene Karosserie BF-BF eckige Front	3F: Ottomotor, Vergaser, R6, 3955 cm³, 137 PS/101 kW (4200/min), 275 Nm (2200/min)
FJ75	Pick-up BF-BF eckige Front	3F: Ottomotor, Vergaser, R6, 3955 cm³, 137 PS/101 kW (4200/min), 275 Nm (2200/min)
FJ75	Fahrgestell BF-BF eckige Front	3F: Ottomotor, Vergaser, R6, 3955 cm³, 137 PS/101 kW (4200/min), 275 Nm (2200/min)
FZJ75	geschlossene Karosserie BF-BF eckige Front	1FZ-F: Ottomotor, Vergaser, R6, 4477 cm², 190 PS/140 kW (4400/min), 363 Nm (2800/min)
FZJ75	Pick-up BF-BF eckige Front	1FZ-F: Ottomotor, Vergaser, R6, 4477 cm², 190 PS/140 kW (4400/min), 363 Nm (2800/min)
FZJ75	Fahrgestell BF-BF eckige Front	1FZ-F: Ottomotor, Vergaser, R6, 4477 cm², 190 PS/140 kW (4400/min), 363 Nm (2800/min)
FZJ75	geschlossene Karosserie BF-BF eckige Front	1FZ-FE: Ottomotor, Einspritzanlage, R6, 4477 cm³, 215 PS/158 kW (4600/min), 373 Nm (3200/min)
FZJ75	Pick-up BF-BF eckige Front	1FZ-FE: Ottomotor, Einspritzanlage, R6, 4477 cm³, 215 PS/158 kW (4600/min), 373 Nm (3200/min)
FZJ75	Fahrgestell BF-BF / SF-BF eckige Front	1FZ-FE: Ottomotor, Einspritzanlage, R6, 4477 cm³, 215 PS/158 kW (4600/min), 373 Nm (3200/min)
FZJ78	geschlossene Karosserie SF-BF eckige Front/runde Front (aktuelles Modell)	1FZ-FE: Ottomotor, Einspritzanlage, R6, 4477 cm³, 215 PS/158 kW (4600/min), 373 Nm (3200/min)
GRJ78	geschlossene Karosserie SF-BF runde Front (aktuelles Modell)	1GR-FE: Ottomotor, Einspritzanlage, V6, 3956 cm³, 235 PS/173 kW (5200/min), 362 Nm (3800/min)

Radstand „Super Long" – 3180 mm

HZJ79	Pick-up SF-BF eckige Front/runde Front (aktuelles Modell)	1HZ: Saugdiesel, Wirbelkammer, R6, 4164 cm³, 130 PS/96 kW (4000/min), 280 Nm (2000/min)
HZJ79	Fahrgestell SF-BF eckige Front/runde Front (aktuelles Modell)	1HZ: Saugdiesel, Wirbelkammer, R6, 4164 cm³, 130 PS/96 kW (4000/min), 280 Nm (2000/min)
HDJ79	Pick-up SF-BF eckige Front	1HD-FTE: Turbodiesel, Direkteinspr., elektron. Einspritzung, R6, 4164 cm³, 204 PS/150 kW (3400/min), 430 Nm (1200/min)
HDJ79	Fahrgestell SF-BF eckige Front	1HD-FTE: Turbodiesel, Direkteinspr., elektron. Einspritzung, R6, 4164 cm³, 204 PS/150 kW (3400/min), 430 Nm (1200/min)
VDJ79	Pick-up SF-BF runde Front (aktuelles Modell)	1VD-FTV: Turbodiesel, Direkteinspritzung, V8, 4461 cm³, 231 PS/151 kW (3400/min), 430 Nm (1200/min)
FZJ79	Pick-up SF-BF eckige Front/runde Front (aktuelles Modell)	1FZ-FE: Ottomotor, Einspritzanlage, R6, 4477 cm³, 215 PS/158 kW (4600/min), 373 Nm (3200/min)
FZJ79	Fahrgestell SF-BF eckige Front/runde Front (aktuelles Modell)	1FZ-FE: Ottomotor, Einspritzanlage, R6, 4477 cm³, 215 PS/158 kW (4600/min), 373 Nm (3200/min)
GRJ79	Pick-up SF-BF runde Front (aktuelles Modell)	1GR-FE: Ottomotor, Einspritzanlage, V6, 3956 cm³, 235 PS/173 kW (5200/min), 362 Nm (3800/min)

Weitere Informationen finden Sie unter www.legendelandcruiser.de

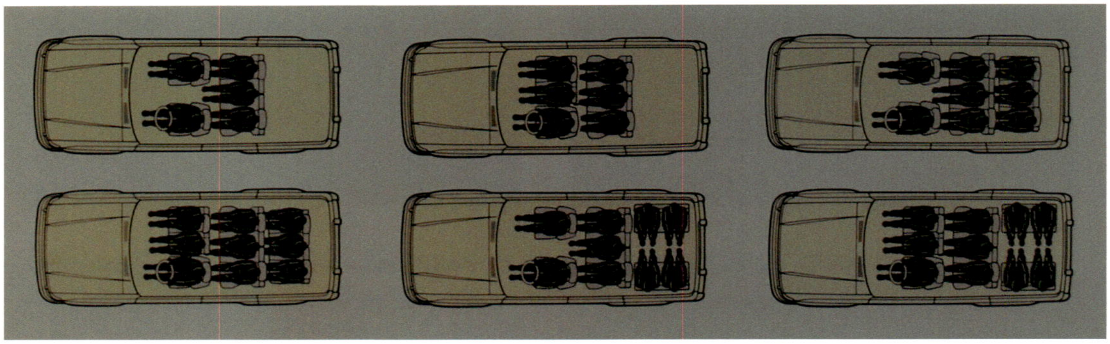

Mögliche Sitzkonfigurationen im J8: Von 5 bis 10 war alles drin.

J8 (1990-1997) – der Wuchtbrummer

Der J6 war fraglos ein tolles Fahrzeug, aber Konzept, Technik und Optik stammten merklich aus den Siebzigern. Natürlich "funktionierte" das problemlos, und das tut es auch heute noch. Aber schon in den Jahren zuvor wurde immer deutlicher, dass die reine Funktion auf dem Markt schon lange kein ausreichendes Kaufargument mehr darstellte. Die 80er Jahre brachten eine wahre Flut an neuen Technologien, und mit den technischen Möglichkeiten und dem Wirtschaftsboom in der zweiten Hälfte des Jahrzehnts änderten sich auch die Ansprüche drastisch. Heimcomputer, Videorekorder, Walkmen, Mikrowellengeräte, Autotelefone, CD-Player, Kabelfernsehen – die westliche Welt lechzte nach immer neuen Gadgets, und sie konnte sich das auch leisten.

Der Land Cruiser Station war bewusst geschaffen worden, um den Hunger nach Luxus und Komfort zu befriedigen, ohne die Funktion zu beeinträchtigen. Doch so sehr die Entwicklungsingenieure den späten J6 auch "aufbohrten", sie hatten irgendwann eine Grenze erreicht, ab der das grundsätzliche Konzept einer Weiterentwicklung im Wege stand. Nach zehn Jahren J6 war es an der Zeit, den Station von Grund auf zu überdenken.

Im Januar 1990 präsentiert Toyota, mittlerweile drittgrößter Automobilhersteller der Welt, mit dem neuen J8 das Ergebnis dieser Überlegungen. Und der Aufschrei in der Szene hätte größer kaum sein können, mutete man dem Freund blecherner Ungetüme alten Schlags doch so Einiges zu. Ein Ungetüm war auch der Neue, ohne Frage. Der Rest jedoch unterschied sich drastisch von seinem Vorgänger: „Rundgelutscht“ sei die Karosserie, „vollgestopft mit Elektronik“ das Innere. Und überhaupt: War es nicht genug der Schmach, dass der J7 Light Duty seit 1984 mit Schraubenfedern umherfuhr, musste nun auch „der Große“ völlig verweichlichen?

Kurzum: Anders als sein Vorgänger war der J8 eine komplette Neuentwicklung. Und er brach mit einigen Traditionen.

HDJ80, „leicht“ aufgepeppt: 9.00er Räder, Fahrwerk, Unterfahrschutz, Hochdach, Innenausbau und einiges mehr – das ideale Fernreisefahrzeug.

Das Design

Das fing schon bei der optischen Anmutung an, die so ganz anders war als das, was man bislang vom Land Cruiser gewohnt war: Strikter werdende Vorgaben für Verbrauch und Geräuschentwicklung und nicht zuletzt auch die Mode verlangten neue, ausgefeiltere Formen. Die neuen besten Freunde des Entwicklers waren Windkanal und Computer, und dessen Rechenkünste gaben in Zusammenarbeit mit den wachsenden technischen Möglichkeiten den letzten Ausschlag für neue designerische Wege. Der ehemalige Schuhkarton wurde in der Tat deutlich rundgeschliffen: Schon die Motorhaube fiel in einer Rundung zum Kühlergrill ab, auch die Übergänge zum Dach, die Karosserieflanken und das Heck wurden mit großen Radien gestaltet, die Frontscheibe stand nun wesentlich schräger. Keine scharfe Kante störte diesen Seifenblasentraum. Auch beim Neuen wurden die nicht mehr vorhandenen Kotflügel ge-

HDJ80 „Isländer-Umbau": Schlanke 44er Räder, Bodylift und Fahrwerk ermöglichen diesem Ungetüm das Vorankommen im isländischen Schnee. Der weit nach vorne hervorstehende Bügel fängt das Fahrzeug beim Einbruch in Gletscherspalten ab.

stalterisch angedeutet, jedoch andersherum als beim Vorgänger: Statt einer von der oberen Kante des Kühlergrills kommenden und dann hinter dem vorderen Radkasten abfallenden Sicke wie beim J6 stieg beim J8 eine Linie hinter den Blinkern auf und lief über die ganze Karosserielänge fast gerade durch bis zu den Heckleuchten. Der „Narrow Body" beließ es bei ganz sachte ausgebeulten Kotflügeln, der „Wide Body" bekam wulstige Kotflügelverbreiterungen aus Kunststoff und war dadurch ganze 80 mm breiter. Höhere Ausstattungsvarianten trugen darüber hinaus teilweise eine zusätzliche schmale Kunststoffschiene an der Flanke, die Lexus-Versionen LX 450 sogar eine breite Kunststoff-Beplankung. Und hinter diesen beplankten oder nackten Flanken steckte eine unsichtbare Neuerung: Ein Seitenaufprallschutz in den Türen erhöhte die Insassensicherheit.

Den J8 gab es – wie alle Station – ab Werk ausschließlich in einer Karosserievariante mit vier Einstiegstüren, das Heck wurde wie gehabt entweder durch eine (endlich leicht asymmetrisch) vertikal geteilte Hecktür geöffnet oder – wie in Deutschland – durch eine horizontal geteilte Heckklappe. Das Reserverad war entweder unter dem Heck angebracht oder über einen separaten, schwenkbaren Träger hinter dem Heck. Dafür war es unerheblich, ob Klappe oder Tür, es kam allein auf die Wünsche der jeweiligen Zielmärkte an. Das Auslieferungsland bestimmte auch weitere leichte Variationen: Mal gab es einen Chromgrill und Verblendungen für die Außenspiegel, mal schmale (z.B. in Europa) oder auch breitere (z.B. für den Nahen Osten) Zierstreifen an den Flanken, usw.

Insgesamt wirkt das ganze sehr harmonisch und gefällig – und es verfehlte sein Ziel nicht: Der J8 traf (wieder einmal) den Trend der Zeit und wurde letztendlich doch begeistert aufgenommen. Die Rundungen waren dabei nicht zuletzt auch ein gestalterischer Kunstgriff: Die neue Karosserie wuchs in alle Richtungen, vor allem aber in die Breite. Schon mit der weichen Linienführung türmt sich die Karosserie geradezu wuchtig vor dem Betrachter auf – mit einer eckigeren Gestaltung wäre der J8 mit seinen 4,78 x 1,93 x 1,89 Metern vollends zum Monster geraten.

Optisch hatte der Station nun endgültig einen Riesenschritt weg vom Nutzfahrzeug gemacht: Man stellte ihn nicht mehr verschämt in der Seitenstraße ab, sondern fuhr damit direkt vor die Oper. Auch die Zielgruppe jener, die sich einen Geländewagen kauften, weil es als „schick" galt, war nun infiltriert. Allerdings wurde die Optik je nach anvisiertem Kaufpublikum differenziert: In anderen Regionen als den westeuropäischen

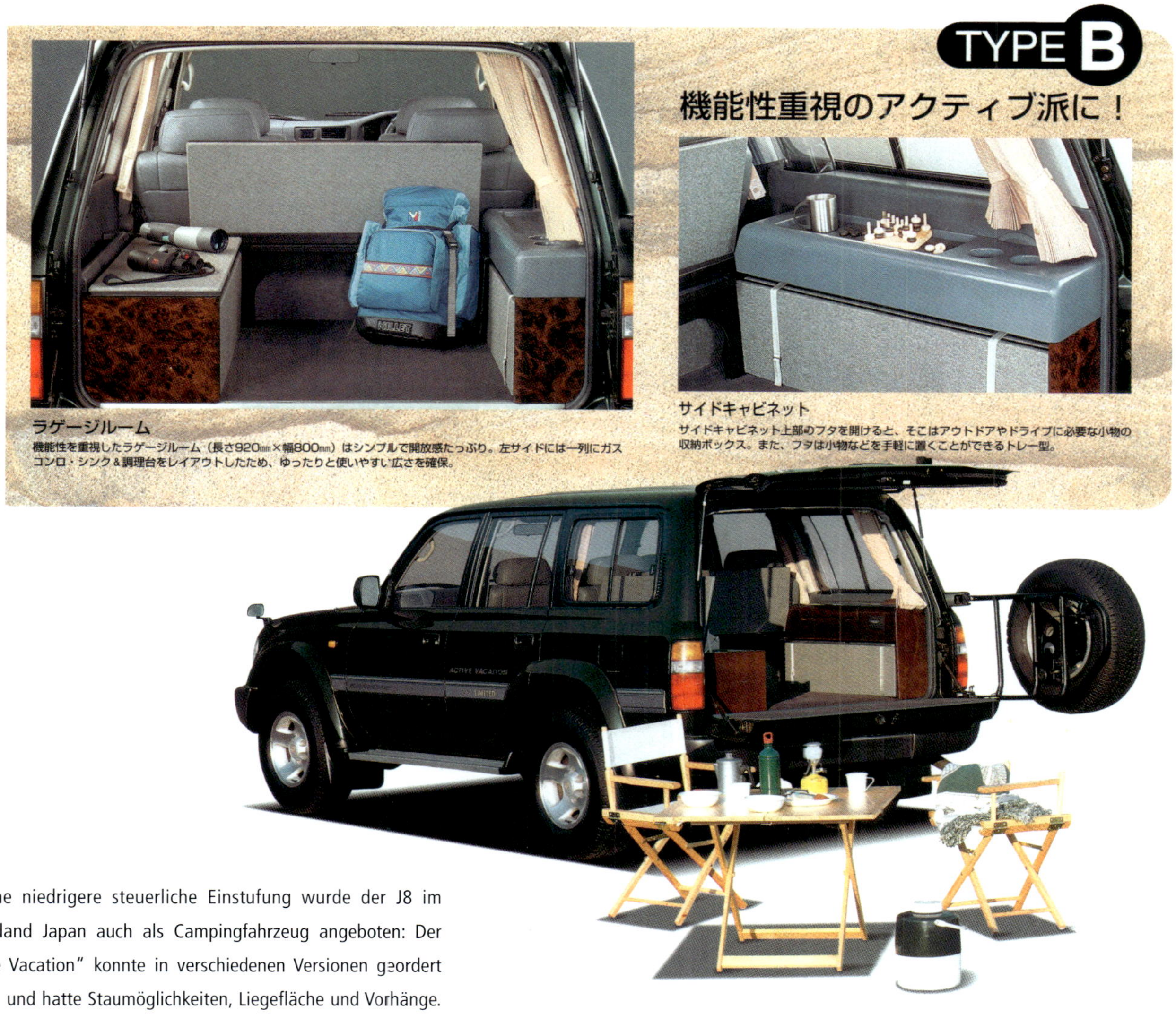

Für eine niedrigere steuerliche Einstufung wurde der J8 im Heimatland Japan auch als Campingfahrzeug angeboten: Der „Active Vacation" konnte in verschiedenen Versionen georder werden und hatte Staumöglichkeiten, Liegefläche und Vorhänge.

Raumwunder: Die Rückbank ist noch nicht einmal umgeklappt …

Klimaanlage für die dritte Reihe: Ein transparenter Kanal transportierte die kühle Luft nach hinten.

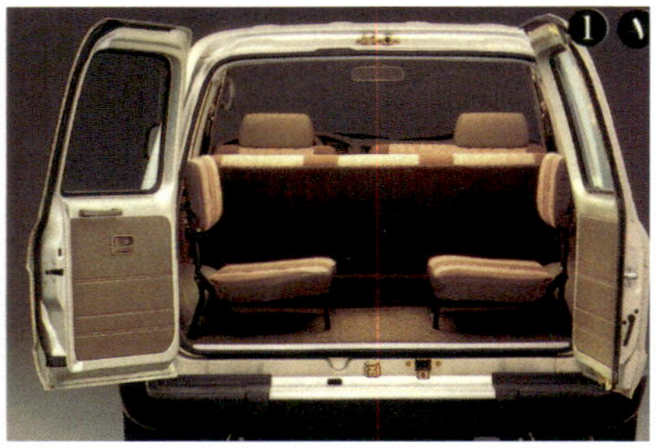

Oben: Zwei australische FZJ8 mit „Narrow Body", also ohne Kotflügelverbreiterungen

Darunter: Dritte Sitzreihe – die Sitze in Fahrtrichtung konnten zusammen- und hochgeklappt werden, versperrten dann aber die hinteren Fenster.

Innenstädten war der Station nach wie vor ein zuverlässiges Nutz- und Transportgerät. Wessen Priorität auf komfortablem Durchmessen rauen Terrains lag, der griff zum „großen" Land Cruiser. Damit dieser ein wenig kerniger ausschaute, trugen dessen verschiedene Versionen größtenteils eckige Doppelscheinwerfer im Gesicht. Die Versionen mit vorderer Seilwinde ab Werk trugen wie beim J6 eine etwas verlängerte Stoßstange.

War beim J6 schon eine deutliche Spreizung zwischen „Nutzen" und „Luxus" zu spüren, wurde diese beim J8 weiter verfestigt – und sie gilt auch heute noch in dieser Form: Auf der einen Seite die Basis-Vinyl-Versionen (an unterster Stelle die sogenannte „GS-Version", die „General Specification"), auf der anderen Seite die VX-Ausstattungen oder (ab 1996) gar die noch luxuriöseren Lexus-Versionen. Grundsätzlich spiegelte sich das durchaus auch in der Karosserie-Konfiguration wider: Die „Arbeitstiere" HZJ und FZJ, die vornehmlich in Australien, Südamerika und der Dritten Welt eingesetzt wurden, kamen zumeist in der Basis-Version mit Vinylausstattung, ohne Kotflügelverbreiterungen

und Beplankung, mit robusten Stoßstangen, geteilter Hecktür und Doppelscheinwerfern daher. Die eher Luxus-orientierten Versionen mit dem Turbodiesel bekamen dagegen das Schnickschnack-Programm inkl. Chromblenden, -Kühlergrill und -Zierleisten. Aber Vorsicht! Denn auch hier gilt: Alles, aber auch wirklich alles ist möglich. Es gab den HZJ80 z.B. auch mit einteiligen Scheinwerfern und den HDJ80 dafür mit geteilter Hecktür... wenn es um den Land Cruiser geht, sollte man sich in Sachen Ausstattungskombinationen nie zu sicher sein.

Das Äußere des J8 blieb über die gesamte Bauzeit mehr oder minder gleich, lediglich 1995 gab es ein kleines Facelift. Das machte sich äußerlich jedoch nur durch den veränderten Kühlergrill bemerkbar, der nun erstmals statt des „TOYOTA"-Schriftzuges das Konzern-Logo trug.

Das Interieur

„In puncto Ausstattungs- & Innenraumkomfort nimmt es der Top-Land Cruiser allemal mit Limousinen der Luxusklasse auf"... die deutsche Pressemappe aus dem Jahr 1990 zeigte keinerlei falsche Bescheidenheit. Und tatsächlich war das nicht geprahlt: Die Top-Version des neu präsentierten Station musste den Vergleich mit den Oberklasse-Limousinen seiner Zeit nicht scheuen. Das schlug sich auch im Preis nieder: Die Basisausstattung mit dem manuellen 5-Gang-Getriebe kostete bei ihrer Einführung 61.700 Mark, die Automatik-Version 65.040 Mark – dafür bekam man auch die kleine S-Klasse von Mercedes. Die Nutzung des Station hatte sich deutlich Richtung Pkw verschoben, und Toyota folgte diesem neuen Bedarf nur allzu bereitwillig.

Der Innenraum war eindeutig „90er" und immer noch „Land Cruiser" – und auch hier ging es deutlich runder zu als im Vorgänger. Mehr Funktionen erforderten mehr Knöpfchen, und die steckten nun in einer mächtigen und weit geschwungenen Instrumententafel, die dem Kommandodeck eines Sternenzerstörers glich und an die des Cousins 4Runner erinnerte. Der Land-Cruiser-Captain war neben den üblichen und bekannten Hebelchen und diversen Anzeigeinstrumenten auch Herr über eine Vielzahl an Tasten, die einen Vorstoß in völlig neue Dimensionen versprachen: Neben den elektrisch verstellbaren Außenspiegeln gab es nun auch höhenverstellbare Sicherheitsgurte vorne, Heizung und Lüftung bzw. Klimaanlage wurden über gänzlich neue Bedienelemente geregelt und der Radioschacht verfügte nun auf Wunsch über ein furchteinflößend großes Toyota-Audio-System.

1990 war der Gipfel der japanischen „Bubble Economy" erreicht: Die Wirtschaft hatte sich in den letzten Jahren unrealistisch

aufgebläht, das Geld saß locker, der Hunger nach Luxus war groß. Und das merkt man dem Station auch an: Groß war er, der Innenraum, deutlich breiter und auch länger als im Vorgänger. Wer sich hinter das Lenkrad schwang, fand sich in einer äußerst bequemen Kommandozentrale. Das Hinterteil ruhte in großzügig dimensionierten und bequemen Sesseln, Lenkrad und Schaltknauf schmeichelten den Händen auf Wunsch gar mit feinstem Leder – auch dies eine Neuerung im Land Cruiser. Die Dämmmatten unter und der dicke Teppich in der Karosserie, die windschnittige Form und die geringen Spaltmaße taten ihr Bestes, das Geräuschniveau im Innenraum so niedrig wie möglich zu halten. Von „akustischer Entkoppelung" zu sprechen, wäre allerdings ein wenig zu hoch gegriffen... nach wie vor zeigten die Aggregate unter der Haube bei Bedarf, wer der Herr im Hause ist. Dennoch ist das Fahrgefühl im J8 ein gänzlich anderes als im Vorgänger: Es zeigt sich langsam der Trend, den Fahrer mehr und mehr vom Geschehen außerhalb des Blechkäfigs fernzuhalten, ihm gleichsam seine eigene kleine Welt zu schaffen.

Auch der Fahrer der reduzierten Basisversion war unverschämt komfortabel unterwegs, obwohl er sich mit weitaus weniger begnügen musste: Im Innenraum dominierten der praktische Vinylboden und ebensolche -sitze, die höherwertigen Versionen bekamen hingegen Stoff- oder Veloursitze: „Höchste Ansprüche erfüllen ebenfalls die farblich auf den Innenraum abgestimmten Veloursbezüge der Sitze. [...] Die Farbkombinationen sind geschmackvoll gewählt", stand in der Toyota-Pressemappe damals

über diese wunderbare Plüschwelt zu lesen ... Die Sitzkonfiguration versprach je nach Exportmarkt alle denkbaren Möglichkeiten vom 5- bis zum 10-Sitzer: In der ersten Reihe gab es entweder zwei Einzelsitze oder Fahrersitz plus Beifahrer-Doppelsitzbank, die zweite Sitzreihe war symmetrisch umklappbar und hatte verstellbare Lehnen, die dritte Sitzreihe konnte aus zwei Doppelsitzbänken quer zur Fahrtrichtung oder einer Dreierbank in Fahrtrichtung bestehen. Letztere war symmetrisch geteilt, hatte verstellbare Lehnen und konnte wie gehabt um– und dann nach links und rechts weggeklappt werden – Aufpreis in Deutschland damals: 2160 Mark. Der zur Verfügung stehende Laderaum war annehmbar: 1,16 Meter betrug der Platz ganz hinten, klappte man die zweite Sitzreihe um, wuchs das ganze auf 1,59 Meter. Nimmt man allerdings die auch im zusammengeklappten Zustand verschwenderisch große Rückbank ganz raus, erhält man gute einsachtzig.

Die verschiedenen Ausstattungsvarianten weltweit kann man kaum in Listen fassen: In Deutschland hatte schon die Basisversion getönte Wärmeschutzverglasung, Zentralverriegelung, vier elektrische Fensterheber, elektrisches Schiebedach und eine getrennte Fondraumheizung. 1992 kam mit der ersten leichten Überarbeitung der „Special" hinzu, serienmäßig mit Ledersitzen und Leder in den Türverkleidungen, Klimaanlage, Automatikantenne und elektrisch verstellbaren und beheizbaren Vordersitzen – das volle Programm für satte 84.290 Mark, und über Jahre hinweg das beliebteste Modell auf dem deutschen Markt.

Im Januar 1995 wurde auf dem japanischen Markt das Modell „Active Vacation" präsentiert: Ein Campingfahrzeug, das ab Werk mit zwei zur Wahl stehenden Innenausbauten mit einfachen Stau-, Koch- und Schlafmöglichkeiten ausgerüstet wurde. In der Land-Cruiser-Geschichte ist ein solcher Umbau eher ein Kuriosum, aber er hatte natürlich seinen Grund: Die Steuer-Einstufung konnte deutlich gedrückt werden, wenn das Fahrzeug als „Camper" galt.

Oben: Das Feinste vom Feinsten: Leder-Ausstattung in der VX-Version

Darunter: Interieur eines Kuwait-J8 mit Stoffsitzen, Teppichboden, Beifahrer-Doppelbank und Längsbänken in der dritten Reihe.

Im August 1995 wurde der Innenraum im Zuge der Modellpflege überarbeitet: Das Armaturenbrett wurde grundlegend umgestaltet, unter anderem verlor der Beifahrer den „Panic Handle", den praktischen Haltegriff über dem Handschuhfach. Der Grund dafür war ein sehr sinnvoller: Serienmäßig steckten nun Airbags für Fahrer und Beifahrer hinter den Verkleidungen.

Fahrwerk und Antrieb

Unter der Karosserie des von Grund auf neu konstruierten Station saß eine ebenfalls komplett erneuerte Antriebs- und Fahrwerkskonzeption: An die Stelle der starren Blattfederpakete traten nun vier Schraubenfedern, die Führung der (ebenfalls neu konstruierten) Achsen übernahmen zwei Längslenker vorne und vier hinten mit je einem Panhardstab, zusätzlich sorgte je ein Querstabilisator vorne und hinten zusammen mit dem Radstand von 2,85 Metern für einen ordentlichen Geradeauslauf und stabiles Kurvenverhalten. Nicht zuletzt durch diese Verbesserungen am Fahrwerk ist das Monstrum trotz knapp 2,3 Tonnen Leergewicht erstaunlich handlich. Einen nicht unwesentlichen Anteil daran hat auch die erstmals elektronisch geregelte Servolenkung, die geschwindigkeitsabhängig und mit degressivem Kennfeld jederzeit ein angenehmes Gefühl der Kontrolle vermittelt und nie unruhig wirkt. Das tat sie jedoch nur in den höheren Ausstattungsvarianten, die Brot-und-But-

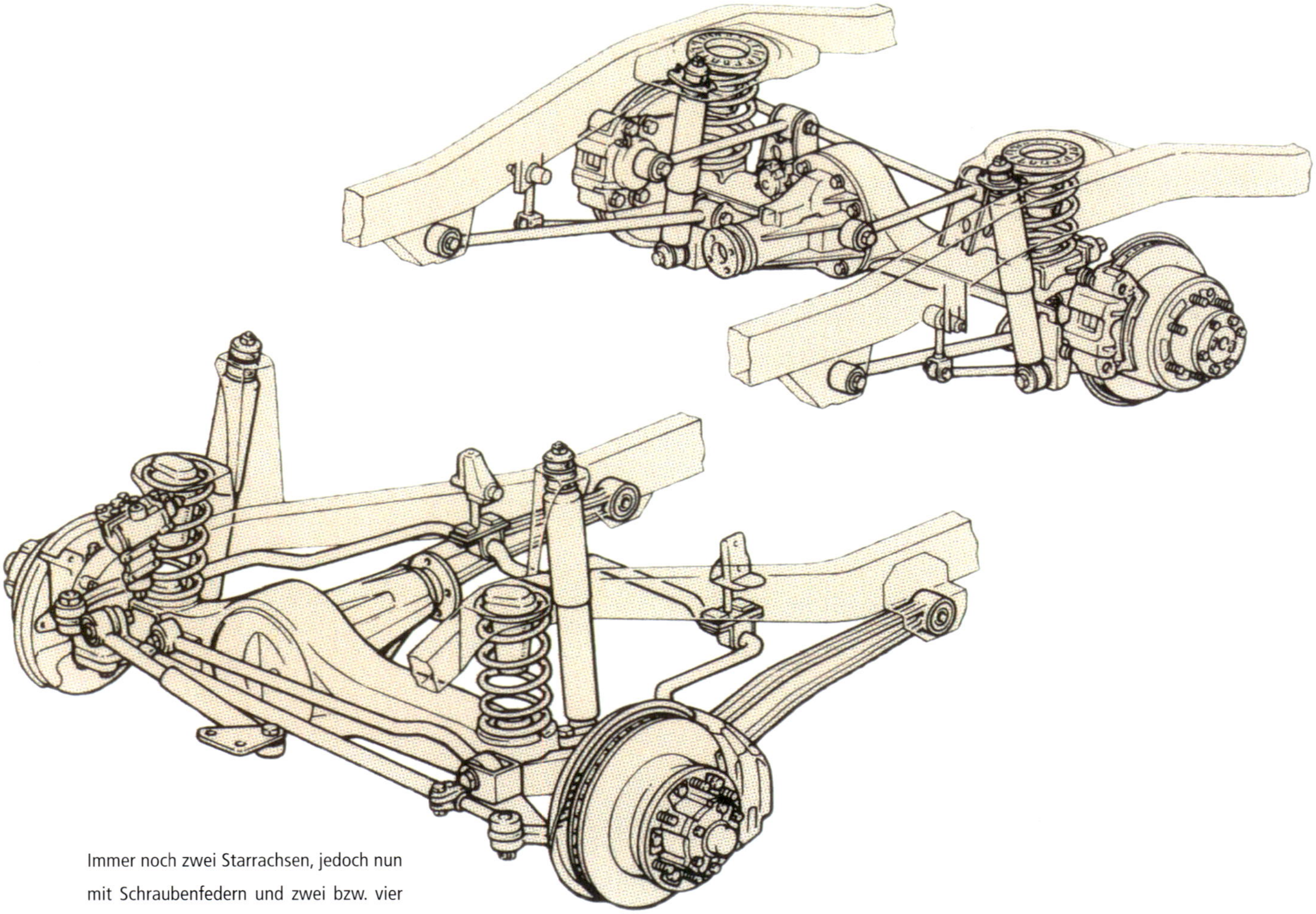

Immer noch zwei Starrachsen, jedoch nun mit Schraubenfedern und zwei bzw. vier Längslenkern: Das Fahrwerk des J8.

ter-Version kannte derlei Komfort nicht. Aber im Busch fährt man auch selten hundertsechzig.

Dem bekannten zuschaltbaren Allradantrieb wurde nun erstmals alternativ ein permanenter Antrieb aller vier Räder zur Seite gestellt – auch dies eine Neuerung für japanische Allradler. Die Kraftverteilung erfolgte 50:50, das Mitteldifferenzial sowie wahlweise beide Achsen konnten auch manuell gesperrt werden. 1993 kam eine Visko-Bremse fürs Mitteldifferenzial, dafür fiel in manchen Märkten (unter ihnen auch Deutschland) die manuelle Sperrmöglichkeit weg – die Zwangssperre beim Einlegen der Untersetzung blieb jedoch. Größtenteils war der Permanentallrad den höheren Ausstattungsversionen, den Turbodieselmotoren und den Märkten mit hohem Komfort-Anspruch (wie USA und Europa) vorbehalten. Es gab jedoch auch hier Abweichungen: In manchen Märkten gab es z.B. den HDJ80 auch mit zuschaltbarem Allradantrieb.

Der J8 setzte mit seinem Fahrwerk Maßstäbe: Die Schraubenfedern rundum sorgten, obwohl recht straff abgestimmt, für einen hohen Fahrkomfort in allen Lebenslagen und boten eine nie gekannte Verschränkung und Agilität im Gelände. Die Zuladung war mit 700 kg (in Deutschland) ordentlich, die Pistentauglichkeit hervorragend. Alle diese Anforderungen stehen sich natürlich – technisch gesehen – gegenseitig im Wege, aber die Kombination ist den Entwicklern mehr als gelungen. Im Achter ist man äußerst komfortabel unterwegs, sei es auf bundesdeutschen Autobahnen oder auf der Piste zum Wau an Namus. Der hier realisierte Kompromiss ist in der Tat einer der besten, den man bis dato gesehen hatte – nennenswerte Abstriche musste man bei keinem Einsatzzweck machen.

Mit der Modellpflege 1995 wurde das Fahrwerk neu abgestimmt und ein wenig weicher gestaltet. Damit lag der J8 zwar immer noch nicht ganz so kommod auf der Straße wie sein großer Wettbewerber Range Rover, aber dafür konnte er mit einem deutlich besseren Handling aufwarten. Die Wide-Body-Versionen hatten zudem Kotflügelverbreiterungen und breitere Reifen.

Kotflügelverbreiterungen und Kunststoff-Beplankungen ergaben mitunter auch zweifarbige Versionen des J8 (im Bild ein HDJ80 in der VX-Ausstattung)

Technische Daten

Toyota Land Cruiser J8

Bauzeitraum:	1990–1997
Andere Namen:	Land Cruiser Autana/Burbuja (Venezuela & Kolumbien), Land Cruiser Cygnus, Lexus LX 450
Produktion:	ARACO, Japan / Cumaná, Venezuela
Motoren:	1HZ, 1HD-T, 1HD-FT, 3F-E, 1FZ-FE
Getriebe:	5-Gang manuell H150 (3F-E,), H151F, R151F / 4-Stufen-Automatik A440F, A442F
Untersetzungsgetriebe:	HF1A (zuschaltbar), HF2A (permanent)
Antrieb:	Heckantrieb, zuschaltbarer Frontantrieb bzw. permanenter Allradantrieb
Fahrwerk:	Leiterrahmen, zwei Starrachsen, Schraubenfedern
Maße:	
Länge:	4780-4820 mm, je nach Version
Breite:	1830-1930 mm, je nach Version
Höhe:	1785-1870 mm, je nach Bereifung und Version
Radstand:	2850 mm
Spurweite vorne:	1475-1515 mm, je nach Ausführung
Spurweite hinten:	1460-1500 mm, je nach Ausführung
Wendekreis:	11,8 Meter

Verzögert wurde die Fuhre über vier innenbelüftete Scheibenbremsen, ab 1993 gab es zudem ein elektronisch gesteuertes Vier-Sensoren-ABS und um 2,5 auf 38 cm vergrößerte Bremsscheiben – was auch größere Felgen erforderte (nun 16 statt 15 Zoll). Das ABS wurde bei Einlegen der Geländereduktion abgeschaltet, einen separaten Schalter gab es nicht. Das ABS wurde mittels Radsensoren, Tachogeber (der Tacho war ebenfalls elektronisch) und g-Sensoren gesteuert. Die Bremsen waren allerdings vergleichsweise mäßig belastbar und speziell bei den Versionen mit Automatikgetriebe recht kurzlebig.

HZJ80 in der Version für „Generelle Länder" und wunderschön schlicht: 255er MT-Reifen auf originalen Stahlfelgen, Fahrwerk mit leichter Höherlegung, originaler Schnorchel, Schiebefenster hinten und (jetzt nicht sichtbare) Vinylausstattung

Je nach Motorisierung und Ausstattungsvariante gab es ein neu entwickeltes manuelles Fünfganggetriebe oder eine elektronisch gesteuerte Viergangautomatik mit bei ca. 80 km/h schließender Wandlerüberbrückung. Das kam auch den Hängerfahrern entgegen: Bei der bulligen Motorleistung und einer zulässigen Anhängelast von knappen 3 Tonnen (in Deutschland – in anderen Ländern teilweise deutlich mehr) war und ist der J8 das ideale Zugfahrzeug.

Die Untersetzung im Verhältnis 2,5:1 war einseitig synchronisiert. Man musste also anhalten, um in „4L" zu schalten, konnte jedoch während der Fahrt von 4L zurück in 4H wechseln. Ab 1995 konnte beim Automatikgetriebe die erste Fahrstufe per Knopfdruck auch überbrückt werden.

1993 kam ein neues Verteilergetriebe: Die Zwangssperre des Mitteldifferenzials wurde nun mechanisch, nicht mehr elektrisch geregelt, aber es bleibt nach wie vor eine Zwangssperre. Das ist in so mancher Situation nicht optimal, bleibt jedoch nach wie vor Teil der Modellpolitik Toyotas.

Motorisierung

Als der neue Land Cruiser Station 1990 auf dem australischen Markt präsentiert wurde, hatte sein Wettbewerber Nissan Patrol schon längst kräftig an seinem Stuhl gesägt: Der Y60 kam schon seit 1988 schraubengefedert daher, und er hatte mit seinen sparsamen und standfesten Benzin- und Dieseltriebwerken ohne Zweifel auch eine konkurrenzfähige Motorenpalette.

Dem setzte Toyota nun die „ganz große Packung" entgegen: Hauste der 12H-T noch ausschließlich unter der Haube des J6, teilte sich sein Nachfolger jetzt die Aggregate mit dem Bruder J7. Und was im Jahrzehnt zuvor begonnen hatte, wurde nun konsequent weiterentwickelt: Toyota wusste um die Überlegenheit der Dieselmotoren und darum, dass dem Diesel zumindest die nächsten Jahre gehörten. In dieser Gewissheit verwendete man viel Mühe auf die Entwicklung der Selbstzünder, die dann auch durchaus zum großen Wurf wurden: Der J8 wurde von der unaufhaltsamen Dampfmaschine 1HZ angetrieben (die 1990 parallel im J7 vorgestellt wurde), einem sechstöpfigen 4,2-Liter-Saugdiesel, oder dessen direkteingespritztem Turbodiesel-Bruder 1HD-T. Ihnen zur Seite stellte man den altbekannt durstigen Cousin 3F-E mit etwas diskreten 155 PS. Zusammen ergab das HZJ80, HDJ80 und FJ80. (Der 3F-E wird im Kapitel J6, 1HZ und 1HD-T werden im Kapitel J7 beschrieben.)

Der 3F-E war eine in Ehren ergraute Maschine, daran änderte auch die elektronische Einspritzung nichts. Wie alle F-Motoren

Oben: 1HD-FTE, der 24-Ventiler … eine grandiose Maschine, die dem Fahrer ein unbeschreibliches Grinsen ins Gesicht meißelt.

Unten: Der J8 musste vielfältige Crashtests über sich ergehen lassen, bevor er auf den Markt kam.

FZJ80 aus Kuwait, „Narrow Body“, inkl. schicken Zierstreifen und Toyota-Logo auf der Motorhaube.

Umbau der Karosserischmiede „Modellista“: Der PX20, ein Doppelkabiner-Pick-up auf Basis des HDJ80.

war er, wie man ihm in den USA gerne vorwarf, „gutless, breathless and thirsty as a supertanker“. Deshalb wurden auch schon in den 80er Jahren in Australien viele der F-Motoren auf Autogas umgerüstet.

Im August 1992 wurde dann auch endlich der 3F-E durch ein moderneres Triebwerk ersetzt: Der 1FZ-F bzw. 1FZ-FE (je nachdem, ob er mit Vergaser oder elektronischer Einspritzung bestückt war) war ein massiver 4,5-Liter-Block mit zwei obenliegenden Nockenwellen und 4 Ventilen pro Zylinder und stemmte satte 190 bzw. 215 PS auf den Antriebsstrang. Durch die sehr konservative, auf Langlebigkeit ausgelegte Konstruktion war aber auch der 1FZ-FE immer noch recht träge und vergleichsweise durstig. (Der 1FZ-FE wird ebenfalls im Kapitel J7 ausführlicher beschrieben.)

Ebenfalls 1992 wurde von den Technikern auch ein wenig Hand an den 1HD-T gelegt: Der Einspritzdruck wurde von 150 auf 130 bar gesenkt, was eine Minderleistung von 7 PS (nun also 160 PS) mit sich brachte, gleichzeitig aber Emissionen und Verbrauch positiv beeinflusste.

Mit der Modellpflege 1995 bekam der Turbodiesel einen Vierventilkopf (nun also ein 24V), mutierte zum „1HD-FT“ und wurde OBD-II-kompatibel. Die Schadstoffemissionen konnten durch die neue Konstruktion noch einmal deutlich gesenkt werden, auch der Verbrauch sank. Vibrationen und Geräuschentwicklung wurden gleichfalls durch diverse Änderungen

merklich reduziert, was dem Station nun einen noch weicheren Lauf bescherte. Die Leistung stieg hingegen auf 170 PS (bei 3600/min), das Drehmoment lag nun bei angenehmen 380 Nm bei nur 2200 Umdrehungen. Auch mit dem 24V-Motor blieb die Modellbezeichnung offiziell bei "HDJ80" (auch wenn hie und da vom „HDJ82“ gesprochen wird – was aber, so wird gemunkelt, lediglich eine interne Bezeichnung der Entwickler zur besseren Unterscheidung war).

Toyota Earth Charter

Eine der größten Herausforderungen des 21. Jahrhunderts ist laut Toyota „die Sicherung der Mobilität bei gleichzeitiger Sicherung einer lebenswerten Umwelt". Schon 1992 wurde deshalb in der „Toyota Earth Charter" als langfristige Vision die Schaffung des „ökologischen Automobils" formuliert. Die Ziele auf dem Weg dorthin sind die Verbindung von Ökologie und Ökonomie, die Weiterentwicklung der umweltschonenden Antriebstechnologien, umweltverträgliche Prozesse in der Produktion und Förderung von Projekten für eine nachhaltige Gesellschaft. Auch wenn man in aller Regel wenig davon in der Öffentlichkeit mitbekommt: Toyota-intern sind diese Ziele aktueller denn je, und sie werden tatsächlich mit Nachdruck verfolgt. Im Jahr 2000 wurde die Earth Charter abermals bekräftigt, unter anderem fand nun ein weiterer ambitionierter Punkt seinen Weg in die Schrift: "Challenge achieving zero emissions at all stages".

Im französischen Werk Valenciennes, hier wird der Yaris produziert, wird bereits seit 2009 der anfallende Produktionsabfall vollständig recycelt. Damit übertrifft das Werk sogar das „Zero Emissions Concept" der Universität der Vereinten Nationen, in dem die Forderung der „Nullemission" nur systemübergreifend angestrebt wird.
Auch die Entwicklung umweltschonender Antriebstechnologien wird mit Druck vorangetrieben: Einer Kooperation mit Tesla entsprang ein Elektro-RAV4, Mazda bezieht von Toyota die Hybridtechnik. Bereits 1997, als der Großteil der Automobilbranche noch über Versuchsfahrzeuge diskutierte, stand das Hybridfahrzeug „Prius" bei den Händlern. Elf Jahre später waren – bescheiden, still und ohne großes Brimborium – bereits über eine Million Prius im Umlauf. 2010 waren es bereits zwei Millionen, und Toyota und Lexus dominieren mit über einem Dutzend verschiedener Modelle den weltweiten Hybridfahrzeugverkauf mit knappen 75 % Marktanteil. Bis 2020 soll es von jedem Modell auch eine Hybridversion geben, was den geneigten Leser jetzt vermutlich ein wenig ins Grübeln bringt: ja, auch vom Land Cruiser. Dass ein solcher Hybride in der Mongolei, auf der Careterra Austral oder gar auf langen bundesdeutschen Autobahnetappen nicht sinnvoll ist, spielt dabei keine Rolle: Toyota behauptet keinesfalls, dass der Hybridantrieb DIE Lösung für alle Problemstellungen ist. Vielmehr ist er EINE sinnvolle Alternative für bestimmte Einsatzprofile. Während also im Jahr 2025 die „Soccer Moms" ihre Sprösslinge vermutlich im Hybrid-Cruiser flüsterleise zum Training fahren werden, sind anderswo weiterhin Land Cruiser traditioneller Bauart zuverlässig im Einsatz.

Letzteres wäre allerdings keine richtige Regel, wenn es nicht auch eine Ausnahme gäbe: Im Mutterland Japan trug der J8 mit 1HD-T und 1HD-FT über die gesamte Bauzeit hinweg die Modellbezeichnung HDJ81, die Version mit 1HZ hieß HZJ81. Warum das so ist entzieht sich allerdings auch der Kenntnis des Autors...

Heute

Von 1975 bis 1990 wurden in Deutschland 33.500 Land Cruiser verkauft. Über alle Marken hinweg wurden 1981 in Deutschland 14.000 Geländewagen zugelassen, im Jahre 1989 waren es schon 60.000, zwei Jahre später bereits 70.000 – der J8 wurde direkt in den Boom hineingeboren. Und er wurde präsentiert, als sein Vorgänger J6 eigentlich auf dem Weltmarkt noch eine recht große Popularität genoss. Dennoch wurde er erst mit Spannung erwartet und dann den Händlern weltweit geradezu aus der Hand gerissen: Die Nachfrage war derartig groß, dass das Werk in den ersten sechs Monaten rund um die Uhr arbeiten musste, um den Bedarf zu befriedigen. Im Jahre 1990 war der zweimillionste Land Cruiser dann auch ein J8. Dennoch ist ein guter J8 heutzutage schwer zu finden.

Die Einführung verzinkter Bleche in vielen Bereichen der Karosserie, verbesserte Vorbehandlung und Lackierung, Steinschlagschutz für Schweller und Radhäuser, Hohlraumkonservierung, Falzversiegelung und Unterbodenschutz haben den korrosiven Zerfall des J8 im Vergleich zu seinen Vorgängern zwar deutlich gebremst, dennoch hat auch dieses Modell das eine oder andere Problemchen mit dem braunen Gammel.

Das ist aber nicht der Hauptgrund dafür, warum die J8 in Westeuropa heutzutage in Relation zur verkauften Anzahl sehr selten anzutreffen sind. Das liegt vielmehr einerseits daran, dass viele als Nutzfahrzeuge „runtergerissen" und dann ohne weitere emotionale Verstrickung des Eigners dem Export übergeben wurden. Ein zweiter Faktor ist die vom Eigner eher unbeabsichtigte Außerlandesschaffung: Seinerzeit war der J8 das meistgestohlene Fahrzeug in Deutschland. Und so fanden viele Exemplare systematisch ihren Weg nach Osteuropa und weiter in das Gebiet der ehemaligen Sowjetunion. Kein Wunder, war doch der J8 das perfekte Fahrzeug für die russischen Weiten:

Luxus, Komfort auch auf schlechten Pisten, robuste und starke Motoren, Langlebigkeit im Offroad-Einsatz und nicht zuletzt die Weitsicht Toyotas, schon früh eine funktionierende Ersatzteilversorgung im Ostblock aufzubauen, machten den Station äußerst begehrt.

Dass er Ende 1997 trotz Produktionsstopp in Japan keinesfalls komplett vom Markt verschwand, ändert nichts an dieser Situation. Sie wundern sich, was das zu bedeuten hat? Nun: Der J8 lief in Tat und Wahrheit bis Ende 2007 vom Band. Er wurde nämlich nicht nur im Hauptwerk Araco gebaut, sondern für den südamerikanischen Markt auch in Cumaná/Venezuela. Als der J10 kam, war der J8 in Südamerika immer noch sehr beliebt – und das Konzept war für die dort vorherrschende Nutzung auch immer noch äußerst belastbar. Also entschied man kurzerhand, sich die Kosten für einen kompletten Werksumbau auf den J10 zu sparen und den J8 stattdessen weiter zu produzieren. Und so liefen der „Autana" (die LX-Version, benannt nach dem heiligen Berg der Piaroa in Venezuela) und der „Burbuja" („die Blase" – der VX) weiterhin vom Band und beglückten die venezolanischen und kolumbianischen Käufer.

Bei seiner Einführung provozierte der J8 zwar einen Aufschrei, im Rückblick zählt er jedoch, nicht zuletzt wegen seines Fahrwerks und der Turbomotoren, zu den unangefochtenen Lieblingen in der Szene. Und nicht Wenige würden auch heute noch gerne eines nagelneuen Exemplars aus venezolanischer Produktion habhaft werden. Aber Autana hin, Burbuja her: Ende 1997 war für die meisten Märkte weltweit Schluss mit dem J8. Nach mittlerweile über drei Millionen produzierten Land Cruisern (knappe 550.000 davon waren J8) stand der J10 in den Startlöchern, um sein Erbe anzutreten.

Modellvarianten J8

Modell	Ausführung	Motorisierung
HZJ80/HZJ81	Station Wagon	1HZ: Saugdiesel 6R, Wirbelkammer, 4163 cm³, 130 PS/96 kW (3800/min), 271 Nm (2200/min)
FJ80	Station Wagon	3F-E: Ottomotor 6R, Einspritzanlage, 3955 cm³, 155 PS/114 kW (4200/min), 289 Nm (2600/min)
FZJ80	Station Wagon	1FZ-F: Ottomotor 6R, Vergaser, 4477 cm³, 190 PS/140 kW (4400/min), 363 Nm (2800/min)
FZJ80	Station Wagon	1FZ-FE: Ottomotor 6R, Einspritzanlage, 4477 cm³, 215 PS/158 kW (4600/min), 373 Nm (3000 U/min)
HDJ80/HDJ81	Station Wagon	1HD-T: Turbodiesel 6R, Direkteinspritzung, 4164 cm³, 167 PS/123 kW (3600/min), 361 Nm (1800/min), ab 1993 160 PS
HDJ80/HDJ81	Station Wagon	1HD-FT: Turbodiesel 6R, Direkteinspritzung, 4164 cm³, 170 PS/125 kW (3600/min), 380 Nm (2200/min)
Cygnus	Station Wagon	1FZ-FE: Ottomotor 6R, Einspritzanlage, 4477 cm³, 215 PS/158 kW (4600/min), 373 Nm (3000/min)
Lexus LX 450	Station Wagon	1FZ-FE: Ottomotor 6R, Einspritzanlage, 4477 cm³, 215 PS/158 kW (4600/min), 373 Nm (3000/min)

Weitere Informationen finden Sie unter www.legendelandcruiser.de

Oben: Kuwaitischer VZJ95 mit einigem an Zubehör

Rechts: Der J95 war der direkte Nachfolger des viertürigen J7 mit „Semi"-Radstand und bot noch einmal mehr Platz.

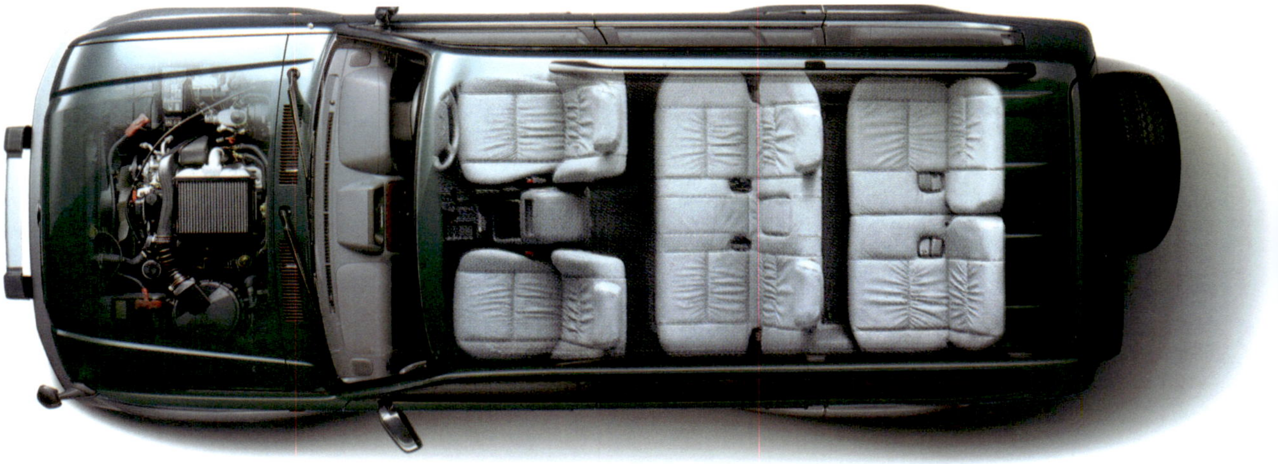

J9 (1996-2002) – der erste eigenständige Prado

Mitte der 80er kamen mit Land Cruiser Light Duty, Pajero, Patrol und Co. kompakte Geländegänger aus Nippon, die mit hohem Komfort, viel Ausstattung und einem akzeptablen Preis lockten und damit den Trend zum Geländewagen-Lifestyle ins breite Publikum trugen. Toyota hatte mit dem J7 Prado, also nach dem Facelift 1990, ohne Frage ein tolles Fahrzeug auf die Räder gestellt, aber trotz aller Modernisierung alterte das Konzept doch spürbar. Dem Land Cruiser Light Duty schwammen allmählich ein wenig die Felle davon, war er doch technisch dem Bruder Heavy Duty deutlich näher als dem neuen Offroad-Liebling Pajero: Mitsubishi hatte 1991 mit dem Pajero V20 ein Fahrzeug aufgelegt, das in seiner Klasse Maßstäbe setzte und dem alternden Land Cruiser nun langsam die Show stahl.

Prado „Active Vacation" mit Stauraum im Heck und ausklappbarer Liegefläche. Das Logo in der Mitte bedeutet: „TECS", „Toyota Excellent Conversion Series"

Der Wirtschaftsboom der 90er änderte die Ansprüche nicht, er ließ sie nur stärker zutage treten: Die Kundschaft erwartete Statussymbole mit Pkw-ähnlichem Komfort und moderner Anmutung. Neben ausgesprochener Modellvielfalt sollten vor allem Fahrleistungen und Sicherheitsstandards auf dem Niveau eines Mittelklasse-Pkw rangieren. Der J7 passte nicht mehr in dieses Schema, er war zu eindeutig ein Kind der Achtziger. Schaute man sich die Kaufgründe für einen J7 an, so standen „Zuverlässigkeit", „Wertbeständigkeit", „Verarbeitung", „Qualität", „robuste Technik" und „hohe Geländetauglichkeit" ganz oben auf der Prioritätenliste. Die Worte „Fahrvergnügen" und „Komfort" fanden sich nicht darunter. Doch genau das erwartete man nun von einem Geländewagen dieser Klasse. Toyota stellte sich dieser Entwicklung und warf mit dem J9 einen expliziten Pajero-Gegner auf den Markt. Der J9 war damit der erste völlig eigenständig entwickelte Prado, er manifestierte die Modelltrennung. In Europa ersetzte der J9 nun auch den 4Runner, der vom Konzept her bis dato noch am ehesten dem Pajero glich – in den USA war es genau anders herum: Der 4Runner blieb, der J9 kam nie auf den US-Markt.

Das Design

Man kann mit Fug und Recht behaupten, dass das Design des J9 dem des Hauptkonkurrenten Mitsubishi Pajero nicht unähnlich war: Die Karosserie ist rund, gefällig und entspricht dem Stil der mittneunziger Jahre – der J9 war ohne Frage ein modisches Auto. Die flächigen Scheinwerfer vom J7 wurden übernommen und zum Kühlergrill hin und nach außen schräg angeschnitten, die weißen Blinker veredeln die Front- und Seitenansicht, der Kühlergrill trägt nun senkrechte Rippen. Front und Heck zieren große Kunststoff-Stoßfänger (bei den Basisversionen schwarz, bei den edleren Versionen lackiert), auch dies ein Tribut an die modernen Zeiten und bei Grundberührung nicht ansatzweise kratzfest. In Asien und im Mittleren Osten trug die dreitürige Version vorne runde Scheinwerfer statt der eckigen, sowie in Japan natürlich den obligatorischen Zusatzspiegel auf dem Kotflügel, einen Heckspoiler und einen großen Lufteinlass in der vorderen Stoßstange. Letztere gab es in Japan auch in einer leicht verlängerten Version, teilweise auch mit integriertem Rammschutz.

Die Seitenansicht ziert eine dezent ansteigende Schulterlinie, die die waagerecht verlaufende Sicke in der Türmitte und die ebenfalls waagerecht verlaufende Fensterlinie kontrastiert. Die Kotflügel wurden in der Grundkarosserie leicht angedeutet. Wie beim J8 gibt es jedoch auch hier einen „Narrow Body" und einen „Wide Body", wobei sich beide lediglich durch die beim Wide

So macht der J9 richtig Spaß: Deutsche Basisversion des KZJ90, 255er Räder, Fahrwerk, Schnorchel, dezente Leistungssteigerung

Body angeschraubten lackierten Kotflügelverbreiterungen mitsamt großflächigen Seitenpaneelen und die Trittbretter unterscheiden. Diese Kunststoff-Applikationen erzeugen dann sozusagen auch zweifarbige Versionen des J9 und waren den höherwertigen Ausstattungsvarianten vorbehalten, in Deutschland war das z.B. der Special.

Die ausgesprochene Modellvielfalt des J7 Light Duty wird deutlich zusammengestutzt: Von Anfang an gibt es nur zwei Karosserieversionen, einen Drei- und einen Fünftürer, die Cabrio-Versionen und der mittlere Radstand werden aus dem Programm gestrichen. Der Dreitürer ist mit knapp 4,3 Metern rund 20 Zentimeter länger als der J73 Prado und hat mit knapp 2,4 Metern einen um 6 Zentimeter längeren Radstand. Der Fünftürer ist etwas über 4,7 Meter lang (12 cm länger als die J77/78/79 Prado) und hat mit 2,7 Metern einen um 5,5 cm kürzeren Radstand. Insgesamt hat er annähernd die Ausmaße des 4Runner, den er ja auch ersetzen soll. In Deutschland wird anders gerechnet: Da es die fünftürigen J7-Versionen hier nie gegeben hat, freut man sich nicht nur über zwei zusätzliche Türen beim 95er, sondern auch über sagenhafte 44 cm Längen- und 29 cm Radstand-Zuwachs gegenüber dem 73er. Und auch in der Breite wuchs er: Gegenüber dem J7 hat der J9 um ca. 4 cm zugelegt. Das Heckabteil ist zugänglich durch eine große einteilige, rechts angeschlagene Hecktür, die auch das Reserverad trägt. Eine Version mit Doppeltür gibt es nicht.

Die passive Sicherheit der Karosserie wurde stark verbessert: Die neue „Sicherheitskarosserie“ bekam auch einen optimierten

Oben: VZJ90 für die arabische Halbinsel, mit runden Scheinwerfern, Wide Body und in den Stoßfänger integriertem Rammschutz

Seitenaufprallschutz. Damit erfüllte der J9 bereits bei seiner Einführung die Normen für Seiten- und Frontalaufprall, die in Europa erst Ende 1998 eingeführt werden sollten. Auch die Rostvorsorge wurde deutlich verbessert: Die Karosserie bestand aus hochfesten Blechen mit höherem Zinkanteil, Unterboden und Rahmen aus galvanisiertem Stahl, und die Hohlräume wurden zusätzlich versiegelt.

Im Jahre 1999, drei Jahre vor dem nächsten Modellwechsel, gab es noch ein kleines Facelift: Der Kühlergrill trägt nun wieder horizontale Rippen, außerdem werden Nebellampen in die vorderen Stoßstangen integriert und die Kunststoff-Beplankungen leicht geändert. Und auch die Japan-Version des Dreitürers bekommt nun das Gesicht mit den eckigen Scheinwerfern.

Das Interieur

Die Insassen des J9 wähnten sich in einem modernen Pkw: Das Interieur ist komfortabel, praktisch und zeitlos modern. Die Oberflächen wirken angenehm unaufdringlich und praktisch und bedecken den gesamten Innenraum: Anders als im J7 behelligt der J9 seine Insassen nicht mehr mit der Zurschaustellung nackten Blechs. Alle Bedienelemente sind Toyota-typisch noch recht simpel gehalten, werden intuitiv gefunden und haben eine angenehm zurückhaltende und robuste Haptik.

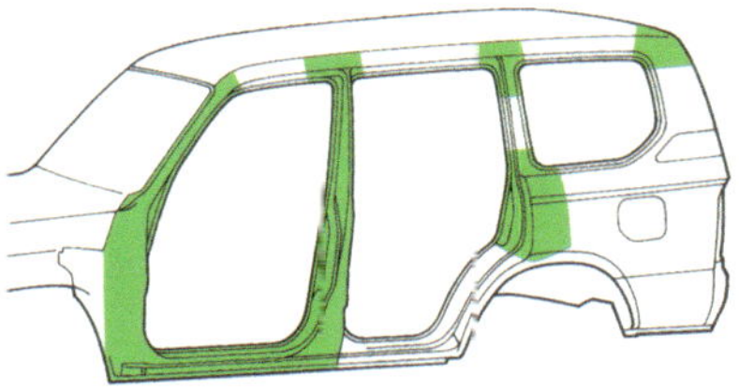

Insassenschutz: Die Karosserie wurde in neuralgischen Bereichen verstärkt.

Wie immer gab es von der Vinyl-Einfachversion bis zur VX-Ausstattung alle denkbaren Abstufungen. Die Dritte-Welt-Ausstattung bot außer Lenkrad, Schaltknauf und Sitzen nicht viel, die VX-Version kam hingegen im Jahr 2000 in Deutschland u.a. mit Lederausstattung, elektrisch verstellbaren Sitzen (mit verstellbarer Lordosenstütze), Tempomat, Glashubdach, Audio-Anlage, Dachreling, „Keyless Entry“ (auch den J9 konnte man schon öffnen, ohne den Schlüssel ins Schloss stecken zu müssen!), Wegfahrsperre, Alufelgen, Zwei-Zonen-Klimaanlage, ABS, Zentralverriegelung und elektrischen Fensterhebern – das ist auch nach heutigen Begriffen noch eine hochwertige Ausstattung und damit das, was man in dieser Fahrzeugklasse erwartet. Der Special mit V6-Maschine kostete dann auch schon bei seiner Einführung satte 70.300 Mark und konnte mit Extras wie Navigationssystem, Klimaanlage u.ä. locker auf deren 80.000 aufgeblasen werden. Die japanischen High-Class-

Ein deutscher KZJ95 in der VX-Ausstattung: Wide Body, Chrom-Applikationen, Nebelleuchten, aber insgesamt angenehm „schlicht"

Ausstattungen „TZ" konnten sogar mit Vorhängen für alle Fenster, Steckdosen, Kühlbox und anderen Gadgets aufweisen, die dem Rest der Welt größtenteils verwehrt blieben.

Der Fokus bei der Gestaltung lag auf einer Steigerung des gefühlten und tatsächlichen Platzangebots im Innenraum: Kopf-, Schulter- und Beinfreiheit der Insassen hatten sich angenehm erhöht, und speziell der Fünftürer bot eine ganze Menge Platz auch hinter der letzten Sitzreihe.

Stichwort Sitzreihe: Für die erste Reihe gab es zwei Einzelsitze oder Fahrersitz plus Beifahrer-Doppelbank, für die zweite Reihe eine einteilig verschiebbare Bank oder alternativ eine mit geteilter Rückenlehne oder alternativ sogar zwei Längssitzbänke. Im Fünftürer gab es zusätzlich auf Wunsch eine dritte Sitzreihe (wie gehabt getrennt umklapp- und faltbar) oder links und rechts je einen Längssitz für eine Person. Das ergab, je nach Konfiguration, eine Mindestzahl von fünf Mitfahrern im Dreitürer und eine maximale Personenzahl von 10 im Fünftürer. Der Clou: Vordersitze und Rückbank ließen sich fast flach umlegen, sodass man selbst im Dreitürer tatsächlich bequem übernachten konnte.

A propos „übernachten": Auch den J9 gab es wie seinen großen Bruder J8 in einer „Active Vacation"-Ausführung mit verschiedenen Campingausbauten. Dem japanischen Markt vorbehalten war die behördliche Einstufung des Prado als Camping-Fahrzeug, was die steuerliche Belastung des Halters deutlich senkte.

Fahrwerk und Antrieb

Die wahre Revolution steckte unter dem schicken Blechkleid: Der neue Prado war im Laufe des Entwicklungsprozesses vorne seiner Starrachse verlustig gegangen und rollte nun mit einzeln aufgehängten Rädern durch die Weltgeschichte. Schreck! Frevel! Skandal! Die Szene heulte Rotz und Wasser ob dieses Verlustes, war doch der Neue nun komplett, endgültig und vollkommen verweichlicht. Dem Land-Cruiser-Enthusiasten mag diese Entscheidung geradezu blasphemisch vorkommen, vor dem Hintergrund von Marktfor-

LANDCRUISER
PRADO

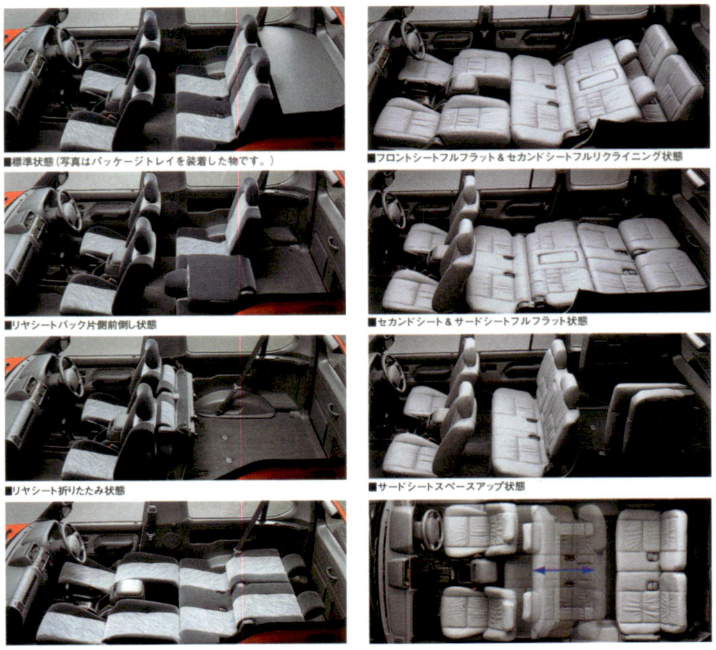

Oben links: Vinyl, Stoff, Leder: Kleine Auswahl der erhältlichen Innenausstattungen (in diesem Fall die japanischen Ausstattungslinien TJ, TX und TZ)

Oben rechts: Variabilität – der Innenraum des „kleinen" Land Cruiser konnte vielfach umgestaltet werden. Die Liegesitze machten auch halbwegs bequeme Übernachtungen ohne weiteres möglich. (links: 3-Türer J90, rechts: 5-Türer J95)

Schaltzentrale: Mit dem kleinen Hebel wird zwischen „H" (High Speed, Mitteldifferenzial offen), „HL" (High Speed, Mitteldifferenzial gesperrt) und „LL" (Low Speed, also Untersetzung, Mitteldifferenzial gesperrt) gewählt, Untersetzung mit offenem Mitteldifferenzial ist nicht möglich.

Beide Gesichter im direkten Vergleich, links ein J95 und rechts ein J90, jeweils als „Wide Body" für den japanischen Markt.

schung, technischer Weiterentwicklung und Wettbewerbssituation war sie jedoch nur konsequent und sinnvoll. Die vordere Einzelradaufhängung bot einfach einen um Welten verbesserten Fahrkomfort auf der Straße, ganz zu schweigen davon, dass sie als gutes Verkaufsargument galt.

Und was taugt das im Gelände? Das Hauptargument der Skeptiker ist einerseits die Haltbarkeit der im Vergleich zur Starrachse vermeintlich fragileren Konstruktion und andererseits natürlich die Verringerung der Bodenfreiheit unter der Achsmitte beim Einfedern (welche bei der Starrachs-Konstruktion ja unverändert bleibt). Dennoch: Der Untergang von Abend- und Morgenland musste noch ein wenig verschoben werden, denn der Neuner zeigte, dass er sehr wohl noch ein Land Cruiser war und sich vor seinem Vorgänger nicht zu verstecken brauchte. Nicht umsonst wurde der J9 auch im Rallyebetrieb gerne und ausführlich genutzt.

Vorne sorgen Doppel-Dreieckslenker mit relativ weitem Abstand für eine präzise Führung der einzeln aufgehängten Räder, eine robuste und stabile Konstruktion. Statt der normalerweise bei Einzelradaufhängung gerne verwendeten Torsionsfeder kamen hier Schraubenfedern zum Einsatz, die eine deutlich bessere Verschränkung versprechen. Die hintere Starrachse wurde an vier Längslenkern geführt, von einem Panhardstab stabilisiert und trägt ebenfalls Schraubenfedern über sich. Vorder- und Hinterachse haben je einen Stabilisator.

Technische Daten

Toyota Land Cruiser J9

Bauzeitraum:	1996–2002
Karosserieausführungen:	Station Wagon, 3-türig Station Wagon, 5-türig
Andere Namen:	Toyota Merú (Venezuela), Land Cruiser Colorado (UK)
Produktion:	ARACO (Japan), SOFASA Envigado (Kolumbien)
Motoren:	3L, 5L, 1KZ-T, 1KZ-TE, 1KD-FTV, 3RZ-F,
3RZ-FE, 5VZ-FE	
Getriebe:	5-Gang manuell (R150F), 4-Stufen-Automatik (A343F)
Untersetzungsgetriebe:	VF2A (zuschaltbar), VF3B (permanent)
Antrieb:	Heckantrieb, zuschaltbarer Frontantrieb bzw. permanenter Allradantrieb
Fahrwerk:	Leiterrahmen, vorne Einzelradaufhängung, Schraubenfedern; hinten Starrachse, Schraubenfedern
Maße:	
Länge:	4290-4315 mm (Dreitürer, je nach Ausführung) 4730-4755 mm (Fünftürer, je nach Ausführung)
Breite:	1730-1820 mm, je nach Ausführung
Höhe:	1880 mm, je nach Ausführung
Radstand:	2370 mm (Dreitürer), 2675 (Fünftürer)
Spurweite vorne:	1470-1510 mm, je nach Ausführung
Spurweite hinten:	1480-1510 mm, je nach Ausführung
Wendekreis:	11,2 m (Dreitürer), 12,2 m (Fünftürer)

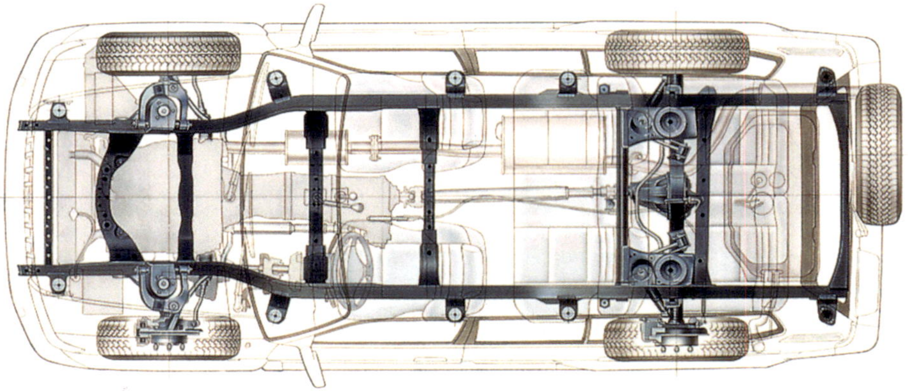

8 Quersteifen, 10 Karosserieauflagen:
Der immer noch massive J9-Leiterrahmen

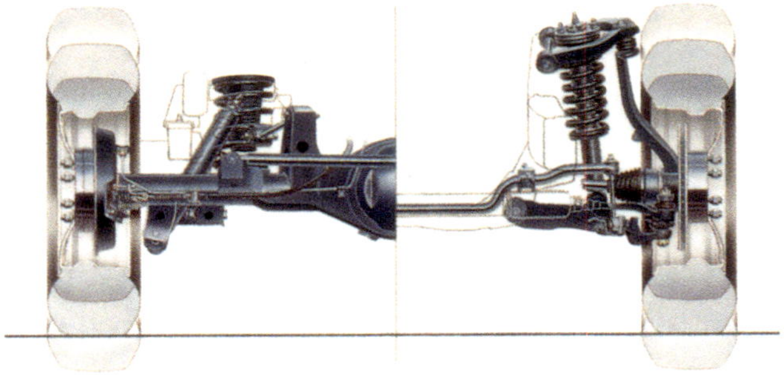

Die hintere Starrachse wird an vier Längslenkern geführt und von einem Panhardstab stabilisiert, vorne sorgen Doppel-Dreieckslenker für eine präzise Führung der einzeln aufgehängten Räder.

Das Prinzip des Leiterrahmens mit aufgesetzter Karosserie blieb bestehen, im J9 kam sogar ein komplett neu entwickelter Rahmen aus galvanisiertem Stahl zum Einsatz.

Gelenkt wird erstmals über eine im Geländewagenbau bis dato eigentlich recht unübliche Zahnstangenlenkung: Diese ist im Gelände zwar etwas unruhiger, verspricht jedoch auf der Straße eine deutlich präzisere Führung, reduziert das übliche „Schwimmen" und ist im J9 sowohl servounterstützt als auch zusätzlich drehzahlabhängig ausgelegt.

Die Kraftübertragung erfolgt über ein 5-Gang-Schaltgetriebe oder eine elektronisch geregelte Vierstufen-Automatik, in der per Knopfdruck der erste Gang überbrückt wie auch die Schaltzeiten verändert werden können. Und erstmals erfolgte optional auch der Antrieb ständig auf alle vier Räder: In den meisten Ausführungen und Regionen kam der J9 mit permanentem Allradantrieb. Ein manuell sperrbares Zentraldifferenzial verteilt die Antriebskraft zu gleichen Teilen auf Vorder- und Hinterachse, ein ebenfalls manuell sperrbares Hinterachsdifferenzial war bei den höheren Ausstattungen serienmäßig und für die Basismodelle auf Wunsch lieferbar (für 1400 Mark Aufpreis). Die Sperrung des Zentraldifferenzials erfolgte darüber hinaus wie gehabt zwangsweise bei Einlegen der Untersetzung. Der parallel produzierte zuschaltbare Allradantrieb alter Schule blieb den Einfach-Versionen für die Entwicklungsländer vorbehalten.

Die Übersetzung ist übrigens teilsynchronisiert: Um in „4 Low" zu schalten, muss der Fahrer anhalten, der Schaltvorgang von 4L und 4H kann während der Fahrt vollzogen werden.

Verzögert wird über vier Scheibenbremsen, vorne innenbelüftet, die von einem elektronisch geregelten Vier-Sensoren-ABS unterstützt werden. Die Basismodelle waren auf Wunsch auch ohne ABS erhältlich. Insgesamt war die Bremsanlage nicht allzu üppig dimensioniert, vor allem die späteren, deutlich schwereren Modelle hatten mit erhöhtem Verschleiß der Bremsen zu tun.

Mit einem Upgrade im Juli 1997 kamen erstmals auch elektronische Regelungen zum Einsatz: Eine „Active Traction Control" ATC, also eine Traktionskontrolle, wurde ebenso eingeführt wie ein elektronisches Stabilitätsprogramm. Gerade Letzteres war sehr willkommen: Mit deutlich verbessertem Handling und starken Motoren wurde der J9 mehr denn je auf der Straße wie ein Pkw bewegt, was jedoch weder am hohen Schwerpunkt noch am Gewicht noch an der hinteren Starrachse etwas änderte. Die Folge war, dass der eine oder andere enthusiastische Fahrer gerne einmal unversehens die Grenzen der Fahrphysik kennen lernte. Die Traktionskontrolle schob diesen Grenzbereich nun deutlich nach oben.

Motorisierung

Der J9 startete mit vier Maschinen: Der aus dem J7 bekannte 3-Liter-Turbodiesel 1KZ-TE und der neu entwickelte Benziner 5VZ-FE waren in den meisten Regionen parallel verfügbar, der robuste 2,8-Liter-Saugdiesel 3L und der 1KZ-T (der simple Bruder des oben genannten 1KZ-TE) war dem Einsatz in Entwicklungsländern vorbehalten.

Der 1KZ-TE war ein bewährter und bekannter Wirbelkammer-Motor, der mit Abgasturbolader, Intercooler und elektronischer Einspritzung zufriedenstellende 130 PS leistete und dabei 289 Nm Drehmoment an die Hinterachse schickte. Das war für diese Zeit ordentlich und reichte auch für angenehmen Vortrieb. Eine

Oben: VZJ95 VX der letzten Generation, Ausführung für den australischen Markt

Rechts: KZJ95 der ersten Generation für den britischen Markt, hier mit schwarz lackiertem Grill.

Am 4. März 2005 stellte ein KZJ90 mit 6358 Metern am chilenischen Ojos del Salado einen Höhenweltrekord auf.

Rakete wollte der J9 ohnehin nicht sein. Zudem war der 1KZ-TE ein wenig überarbeitet worden, was die Leistung ein Stückchen anhob und im Gegenzug Verbrauch, Emissionen, Geräuschentwicklung und Vibrationen senkte.

Für Regionen mit geringerem Anspruch auf Leistungsausbeute und schlechteren Umwelt-, Wartungs- und Kraftstoffbedingungen gab es auch eine ungeregelte Version namens 1KZ-T, die fünf PS weniger leistete.

Wem das nicht reichte, der griff zum komplett neu entwickelten V6-Benziner 5VZ-FE, der aus seinen 3378 cm^3 Hubraum 178 PS bei 4600 und 303 Nm bei 3600 Umdrehungen lieferte. Der gusseiserne DOHC-Motor entsprang der VZ-Motorenfamilie, die 1988 ursprünglich als Antwort auf Nissans VG-Motor entwickelt worden war. Der 5VZ-FE war der sechste Sprössling dieser Familie und konnte gegenüber seinem älteren Bruder 3VZ-E mit einigen technischen Verbesserungen aufwarten, vornehmlich am Aluminium-Zylinderkopf. Er war kompakter und leichter und dadurch auch drehfreudiger. Die einteiligen Nockenwellen steuerten 24 Ventile und lagen näher beieinander, was den relativen Winkel der Ventile zueinander verringerte. Durch diverse Maßnahmen konnte die Leistungsausbeute in niedrigen und mittleren Drehzahlbereichen gesteigert werden, was Agilität und Fahrfreude ganz erheblich steigerte.

1996 verloren 1KZ-T und 1KZ-TE nach einer kleinen Überarbeitung 5 PS an Leistung – Grund für die Überarbeitung war wie immer die nötige Senkung der Emissionswerte.Mit den Modellpflegemaßnahmen im Laufe der Jahre kamen immer neue Komfortmerkmale und Funktionen hinzu. Zwangsläufig stieg damit auch das Fahrzeuggewicht, der Anspruch der Kundschaft an Agilität und Handling jedoch stieg weiter. Dem begegnete Toyota mit dem Einsatz neuer Motoren: Im April 1997 kam der 3RZ-FE, ein schlanker Vierzylinder-Benziner mit 2,7 Litern Hubraum, zwei obenliegenden Nockenwellen und vier Ventilen pro Zylinder. Mit seiner Einspritzanlage leistete er 152 PS bei 4800 Umdrehungen und 240 Nm bei 4000 Umdrehungen. Für die Dritte Welt wurde

Toyota Diamond Coast Trail
9656 BSP

der Motor wie gehabt auch als Vergaser-Version geliefert, hieß somit 3RZ-F und leistete 132 PS und 217 Nm.

Die Krönung der Motorenpalette wurde im Juli 2000 mit der Vorstellung des 1KD-FTV vorgenommen: Der Forderung nach mehr Effizienz, höherer Leistung, besserer Laufkultur und niedrigeren Emissionen folgend präsentierte Toyota erstmals einen Common-Rail-Motor mit vier Zylindern und 2982 cm³ Hubraum. Mit Abgas-Turbolader und Intercooler leistete er ganze 163 PS bei 3400/min und mehr als annehmbare 343 Nm bei 1600/min. Der komplett neu konstruierte Motor (der damit auch eine neue Motorenfamilie begründete) arbeitete mit 16 Ventilen und zwei obenliegenden Nockenwellen. Die D4D-Common-Rail-Technik arbeitet mit Einspritzdrücken von 1350 bar, der Kraftstoff steht dabei in einer einzigen, für alle Zylinder gemeinsamen Leitung („Common Rail") unter Hochdruck zum Abruf bereit. Durch diese Trennung von Druckerzeugung und Einspritzvorgang tun sich völlig neue Wege der Motorsteuerung auf, unter anderem können auch mehrere Einspritzvorgänge pro Kolbenhub realisiert werden.

Kombiniert wird das Ganze mit einer 32-bit ECU (also der elektronischen Steuereinheit), die Einspritzmenge, Ventilsteuerung und Druck in Abhängigkeit von verschiedenen Motorparametern steuert. So wird nicht nur jederzeit eine optimale Kraftentwicklung ermöglicht, sondern gleichzeitig auch eine effizientere und sauberere Verbrennung, ein ruhigerer Motorlauf (z.B. durch Voreinspritzung) und nicht zuletzt auch minimierte Arbeitsgeräusche. Der 1KD-FTV kann somit 17% mehr Leistung als der 1KZ-TE bereitstellen, bei gleichzeitig um 11% verringertem Kraftstoffverbrauch.

Die klassischen Einspritzdüsen werden bei der Common-Rail-Technik durch sogenannte Injektoren ersetzt, elektrisch betätigte und dementsprechend komplexe Ventile. Diese Komplexität senkt die Wartungskosten nicht unbedingt, was auch einer der Gründe dafür ist, warum die Common-Rail-Technik in den Fahrzeugen der Dritten Welt nicht eingesetzt wird: Parallel zum 1KD-FTV wurde bei den Basisversionen der 3L durch den etwas größeren Nachfolger 5L ersetzt, der nun 97 PS und 191 Nm bereit stellte.

Heute

Takeo Kondo, Chefingenieur des J9, erinnert sich: „Meine erste Bekanntschaft mit dem Land Cruiser machte ich während der Entwicklung von BJ40 und FJ55V. Noch heute überkommen mich nostalgische Gefühle, wenn ich an meine Fahrt mit dem BJ40 zurückdenke. Mit verschwitzten Händen hielt ich das Lenkrad, während die Geräusche des Meishin Highway beinahe ungefiltert in den Innenraum drangen."

Dieses ungefilterte Erlebnis war dem J9-Fahrer nicht mehr vergönnt: Komfort, Laufruhe, Handling und viele weitere Faktoren hatten sich um Welten verbessert, der J9 war ein modernes Fahrzeug geworden. Bei seinem Start 1996 standen rund 2,8 Millionen produzierte Fahrzeuge auf der „Land-Cruiser-Uhr", verteilt über alle Baureihen. Bei seiner Ausmusterung im Jahre 2002 waren es insgesamt über 4 Millionen. Und der J9 hat kräftig daran mitgewirkt: Wurden seit 1984 knapp 300.000 Light Duty J7 verkauft, gingen vom J9 zwischen 1996 und 2002 immerhin knapp 500.000 auf die Straße. Er wurde von der Kundschaft in der Tat sehr gut angenommen – das Kalkül ging auf.

Dennoch war ihm keine besonders lange Ära vergönnt: Der Produktzyklus hatte sich deutlich verkürzt, die automobile Welt drehte sich immer schneller. Ende 2002, nach nur 7 Jahren und immerhin knapp 500.000 produzierten Exemplaren, war für ihn schon Schluss und er machte den Weg frei für seinen Nachfolger J12.

Heute sind natürlich noch einige Exemplare des J9 im Straßenbild anzutreffen, ganz so lange ist seine Ära ja noch nicht her. Aber auch er war beliebt in Sachen legaler und illegaler Export, wenn auch lange nicht so wie sein Begleiter J8. Weitestgehend original sind die meisten zwar J9 geblieben, dennoch wird es zunehmend schwierig, einen gut erhaltenen Gebrauchten zu finden. Der J9 ist noch lange kein Klassiker im üblichen Sinne, wird also zumeist auch weder geschont noch gehegt. Interessant zu werden verspricht nicht zuletzt auch das Thema Restaurierung, sollte es denn in den nächsten Jahren aktuell werden: Im J9 wurde deutlich mehr Elektronik verbaut als im Vorgänger, und die ist bekanntermaßen nicht nur anfällig für Alterung, sondern im Fall der Fälle auch nur unter einigem Aufwand wieder instandzusetzen. Ein Schweißbrenner, ein Hammer und ein bisschen Blech helfen jedenfalls nicht viel weiter, wenn eine Steuereinheit den Geist aufgegeben hat…

Modellvarianten J9

Modell	Ausführung	Motorisierung
LJ90/95	Wagon 3- oder 5-türig	3L: Saugdiesel R4, Wirbelkammer, 2779 cm^3, 88 PS/65 kW (4000/min), 185 Nm (2400/min)
LJ90/95	Wagon 3- oder 5-türig	5L: Saugdiesel R4, Wirbelkammer, 2986 cm^3, 97 PS/70 kW (4000/min), 191 Nm (2400/min)
KZJ90/95	Wagon 3- oder 5-türig	1KZ-T: Turbodiesel R4, Wirbelkammer, 2982 cm^3, 125 PS/92 kW (3600/min), 295 Nm (2000/min); ab 1996 120 PS/88 kW (3600/min), 290 Nm (2400/min)
KZJ90/91/95	Wagon 3- oder 5-türig	1KZ-TE: Turbodiesel R4, Wirbelkammer, elektronische Einspritzung, 2982 cm^3, 130 PS/96 kW (3600/min), 289 Nm (2000/min); ab 1996 125 PS/92 kW (3600/min), 295 Nm (2400/min)
KDJ90/95	Wagon 3- oder 5-türig	1KD-FTV: Turbodiesel R4, Common-Rail Direkteinspritzung, 2982 cm^3, 163 PS/120 kW (3400/min), 343 Nm (1600/min)
RZJ90/95	Wagon 3- oder 5-türig	3RZ-F: Ottomotor R4, Vergaser, 2694 cm^3, 132 PS/97 kW (5200/min), 217 Nm (3200/min)
RZJ90/95	Wagon 3- oder 5-türig	3RZ-FE: Ottomotor R4, Einspritzanlage, 2694 cm^3, 152 PS/112 kW (4800/min), 240 Nm (4000/min)
VZJ90/95	Wagon 3- oder 5-türig	5VZ-FE: Ottomotor V6, Einspritzanlage, 3378 cm^3, 178 PS/131 kW (4600/min), 303 Nm (3600/min)

Weitere Informationen finden Sie unter www.legendelandcruiser.de

Oben: VX-Version des kurzen Radstands, Stoff-Ausstattung

Unten: GX-Ausstattung des langen Radstands, Vinyl-Ausstattung, Doppelsitzbank vorne (Kuwait 1996)

HZJ/FZJ105 bereit zur Auslieferung: Bei Toyota Gibraltar ordern Hilfsorganisationen.

J10 (1998-2008) – der Weichensteller

Jede neue Generation des Land Cruiser – egal ob 55, 60, 80 oder 100 – sorgte bei unseren Kunden für Überraschung und Erstaunen. Mit dem Land Cruiser 100 haben wir einen prestigeträchtigen Allrad-Boliden auf die Räder gestellt, der sich durch deutlich verbesserte Fahreigenschaften auf der Straße auszeichnet, ohne seine traditionellen Offroad-Qualitäten einzubüßen. Mit diesem Modell hat Toyota seine Position im SUV-Segment in der ganzen Welt weiter ausgebaut." (Masaaki Ito, Chefingenieur)

Die Vorgaben für einen Modellsprung des Land Cruiser Station lesen sich seit Jahrzehnten gleich: Mehr Leistung, mehr Komfort, mehr Luxus – und das bei gleichbleibenden Fahrleistungen im Gelände. Der Station ist ein Prestigeträger: Geht es nach Toyota, ist er „Top of the list" im Segment der Premium-Offroader, das „Ultimate Luxury All Wheel Drive Sports Utility Vehicle", das Maß aller Dinge.

Dieser Anspruch bedingt natürlich auch fortwährende Weiterentwicklung und beständige Modellwechsel. Die Krux an diesem Kreislauf: Es gibt Märkte, für die ein kompletter Modellwechsel ab einem gewissen Punkt keinen wirklich bedeutsamen Mehrwert mehr bringt. An diesem Punkt war Toyota mit dem J10 angekommen: Für viele Einsatzfälle war der J8 dem bestmöglichen Kompromiss eben schon sehr nahe, für bestimmte Teile des Marktsegments hingegen musste Toyota dennoch den nächsten Schritt gehen, um nicht an Boden zu verlieren. Der Allradbereich wurde zu jener Zeit einer der lukrativsten im Automobilbau und hatte sich in den Jahren zuvor geradezu dramatisch ausgedehnt. Toyota war sich nur allzu bewusst, wie wichtig der eigene Status in diesem Segment ist.

Als der J10 1998 der Öffentlichkeit vorgestellt wurde, erfreute sich sein Vorgänger noch größter Beliebtheit. 550.000 J8 waren in den acht zurückliegenden Jahren ausgeliefert worden, knapp 1,2 Millionen Station-Modelle seit dem J5 und 3,4 Millionen Land Cruiser insgesamt. 45% aller Station-Modelle waren also mithin J8 – das entsprach 16% aller Land Cruiser überhaupt! Toyota lag mit 5 Millionen hergestellten Fahrzeugen jährlich auf Platz drei der Autobauer-Rangliste, hinter GM und Ford. Und Toyota hatte zu kämpfen: Während 1998 die weltweite Automobilproduktion um 8% stieg, sank sie in Japan um 7%. Der Grund war ein starker Abschwung des Yen im Zuge der japanischen Wirtschaftskrise, die von der gleichzeitig wütenden Asienkrise nur noch verstärkt wurde. Die japanischen Hersteller, auf den Export angewiesen, gerieten infolgedessen unter hohen Kostendruck, die Verkäufe gingen zurück. Ein Marktsegment jedoch blieb stabil: Bei den Premium-Offroadern war kein Rückgang zu spüren.

Kraftvoll, dynamisch, solide und gediegen: Der J10 trägt vielleicht die zeitloseste Gestaltung aller Stations.

Der J10 auf dem australischen Markt: Im Hintergrund ein J105 (erkennbar am schwarzen Kühlergrill, den fehlenden Kunststoffleisten an der Seite und den 7.50er Rädern), im Vordergrund zwei 100er mit Einzelradaufhängung.

Toyotas Antwort auf die Krise war unaufgeregt, aber vernehmbar und nachhaltig: Der neue Station war ein einziges, klares Statement. Und er wurde zum Erfolg.

Das Design

Die Gestaltung des Vorgängers J8 trug unverkennbar die Züge der Endachtziger: Er war deutlich „modischer" gestaltet als sein Vorgänger, aber genau das ließ ihn nun, Ende der Neunziger, auch ein wenig angestaubt aussehen. Der J10 kam nun passend zum Zeitgeist deutlich schlichter daher: Die Flächen waren klarer gestaltet, die Formensprache war dezenter. Die Front trägt große, freundliche Freiflächen-Scheinwerfer mit leicht hochgezogenen Ecken und weißen Blinkern, die Frontlinie hebt sich über dem Kühlergrill an und lockert das Gesicht deutlich auf. Der J10 kommt bullig, kraftvoll und freundlich daher, die schiere Größe des Station ist zwar offensichtlich, wirkt aber nicht klobig oder unangenehm. Im Gegenteil: Wenn es ein Substantiv gibt, das das Grundgefühl beim Betrachten des J10 am treffendsten beschreibt, dann ist das „Vertrauen". Die Karosserie wirkt zurückhaltend, edel, bescheiden. Vor allem aber gibt es keinen optischen Zierrat und keine „Tricks". Was der Kleidung der 80er die Schulterpolster, waren dem J8 die Kotflügelverbreiterungen – beim J10 wurde auf derlei „optische Aufwertung" verzichtet.

Auch hier sind, wie es sich gehört, die Kotflügel leicht angedeutet, jedoch deutlich dezenter als beim Vorgänger. Die Seitenlinie wurde klarer gestaltet und um eine Kante bereinigt, darüber hinaus gibt es keine zusätzlichen Kotflügelverbreiterungen mehr. Die Dachlinie fällt nun optisch ganz leicht nach hinten ab, was dem Profil ein wenig die Wucht nimmt. Auch das Heck ist deutlich klarer: Die Rückleuchten sind im Gegensatz zu denen beim 8er geradezu monumental riesig, passen aber sehr gut ins Gesamtbild. Die Seitenteile wurden zum ersten Mal aus einem Stück gepresst, was einerseits die Steifigkeit erhöht, andererseits aber auch sauberer aussieht und vor allem keine Fugen zurücklässt, in denen irgendwann der Rost wüten kann. Die Holme wurden mit Schaumstoff gefüllt, um Vibrationen zu vermeiden, die Scheiben und Fenster schließen bündig mit der

Gesichtserkennung: Oben die ursprüngliche Variante, in der Mitte das erste kleine Facelift, unten die letzte Version.

Karosserie ab, um Windgeräusche und Windwiderstand zu minimieren. Und tatsächlich hat der J10 einen Luftwiderstandsbeiwert (der berühmte c_w-Wert) von 0,40 – ein moderner Pkw liegt bei 0,2-0,3. Es wurde viel getan, um den J10 noch solider, ruhiger und sparsamer laufen zu lassen als seinen Vorgänger. Und gewachsen ist er, der Station: Um stattliche 70 Millimeter in der Länge und 10 in der Breite, der Radstand blieb unverändert. Die deutsche Pressemappe formulierte: „Die tiefgreifenden Änderungen signalisiert bereits das neue Erscheinungsbild des Allradlers. Der robuste Charme, der den Land Cruiser im Laufe seiner Modellentwicklung immer ausgezeichnet hat, wurde zu einem progressiven und innovativen Design weiterentwickelt."

Dem geneigten Leser offenbart sich in diesen blumigen Worten vor allem ein markanter Wandel der Marketingstrategie: Mehr noch als der J8 wurde der J10 in Europa als Lifestyle-Objekt vermarktet, die reine Funktion trat vor der Fülle der technischen Neuerungen und der wachsenden Klientel der „SUV-Käufer" in den Hintergrund. Das war allerdings eine abzusehende und auch logische Entwicklung: Nur die wenigsten potenziellen Käufer „brauchen" in Mitteleuropa tatsächlich einen Geländewagen vom Schlag eines J10. Und wurde z.B. in Australien die Kombination „Tauglichkeit + Komfort" herausgestellt, konzentrierte man sich hierzulande kommunikativ eher auf „Komfort + Sicherheit" (und in Saudi-Arabien eher auf „Luxus + Luxus"). Der Land Cruiser offeriert eben ein derart breites Band an Nutzungsmöglichkeiten, dass jeder Markt gezielt und entsprechend differenziert angesprochen werden kann. So war denn auch zum ersten Mal die Rede vom „Großstadt-Dschungel", eine Formulierung, für deren Verwendung eigentlich lebenslanges Rikschafahren verhängt werden sollte...

Überdies: „Progressiv" mag das Design sein, jedoch nicht auf Kosten eines schnellen „Sich-Satt-Sehens". Unter Verzicht auf überflüssig pompöses Auftreten ist der J10 einfach nur „da", und er erweckt völlig unspektakulär ein Gefühl von Vertrauen und Sicherheit, das Seinesgleichen sucht. Damit trägt der J10 vielleicht sogar die einzig wirklich zeitlose Station-Karosserie in über 60 Jahren Land-Cruiser-Geschichte.

Das Heck ziert eine asymmetrisch geteilte Hecktür oder eine vertikal geteilte Heckklappe, das Reserverad befindet sich entweder unter dem Kofferraumboden oder am Heck – unabhängig übrigens von der Ausführung der Hecktür. Zur Anbringung am Heck gibt es einen Träger, der an zwei Punkten an der rechten Flanke angebracht ist und vor Öffnen der Tür bzw. Klappe weggeschwenkt werden kann. Die Hecktür öffnet die linke Seite zuerst, gewährt also einen beschränkten Zugang auch ohne Wegschwenken des Reserveradträgers. Die Heckklappe unterscheidet sich bei der Träger-Version von ihrem „nackten" Pendant: Der Nummernschildhalter mit dem integrierten Öffner ist hier wie bei der Doppeltür links versetzt angebracht, um Platz für das Reserverad zu schaffen. Und wie beim J8 gab es Hecktüren und -Klappen in nahezu allen Kombinationen. Bei der Entwicklung des J10 war man überdies immer noch der Meinung, eine einzelne Hecktür wäre zu groß und zu unhandlich.

Äußerlich unterschieden sich die verschiedenen Versionen des J10 nur durch Kleinigkeiten: Natürlich gab es verschiedene Chrom-Pakete (speziell im Nahen Osten sehr beliebt), unter-

Ein fortwährendes Auf und Ab: Bei den Versionen mit Luftfederung lässt sich die Karosserie aus der Mittelstellung in 10 Sekunden um 5 cm anheben oder in 7 Sekunden um 5 cm absenken.

Der J10 im Toyota-internen Test: Wie üblich wurden ausführliche Vergleichsfahrten mit den Wettbewerbern durchgeführt, deren Ergebnis das Toyota-Team ausgesprochen zufrieden stellte.

schiedliche Zierstreifen, das vergoldete Toyota-Logo auf der Haube, eine Dachreling oder einen Heckspoiler über der Heckklappe und ähnliches. 100 und 105 konnten mit schwarzem oder chromfarbenen Kühlergrill daherkommen, zudem gab es auch den 105er in Metallic-Lackierungen, mit Chrom-Zierrat und in höherwertigen Ausstattungsvarianten. Lediglich die Luxus-Version „Cygnus" (der „Schwan", den es nur in Japan gab) und der „Lexus LX 470" setzten sich optisch deutlicher ab. Sahen der vorhergehende Cygnus und sein Lexus-Ableger LX 450 damals außen noch exakt so aus wie ihr Bruder J8, unterschieden sich der nun „LX 470" genannte Lexus und der Cygnus deutlicher vom J10: Die Front trug eine etwas eigenwillige Kombination aus Doppelscheinwerfern und höherem Kühlergrill, die Seiten zierten breite Kunststoff-Beplankungen mit integriertem Trittbrett, und auch das Heck war im Bereich der Nummerntafel leicht anders gestaltet.

Den angehäuften Erfahrungen mit ungeplanter Oxydation folgend waren nun mehr als 90% der Karosseriebleche verzinkt. In der Karosserie und im Rahmen saßen Energie absorbierende Elemente, es gab natürlich einen Seitenaufprallschutz in den Türen, die Karosserie in ihrer Gesamtheit wurde verwindungssteifer gestaltet und sämtliche Kunststoff-Karosserieteile aus „Toyota Super Olefin Polymer" geformt, einem Kunststoff, der in vollem Umfang wiederverwertet werden kann.

Australischer HZJ105 in der Basisversion

Im Jahre 2002 wurde der J10 leicht überarbeitet, was sich jedoch an der Außenhaut kaum zeigte: Kühlergrill und vorderer Stoßfänger wurden leicht verändert, die Chromleiste auf der Heckklappe bekam den Schriftzug „Land Cruiser" und die Farbe der Rückleuchten wurde geändert. Ein etwas größeres Facelift kam im Herbst 2005, wo wiederum die Leisten im Kühlergrill verändert und die Blinker nun in die Scheinwerfer integriert wurden, sodass sich eine geschlossene Lichteinheit ergab. Kleine Änderung, große Wirkung: Diese zwei winzigen Eingriffe machten die Front tatsächlich frischer. Dazu gab es auch eine Änderung an den Rückleuchten, die nun LEDs in sich trugen und stärker strukturiert waren.

Das Interieur

Der Innenraum wuchs im Vergleich zum Vorgänger noch einmal um ganze 90 Millimeter in der Länge und 68 in der Breite, vorn wie hinten gab es mehr Kopf- und Beinfreiheit (der hintere Fußraum gewann beachtliche 70 Millimeter). Das ergibt ein enormes und bislang in einem Land Cruiser in dieser Dimension unbekanntes Raumgefühl. Die Sitzmöglichkeiten sind indes die gleichen geblieben: Vorne zwei Einzelsitze oder Fahrersitz plus Doppelsitzbank, in der zweiten Reihe eine einteilige oder asymmetrisch 40:60 teil- und umklappbare Sitzbank und in der dritten Reihe eine geteilt faltbare Sitzbank in Fahrtrichtung oder je eine Längs-Sitzbank links und rechts. Vom 5- bis zum 10-Sitzer ist also alles möglich. Für den Einstieg auf die zweite Sitzreihe wurden die hinteren Türen um satte 47 Millimeter verbreitert. Nimmt man die durchschnittliche europäische Version ohne dritte Sitzreihe, so finden fünf Personen bequem Platz und man hat im Heck dennoch Platz für einen größeren Umzug. Und selbst mit dritter Sitzreihe und sieben Personen ist hinten noch ausreichend Gepäckraum vorhanden. Die für hinten getrennt regelbare Klimaanlage, das opulente Gestühl, die gute Sicht zu allen Seiten und das gesamte Fahrgefühl machen den J10 zum perfekten Reisefahrzeug.

Das Armaturenbrett nutzt den zur Verfügung stehenden Raum ausgiebig und breitet sich ausladend vor den Insassen aus. Wie beim Vorgänger sind die wichtigsten Bedienelemente genau dort, wo sie sein müssen, der ganze Rest findet sich in der großen Mittelkonsole. Diverse Staufächer, Armlehnen, Aschenbecher, Leselampen, die unvermeidlichen Dosenhalter und Ähnliches runden das Komfort-Gefühl ab und überladen den Innenraum dennoch nicht.

Sah man ihm von außen noch nicht wirklich an, um welche Version es sich handelt, wird man sich im Inneren sofort klar darüber: Vinyl, Stoff oder Velours in den niedrigen Ausstattungsvarianten, Leder rundum inkl. den Türverkleidungen in den hohen. Praktischer Kunststoff bei Lenkrad und Schaltknauf hier, Leder und Holz-Einlagen dort: Die Bandbreite der verwendeten Materialien und Farben ist groß. Die Modelle 100 und 105 zeigten dabei Überschneidungen, wobei dem 105er aber sinnvollerweise die Lederausstattung verwehrt blieb und der 100er sich nicht mit Vinyl abgeben musste.

Der passive Insassenschutz wird durch Airbags für Fahrer und Beifahrer, Dreipunkt-Automatikgurte auf allen fünf bzw. sieben Plätzen sowie Gurtstraffer und Gurtkraftbegrenzer für die vorderen Sitze gewährleistet. Die Lenksäule nimmt im Falle einer Kollision Energie auf und verkürzt sich, statt in die Fahrgastzelle einzudringen.

Der J10 war bei seiner Einführung teurer als der J8. Das lag natürlich vor allem daran, dass er in punkto Ausstattung und Technik deutlich hochwertiger und umfangreicher daherkam – „ausstattungsbereinigt" war er sogar günstiger.

Das interessierte deutsche Kunden allerdings wenig: Über 80% der hiesigen Käufer entschieden sich für die Ausstattungsvariante "Special", die zusätzlich zur Basisversion u.a. mit Leichtmetallfelgen, Klima-Automatik, Audiosystem mit 6-fach-CD-Wechsler und sieben Lautsprechern, elektrisch verstellbaren Sitzen mit Memory-Funktion und Sitzheizung, elektrisch verstellbarem Lenkrad mit Memory-Funktion, Lederbezügen und Wurzelholz-Dekor ausgestattet war.

2002 kam mit der Modellpflege auch eine noch luxuriösere Ausstattungsvariante hinzu (in Europa „Executive" genannt, in Australien hieß sie „Sahara"), die unter anderem ein elektrisches Glas-Schiebe-Hebedach und ein DVD-Navigationssystem mit 7-Zoll-Farbmonitor und Touchscreen-Funktion bereit hielt. In den einfacheren Varianten addierten sich zu den nun zweistufigen Fahrer- und Beifahrerairbags jetzt unter anderem auch Kopfairbags vorne und hinten inkl. Überrollsensor hinzu, eine neue Armaturentafel mit Bildschirm, hinterleuchtete Optitron-Instrumente und ein Multifunktionslenkrad. „Unter anderem", wie gesagt, die Liste ist noch deutlich länger.

Die Modellpflege 2005 hielt außer stufenlos abblendbarem Innenspiegel keine großen Überraschungen im Innenraum bereit.

Fahrwerk und Antrieb

„Wir sind sicher, dass der neue Land Cruiser 100 schon heute die Ansprüche der Kunden von morgen erfüllt. Sein eigenständiger Charakter, seine sprichwörtliche Standfestigkeit und das außergewöhnliche Leistungspotential werden genauso wie das Komfortangebot und die Verarbeitungsqualität im Segment der Allradler neue Maßstäbe setzen", so Chefingenieur Takeo Kondo.

„Eigenständiger Charakter" beschreibt nur ungenügend jene markerschütternde Nachricht, die Land-Cruiser-Fans weltweit zu verdauen hatten, als sie des neuen Konzeptes gewahr wurden. Schon bei J6 und J8 wurde das Konzept einer vorderen Einzelradaufhängung diskutiert, jedoch jeweils mit Blick auf die Wünsche der Kunden wieder verworfen. In den Augen Toyotas jedoch war der Markt jetzt endgültig soweit: Die Vorderräder des J10 dümpelten tatsächlich einzeln aufgehängt im Radkasten. Allerdings nur in der Version „100" bzw. „101" (wie der 100er in Japan

Die deutsche „Special"-Version der ersten Generation in schiefergrau und ahornbeige sowie die Basisausstattung in Stoff.

J10-Schaltzentrale, links der ersten, rechts der letzten Generation, beide in der höchsten Ausstattungsvariante: Die Änderungen am Instrumententräger sind deutlich zu sehen, das Lenkrad trug später Multifunktionstaster, der Automatik-Wählhebel wurde ohne Verriegelungsknopf durch eine gezackte Schaltgasse geschoben.

hieß): Parallel dazu gab es die Version „105“, die nach wie vor mit zwei Starrachsen durch die Lande rollte.

Aber der Reihe nach: Die Karosserie des J10 saß genau genommen auf zwei verschiedenen Fahrgestellen. Während der J105 den Großteil seines Chassis und Antriebsstrangs vom Vorgänger J8 übernahm (und damit auch zwei starre Achsen), bekam der J100 ein gänzlich neues, etwas verbreitertes Chassis mit Einzelradaufhängung, Drehstabfedern und je zwei Dreieckslenkern vorne. Hinten befand sich weiterhin eine starr durch vier Längslenker geführte und schraubengefederte Achse. Die jedoch konnte den Aufschrei nicht dämpfen, der durch die Szene hallte: Der Station hatte nun eine „Mädchenachse“! Die Land Cruiser-Szene war an jenem Punkt angelangt, an dem gestandene Männer mit tränenerfülltem Blick zur Kuscheldecke greifen.

Angesichts der ebenfalls erhältlichen Starrachs-Version wäre das ja alles nicht so schlimm, sollte man meinen. Diese jedoch blieb nur bestimmten Märkten vorbehalten. Gut, mit Afrika, Asien, Australien, Südamerika und dem Mittleren Osten war das der Großteil des Weltmarktes... aber diejenigen, die am meisten Wind um die Sache machten (und dabei die Starrachse am wenigsten brauchten), saßen nun einmal in Europa und Nordamerika.

Oben: Aufschnitt: HZJ105 mit gekappter Karosserie und aufgesetzter Integralkabine inkl. Hubdach.

Unten: Trari-Trara – in den J10 geht eine Menge rein, wenn man die zweite und dritte Sitzreihe umklappt. Noch mehr geht rein, wenn man sie auch demontiert.

TOYOTA LAND CRUISER
K DX 1111

DENSO
TOYOTA
285
EUROMASTER
TOTAL
ARACO
TOSHIBA
Kinden
AISIN AW
ICI Klea
CATALER
EMC
MICHELIN
YACCO
SHOEI
ASMO molten

Oben: Leiterrahmen, Starrachse hinten, Einzelradaufhängung vorne, Schraubenfedern: Der J100

Zwischen HZJ/FZJ105 und HZJ/FZJ80 war noch am ehesten eine klare Verwandtschaft erkennbar: Starrachsen, Schraubenfedern, 1HZ- oder 1FZ-FE-Motor und als Luxus höchstens eine Klimaanlage und elektrische Fensterheber. Der 105er war eben jene reduzierte Basisversion, die in Australien, Südamerika, Afrika und überall dort hoch geschätzt wurde, wo man ein wenig komfortabler durch die Lande rumpeln wollte als im eindeutig als Arbeitstier ausgelegten J7 Heavy Duty. Polizeikommandanten, Geschäftsleute, Hilfsorganisationen, UN-Generalinspekteure: Sie alle schätzten Größe, Komfort, die Anzahl bequem erreichbarer Sitzplätze und die robuste Bauweise. Gegenüber J8-Zeiten hatte sich allerdings etwas ganz Wesentliches verändert: Die Turbomotoren wurden nun ausschließlich in Kombination mit der vorderen Einzelradaufhängung ausgeliefert, Starrachsen rundum gab es nur mit dem saugdieselnden 1HZ oder dem simplen Benziner 1FZ-FE. Jene Märkte, die in den Jahren zuvor ausschließlich mit HZJ oder FZJ80 beliefert wurden, merkten keinen Unterschied. Wer jedoch von der Kombination „2 Starrachsen + Turbodiesel“ verwöhnt war, der kratzte sich nun verwundert am Kopf. Speziell in Australien erhielt die Toyota-Welt dadurch einen empfindlichen Dämpfer. Die australische „4WD Monthly“ textete dann auch: „We will never forgive Toyota for going independent at the front with the mighty 4.2 turbo-diesel.“

Man mag es tatsächlich als Fehler bezeichnen, dass es diese phänomenale Turbodiesel-Maschine nicht in Kombination mit zwei Starrachsen gab. Doch diese Entscheidung ist mitnichten während einer langen Nacht im Chefentwickler-Büro getroffen worden. In den Augen der Toyota-Ingenieure war die Einzelradaufhängung wohl ein konsequenter und unvermeidlicher Schritt auf dem Weg ins 21. Jahrhundert – der Land Cruiser Station war

Der J10 ist mit seiner ausgewogenen Gewichtsverteilung und den bulligen Motoren ein Traumwagen auch auf sandigem Terrain.

schon immer sowohl Image- als auch Technologieträger. Und wenn man diesen Gedanken zu Ende spinnt, dann gewinnt man eine weitere glasklare Erkenntnis: Der 105er war nurmehr ein Übergangsmodell. Diese Starrachs-Version sollte lediglich weiterhin jene Kunden beglücken, die vormals in beachtenswerten Stückzahlen die GS-80er geordert hatten (UN, Hilfsorganisationen u.ä.) und ihnen nicht zuletzt einen günstigen und robusten Full-Size-Geländewagen bieten. Im Grunde genommen war es aber von vornherein klar, dass die vordere Starrachse ir-

Sperre ersetzt Verschränkung: 100er beim Klettern in Moab.

Hart im Nehmen, aber selbstredend kein ausgesprochenes Trial-Gerät: Der Bauch und der hintere Überhang erinnern immer an die schiere Größe des Station.

gendwann sterben würde. 1998 wurde die Land Cruiser-Welt somit übergangsweise neu gegliedert: Arbeitsgerät J7, robuster Personentransporter J105, Luxus-SUV J100.

Die Automobiltechnologie hatte in den letzten Jahren einen enormen Sprung gemacht. Und was sich in der gesamten Wirtschaft abzeichnete, war in diesem Sektor wie immer um ein Vielfaches stärker spürbar: der enorme Innovationsdruck. Die ausgehenden 90er Jahre verwöhnten die Kunden mit immer neuen Gadgets und Spielereien. Im Fahrzeugbau schritt die Computerisierung massiv voran und beeinflusste neue Fahrhilfen, Motorsteuerungen, Innenraumapplikationen. CAN-Datenbusse wurden langsam Alltag, und der Kunde erwartete von einem erklärten Technologieträger natürlich großartige Dinge.

Und diese Erwartungen konnte der J10 auch erfüllen. So erhielten die höheren Ausstattungsvarianten optional unter anderem ein höhenverstellbares hydropneumatisches Fahrwerk (AHC), mit dem sich sowohl der Aufbau um bis zu fünf Zentimeter heben oder absenken sowie die Dämpfer-Charakteristik mehrstufig regeln lässt (AVS).

Die Verzögerung erfolgte rundum durch innenbelüftete Scheibenbremsen, die aufgrund der neuen Dimensionen, Gewichte und Leistungsdaten auch größer dimensioniert wurden. In die Scheiben griff eine Vierkolben-Bremsanlage mit ABS, „Brake Assist" und der Neuentwicklung EBD. Brake Assist war eine Bremsunterstützung, die dem Fahrer in Notsituationen half, den idealen Pedaldruck aufzubringen, um den Bremsweg zu minimieren.

Die „Electronic Brake Force Distribution" nutzt die ABS-Steuerung, um die Bremskraft zwischen Vorder- und Hinterachse abhängig von Straßenzustand (also verfügbarer Traktion) und Fahrzeugbeladung ideal zu verteilen. Alle drei Systeme in Kombination waren tatsächlich ein wegweisender Schritt nach vorne und bescherten dem Land Cruiser J10 ein Bremsverhalten, das mit der Trägheit der Vorgänger nichts mehr gemein hatte. Wer allenthalben über zu viel Elektronik in Geländewagen klagt, wird spätestens dann bekehrt, wenn er mit einer dreieinhalb-Tonnen-Fuhre in der Kurve plötzlich das Stauende erblickt und brutal in die Eisen steigen muss. Toyota hat für genau diese Fälle mit den neuen Systemen ohne Frage Großes geleistet.

Im Jahr 2000 wurde die Latte mit „4WD TRC" und „VSC" noch einmal höher gelegt: Ersteres sorgt für optimale Traktion beim Beschleunigen (wiederum in Zusammenarbeit mit den ABS-Sensoren und mit der vergleichbaren Wirkung einer Differenzialbremse), Letzteres ist ein Stabilitätsprogramm, das Kurvenverhalten und Lastwechsel entschärft. 100%ige Sperren für vorne, Mitte, hinten gab es natürlich optional ebenfalls.

Für die Kraftübertragung sorgte wahlweise ein Fünfgang-Schaltgetriebe oder eine Vierstufen-Automatik mit Programmwahl, deren Steuerung aus dem Lexus entnommen wurde: Unter Volllast wird kurzfristig die Zündung (und damit Drehmoment und Leistung) zurückgenommen, um den Übergang sanfter zu gestalten. Ab 2004 gab es eine neue Automatik mit nun fünf Schaltstufen.

Motorisierung

Bei der Motorenauswahl schöpfte der J10 aus dem Vollen: Ganze fünf beeindruckend mächtige Aggregate trieben die verschiedenen Modelle voran, davon drei große Dieselmotoren.

Zum einen war da der gute alte Bekannte 1HZ, dieser Guss gewordene Traum eines jeden Dorfschmieds, der wie im Vorgänger HZJ80/81 und in den diversen Heavy-Duty-Versionen des J7 nun auch im HZJ105 unter der Haube werkeln durfte. Der aufmerksame Leser hat sich gemerkt: Das ist die um jeglichen Firlefanz erleichterte Version mit zwei Starrachsen, also der „Ich-muss-mal-kurz-

Gut abgeschnitten: HZJ105, zum Rallye-Pick-up umgebaut.

HDJ100 im Rallyeeinsatz

Technische Daten

Toyota Land Cruiser J10

Bauzeitraum:	1998–2008
Andere Namen:	Land Cruiser Cygnus, Lexus LX 470
Produktion:	ARACO (Japan), Changchun (China)
Motoren:	1FZ-FE, 2UZ-FE, 1HZ, 1HD-T, 1HD-FTE
Getriebe:	5-Gang manuell H151F/R151F, 4-Stufen-Automatik A343F, 5-Stufen-Automatik A750F
Untersetzungsgetriebe:	HF1A (zuschaltbar), HF2A (permanent)
Antrieb:	Heckantrieb, zuschaltbarer Frontantrieb bzw. permanenter Allradantrieb
Fahrwerk:	Leiterrahmen, zwei Starrachsen, Schraubenfedern (J105); Leiterrahmen, vorne Einzelradaufhängung, Drehstabfeder; hinten Starrachse, Schraubenfedern (J100)
Maße:	
Länge:	4890 mm
Breite:	1941 mm
Höhe:	1849 mm
Radstand:	2850 mm
Spurweite vorne:	1620
Spurweite hinten:	1615
Wendekreis:	11,8 Meter

nach-Timbuktu"-Cruiser. (Der 1HZ wird im Kapitel „J7" beschrieben.)

Neben dem großen Saugdiesel durfte sich auch dessen turbodieselnder Cousin 1HD-FTE unter der Haube tummeln. Das war genau die Maschine, die sich die australische Kundschaft gewünscht hatte und deren Fehlen sie lautstark monierte. Die ersten Jahre auf dem australischen Markt waren denn auch vom Gefühl geprägt, mit „angezogener Handbremse" unterwegs zu sein: Nissan erreichte mit 2,6 Millionen produzierten Fahrzeugen zwar gerade mal die Hälfte von Toyota, gewann aber dennoch gerade in der Nische der großen Geländewagen ganz entscheidend an Boden. Und sie machten sich erneut daran, den Land Cruiser anzugreifen. Die Auswirkungen zeigten sich schmerzlich gerade auf dem australischen Markt, der als größter Einzelmarkt bis dato insgesamt für über elf Prozent des Land-Cruiser-Absatzes weltweit verantwortlich war: Ausgerechnet hier hatte der Nissan Patrol den Land Cruiser überholt. John Conomos, Vizepräsident von Toyota Australia, bekannte reumütig: „Land Cruiser is the rock on which Toyota Australia is founded", und schickte sich 2002 endlich an, den verlorenen Boden zurückzugewinnen: Im Zuge der Modellüberarbeitung sollte nun auch der in Europa schon seit 1998 erhältliche V8-Benziner dem australischen Markt zugeführt werden.

Dieser Ottomotor war eine komplette Neuentwicklung und der erste V8, der in einem Land Cruiser seinen Dienst verrichten durfte: Sagenhafte 4,7 Liter besaß dieses infernalische Aggregat, das mittels 32 Ventilen tief durchatmete... Der Vorgänger 1UZ-FE wurde ursprünglich in den Oberklasse-Limousinen Lexus LS 400, Toyota Celsior und u.a. auch im Crown eingesetzt und basierte auf einem Leichtmetallblock. Der 2UZ-FE hingegen wurde zugunsten der Haltbarkeit auf einem massiven Gussblock aufgebaut und von vornherein für den Einsatz im Land Cruiser und seinem Lexus-Counterpart sowie den schweren Pick-ups vorgesehen. Aus exakt 4663 cm^3 Hubraum holte man 235 PS bzw. 173 kW (bei moderaten 4800 Umdrehungen) und recht angenehme 430 Nm (bei 3400/min). Dennoch waren diese Leistungswerte das untere Ende der möglichen Skala: Natürlich kann man aus einem 4,7-Liter-V8 deutlich mehr rausholen, jedoch war und ist das Credo der Toyota-Motorenbauer absolute Solidität, und die erfordert nun mal eine gewisse Leis-

tungsbeschränkung und Überdimensionierung. Im Jahre 2006 wurde die Maschine leicht überarbeitet. Nun mit VVT-i sowie ETCS-i ausgestattet leistete sie immerhin 275 PS.

Neben dem 2UZ-FE nimmt sich der bekannte 1FZ-FE geradezu mickrig aus – aber auch er durfte den FZJ100 und den FZJ105 antreiben. (Der 1FZ-FE wird im Kapitel „J8" beschrieben.) Weniger bekannt ist hingegen, dass neben dem 1HD-FTE auch dessen Großvater 1HD-T weiterhin seinen Dienst verrichten durfte: Die afrikanische und südamerikanische Kundschaft hatte weiterhin das Vergnügen mit diesem schlichten Dampfhammer, der allerdings mit dem üppig dimensionierten J10 nicht ganz so leichtes Spiel hatte wie mit dessen Vorgänger.

Der deutsche Markt liebte die Diesel heiß und innig: 40% der verkauften J10 waren Dieselfahrzeuge mit Automatik, 35% waren Diesel mit Schaltgetriebe und immer noch beachtliche 25% entschieden sich für den V8-Benziner.

Heute

Der J8 hatte die Absatzzahlen des Land Cruiser Station binnen zwei Jahren um sagenhafte 75% nach oben katapultiert und diese Zahlen über seine gesamte Bauzeit halten können. Der J10 zündete die nächste Stufe: Wieder gingen die Zahlen deutlich nach oben, der neue Station war ein voller Erfolg. Und

Oben: Ohne Veränderungen am Fahrwerk macht vor allem das ausladende Trittbrett recht schnell Bekanntschaft mit dem Untergrund.

Auch die deutsche Polizei setzt auf den J10, darüber hinaus ist er eine beliebte Basis für gepanzerte Fahrzeuge.

Modellvarianten J10

Modell	Ausführung	Motorisierung
HZJ105	Station Wagon (2 Starrachsen)	1HZ: Saugdiesel R6, Wirbelkammer, 4163 cm³, 130 PS/96 kW (3800/min), 271 Nm (2200/min)
FZJ105	Station Wagon (2 Starrachsen)	1FZ-FE: Ottomotor R6, Einspritzanlage, 4477 cm³, 212 PS/158 kW (4600/min), 373 Nm (3200/min)
FZJ100	Station Wagon (vorne IFS, hinten Starrachse)	1FZ-FE: Ottomotor R6, Einspritzanlage, 4477 cm³, 212 PS/158 kW (4600/min), 373 Nm (3200/min)
UZJ100	Station Wagon (vorne IFS, hinten Starrachse)	2UZ-FE: Ottomotor V8, Einspritzanlage, 4664 cm³, 235 PS/173 kW (4800/min), 434 Nm (3400/min)
HDJ100/HDJ101	Station Wagon (vorne IFS, hinten Starrachse)	1HD-T: Turbodiesel R6, elektronische Direkteinspritzung, 4164 cm³, 165 PS/123 kW (3600/min), 352 Nm (2000/min)
HDJ100/HDJ101	Station Wagon (vorne IFS, hinten Starrachse)	1HD-FTE: Turbodiesel R6, Direkteinspritzung, 4164 cm³, 204 PS/150 kW (3400/min), 430 Nm (1400/min)
Cygnus	Station Wagon (vorne IFS, hinten Starrachse)	2UZ-FE: Ottomotor V8, Einspritzanlage, 4664 cm³, 235 PS/173 kW (4800/min), 430 Nm (3400/min)
Lexus LX 470	Station Wagon (vorne IFS, hinten Starrachse)	2UZ-FE: Ottomotor V8, Einspritzanlage, 4664 cm³, 235 PS/173 kW (4800/min), 430 Nm (3400/min

Weitere Informationen finden Sie unter www.legendelandcruiser.de

Toyotas Erfolg wuchs ebenfalls: Mit einem Absatz von 8,972 Millionen Fahrzeugen im Jahr 2008 übernahmen sie den Titel des „weltgrößten Automobilherstellers" von General Motors, die es sich auf dieser Position immerhin über 70 Jahre lang bequem gemacht hatten.

Der Modellwechsel vom J10 auf den J20 ist zum Zeitpunkt der Drucklegung dieses Buches erst etwas über zwei Jahre vorüber – der Gebrauchtwagenmarkt ist also noch relativ entspannt. Wenn man die dort aufgerufenen Preise als „entspannt" bezeichnen kann. Weitaus schwieriger wird es, einen der nur in kleiner Stückzahl über den grauen Import eingeführten HZJ105 oder gar einen FZJ105 zu ergattern. Erstere sind zumeist massiv und professionell umgebaut (und dementsprechend hochpreisig), Letztere so gut wie überhaupt nicht zu finden. Das größte Problem in unseren Breiten ist jedoch sicherlich die abgasrechtliche Einstufung und damit die steuerliche Belastung und die Fahrbeschränkungen. Mit einem gerüttelt Maß an finanziellem Einsatz ist hier aber durchaus Abhilfe zu schaffen: Auch ein 1HZ kann mit einigen Nachrüst-Maßnahmen die Euro-Leiter nach oben klettern. Und ohne Übertreibung gilt unter dem Strich: Ein gut erhaltener HZJ105 ist mit das Beste, wessen man sich anvertrauen kann.

In Reih und Glied und auf Herz und Nieren: Zur Einführung des J12 durfte die europäische Presselandschaft den neuen Prado im Regenwald von Costa Rica ausgiebig testen.

J12 (2002-2008) – der Techniker

Die Entwicklung des J9 war ein großer Schritt gewesen: Der Prado hatte sich damit von den engen Banden der „Familie J7“ gelöst und war endgültig zu einer eigenständigen Baureihe herangereift. Der J9 hatte allerdings ein großes Problem: Er wurde geboren, um dem wachsenden Wettbewerb Marktanteile abzunehmen und Toyota in einer sich neu entwickelnden Nische einen Platz zu verschaffen. Das und natürlich die Spielregeln dieser Nische selbst bedingten, dass die Gestaltung relativ modisch ausfiel. Da dies allerdings mitten auf dem Höhepunkt dieser Mode geschah und Moden sich bisweilen relativ schnell ändern, blieb dem J9 also nicht mehr allzu viel Zeit, bis sich der Reiz seiner Linienführung ein wenig verlor.

Toyota ergriff die Gelegenheit rechtzeitig und schickte bereits etwas über sechs Jahre später einen Nachfolger ins Rennen: Auf dem „Mondial de l'Automobile“ 2002 in Paris feierte man die Weltpremiere des neuen Land Cruiser J12.

Dieser Wechsel erfolgte ein wenig schneller als von vielen erwartet und er fiel auch recht deutlich aus: Nicht nur die Gestaltung der Karosserie, auch der verstärkte Einsatz von Elektronik als Komfortmerkmal und zur Fahrunterstützung war – verglichen mit seinem Vorgänger – ein wahrer Quantensprung.

Etwas über 4 Millionen Land Cruiser waren bislang hergestellt worden, davon um die 760.000 Prado. 200.000 Land Cruiser hatten Europa erreicht. Der Land Cruiser war, das kann man ohne Übertreibung sagen, von jeher für das Wachstum und die Fortentwicklung des Unternehmens Toyota von zentraler Bedeutung. Er war Image- und Technologieträger, er trieb den Export und den Bekanntheitsgrad der Marke voran, er prägte den Ruf des soliden und günstigen Fahrzeugbaus. Das musste natürlich auch bei jedem Modellwechsel aufs Neue unter Beweis gestellt werden, auch durch den J12. Dieser zielte zudem direkt in das Herz des Marktsegments der „Sports Utility Vehicles“ (SUV) – ein hart umkämpfter Markt mit starkem Wettbewerb. „SUV“ sollte hierbei bitte nicht abwertend verstanden werden: Gerade weil der Land Cruiser Prado ein echter Geländewagen und trotzdem höchst straßentauglich war, befand er sich exakt im Zentrum dieses Segments. Nur verfügte er eben über weit mehr Talente als die meisten anderen konkurrierenden SUV.

Folglich präsentierte Toyota Ende 2002 eines der technisch fortschrittlichsten Fahrzeuge in der Firmengeschichte. Ein Fahrzeug, das mehr als jedes andere zuvor aus allen Welten das Beste zu vereinen suchte.

Bei der Modellbezeichnung hat Toyota dem nach Erleuchtung suchenden Land-Cruiser-Fan übrigens ein Schnippchen geschlagen und eine 51 Jahre lang gültige Regel kurzerhand geändert: Anders als man es nach Studium dieses Buches erwarten würde, hieß die kurze Version des J12 nun „J125“, die lange hingegen „J120“. Ein Schema, das auch beim Nachfolger J15 angewandt wurde. Der Grund dafür ist – vermutlich – eine Änderung im Verhalten der Kunden: Mit dem J9 wurden die langen Versionen des Prado interessant und deutlich begehrter als die kurzen. Da die Baureihen weltweit größtenteils in glatten Zehnerschritten bezeichnet werden (z.B. „40 Series“ für den J4), wollte man mit der glatten „120“ vermutlich gleich das beliebteste Modell bezeichnen, also die fünftürige Version.

Werbekampagne in Westafrika: Der Land Cruiser ist bares Geld wert.

Das Design

Die Linienführung des Neuen entstand in Toyotas Design-Zentrum „ED²“ in Südfrankreich, und der J12 war damit der erste Land Cruiser, dessen Außenhülle außerhalb Japans

Oben: Auch im Renn-Einsatz beliebt: Hier ein KDJ120 Executive (!) im Rallye-Trim

entworfen wurde. Das Ziel war eine Neuinterpretation des Themas „Offroad": Ein modernes, funktionales Äußeres, das gleichzeitig eindeutig als echter Geländewagen identifiziert werden kann. Behutsam ist diese Erneuerung wahrlich nicht ausgefallen: Die Gestaltung war nicht minder radikal als beim Vorgänger J9, von dem er allenfalls die Grundform übernahm. Alles andere war neu, und vor allem war der Stil ein anderer. In guter alter Tradition haben natürlich auch die ersten Fotos des J12 bei den Land-Cruiser-Puristen erst einmal einen Aufschrei der Empörung erzeugt: Zu neu, zu modern, zu verspielt sei das Ganze. Erfahrungsgemäß legt sich aber das Entsetzen spätestens im Laufe der nachfolgenden Modellgeneration.

Die verfügbaren Karosserievarianten blieben gleich: Den J12 gab es, wie seinen Vorgänger und seinen Nachfolger, als Drei- und Fünftürer plus jeweils eine große, links angeschlagene Hecktür. Das Reserverad war je nach Ausstattung an der Hecktür oder unter dem Fahrzeugheck angebracht.

Das augenfälligste Merkmal des Neuen sind die großen, ungewohnt gestalteten Freiflächen-Scheinwerfer, die weit nach oben laufen und die zugleich die Blinker beherbergen. Auch der große Kühlergrill mit seinen leicht schräg stehenden senkrechten Rippen und dem großen Toyota-Emblem bestimmt die Optik der Fahrzeugfront. Die Motorhaube ist deutlich schräger als beim Vorgänger und an der Frontscheibe leicht über die Scheibenwischer gezogen, die Seitenlinien der Motorhaube ziehen sich links und rechts der Scheibe in einer abgesetzten Sicke weiter über das Fahrzeugdach und an der Hecktür wieder herunter. Leicht von der Seite betrachtet werden so gerade bei hellen Lackfarben die obere Seitenlinie und die filigrane, weich geschwungene A-Säule betont. Das Dach ist leicht gerundet und fällt zum Heck hin dynamisch ab, wo es über eine Rundung in die große Hecktür übergeht, die von Heckscheibe und Blech klar in zwei Bereiche gegliedert wird. Die Fahrzeugseite wird von einer leicht ansteigenden Schulterlinie beherrscht, die gleichzeitig das Karosserieblech von der nun optisch als Einheit gestalteten Fensterfläche trennt. Die Linie der hinteren Seitenfenster steigt noch etwas stärker an als beim Vorgänger und verstärkt den soliden Eindruck der hintersten Säule. Die schräge Fensterlinie wird hier von den Rückleuchten aufgegriffen und verleiht dem Heck Dynamik. Das Schlusslicht im wahrsten Sinne des Wortes bilden die eigenwillig gestalteten Rückleuchten mit ihren Auswölbungen.

Auch den J12 gab es mit „Narrow Body" und „Wide Body", und wie beim Vorgänger unterschied sich die breite Ausführung nur durch ausladendere Kotflügelverbreiterungen und aufgesetzte Kunststoff-Beplankung an den Seiten. Letztere kommt jedoch beim J12 ohne weitere Sicken und Strukturierungen aus und wirkt dadurch deutlich dezenter. Vorne und hinten gehen die Kotflügelverbreiterungen in die Stoßfänger über und schaffen so eine rundum verlaufende weitere optische Trennung. Die Stoßfänger – ihrerseits sind deutlich bulliger gestaltet als beim Vorgänger und recken sich zudem markant eher nach außen, statt am unteren Abschluss nach innen zu runden. Das wiederum mindert den optischen „Offroad"-Eindruck ein wenig, ist aber praktisch nicht groß von Belang und vor allem dem Windwiderstand geschuldet.

Überhaupt steht die ganze Karosserie unter dem Diktat optimierter aerodynamischer Gestaltung: Die deutlich bündiger mit der Karosserie abschließenden Fensterflächen, das leicht gerundete Dach, die versenkten Scheibenwischer, die Formgebung der Stoßfänger das alles ist nicht nur modern, sondern vor allem Windkanal-tauglich und verhilft dem J12 zu einem beachtlichen Cw-Wert von 0,38. Auch die Geräuschentwicklung in allen Geschwindigkeitsbereichen wurde hierdurch deutlich verbessert. Um Vibrationen zu dämpfen, wurden schon im Designprozess mittels Computerberechnungen Frequenzprüfungen durchgeführt und deren Ergebnisse dann konstruktiv berücksichtigt. Durch in Sandwich-Bauweise aufgebaute Dämm-Elemente und spezielle, völlig neuartige Dämmstoffe im Bereich von Armaturentafel, Fußraum, Bodengruppe, Stirnwand und Dachbereich erreichte der J12 so auch tatsächlich ein ungewohnt niedriges Geräuschniveau. So niedrig, dass den Kunden das charakteristische Nageln des Direkteinspritzer-Diesels deutlich stärker auffiel als früher.

Beide Karosserievarianten haben im Laufe des Entwicklungsprozesses gegenüber der letzten Modellgeneration in Länge und Breite zugelegt: Der Radstand des Dreitürers wuchs um 80 auf 2455 Millimeter, der des Fünftürers sogar um 115 auf 2790 Millimeter. Die Gesamtlänge des Dreitürers stieg dank der recht kurzen Überhänge lediglich um 70 auf 4400 Millimeter, die des Fünftürers um 80 auf 4850 Millimeter. Die Karosseriebreite beider Varianten beträgt 1875 Millimeter, was einem Zugewinn von 55 Millimetern gegenüber dem Vorgänger-Modell entspricht. Demgegenüber bewirkt die bei beiden Varianten um 35 Millimeter auf 1845 (Dreitürer) beziehungsweise 1850 Millimeter (Fünftürer) reduzierte Fahrzeughöhe einen optisch niedrigeren Karosserie-Schwerpunkt. Die Rostvorsorge an Rahmen und Karosserie wurde noch einmal deutlich verbessert. Zum Einsatz kamen korrosionsresistente

Die Basisversion des J12 kommt ohne Kotflügelverbreiterungen

Ungewohnt: Die Gestaltung von Scheinwerfern und Heckleuchten fiel im Vergleich zu den Vorgängern deutlich aus dem Rahmen.

„Excelite"-Spezialbleche, an den Türen war es zinklegierter Stahl mit doppelter galvanischer Beschichtung. Sämtliche Hohlräume wurden mit synthetischem Wachs versiegelt, ein neu entwickelter Unterbodenschutz schützte auch den Bauch. Rings um die Radläufe und im vorderen Bereich der Motorhaube kam ein besonders schlagzäher Lack zum Einsatz, um Steinschlagschäden zu minimieren.

Die Karosserie und der Seitenaufprallschutz wurden an einigen entscheidenden Punkten weiter verstärkt, andere Bereiche erhielten Leichtbau-Elemente. So konnte der Insassenschutz verstärkt, die Vibrationen jedoch gesenkt werden.

Das Interieur

Wenn man sich auf den Fahrersitz des J12 schwingt, stellt man auf einen Blick fest: Das Interieur des J12 ist frisch, modern, zeitlos und geradlinig. Die „Cockpitlandschaft" ist glattflächig gestaltet und wird bestimmt von einem breiten abgesetzten Bereich in der Mitte, der Radio/Navigation, Lüftungsdüsen und die Regelung für Heizung/Klima trägt und weiter unten in die Mittelkonsole übergeht. In den höheren Ausstattungen wird diese mittige Trennung durch senkrechte Leisten mit mattierter Aluminium-Oberfläche noch verstärkt, die gleiche Oberfläche findet sich auch in Bereichen der Türverkleidung. Die Kunststoff-Oberflächen nennen sich „Soft Touch" und fühlen sich auch angenehm seidig an, in den höheren Ausstattungsvarianten gibt es natürlich auch zusätzliche Holz-Applikationen sowie Leder in den Türverkleidungen, an Lenkrad und Schaltknauf.
Die Instrumenten-Einheit bekam in den Top-Ausstattungslinien

neu entwickelte Optitron-Displays, die unabhängig vom Lichteinfall jederzeit blendfrei und sicher ablesbar sind.

Die Sitze (wie gehabt bezogen in Vinyl, Stoff, Velours oder Leder) sind fest, bequem und bieten ordentlichen Seitenhalt, die Türen beherbergen integrierte Armlehnen, dazu gibt es die große mittlere Armlehne auf der Staubox. Der Innenraum wirkt außerordentlich aufgeräumt und ist unaufdringlich edel gestaltet. Das Interieur hält in jeder Hinsicht, was die äußere Hülle verspricht: Der Land Cruiser J12 bietet das perfekte Flair für ein großes Reisefahrzeug. Es ist alles da, was man braucht und es ist außerordentlich gemütlich. Und genau das war ja auch das Ziel der Designer, denn der Land Cruiser taugt mehr denn je als Langstreckenfahrzeug.

Und er ist geräumiger geworden: Gut 40 Millimeter mehr Beinfreiheit vorn, 15 Millimeter mehr Bein- und Kopffreiheit auf den hinteren Sitzplätzen und eine um 30 Millimeter höhere Schulterfreiheit ergeben ein ausgesprochen angenehmes Raumgefühl auch für normal gewachsene Mitteleuropäer.

Die Sitzkonfiguration bot je nach Region die gewohnte Vielfalt und hat die gleichen Parameter wie im Vorgänger: Für die erste Reihe zwei Einzelsitze oder Fahrersitz plus Beifahrer-Doppelbank (dann natürlich unter Verzicht auf die Mittelbox), für die zweite Reihe eine einteilig verschiebbare Bank (oder alternativ mit geteilter Rückenlehne bzw. natürlich auch mit zwei Längssitzbänken). Im Fünftürer gab es zusätzlich auf Wunsch eine dritte Sitzreihe (wie gehabt getrennt umklappund faltbar) oder links und rechts je eine Längssitzbank. Das ermöglicht maximal fünf Mitfahrer im Dreitürer und tatsächlich deren 10 im Fünftürer Letzteres jedoch um den Preis eines

Oben: Bei zwei Einzelsitzen vorne und Dreier-Sitzbank in der dritten Reihe haben bis zu 8 Personen ausreichend und bequem Platz.

Darunter: Die deutsche Basisversion mit Stoffausstattung, unten der Executive mit Leder rundum

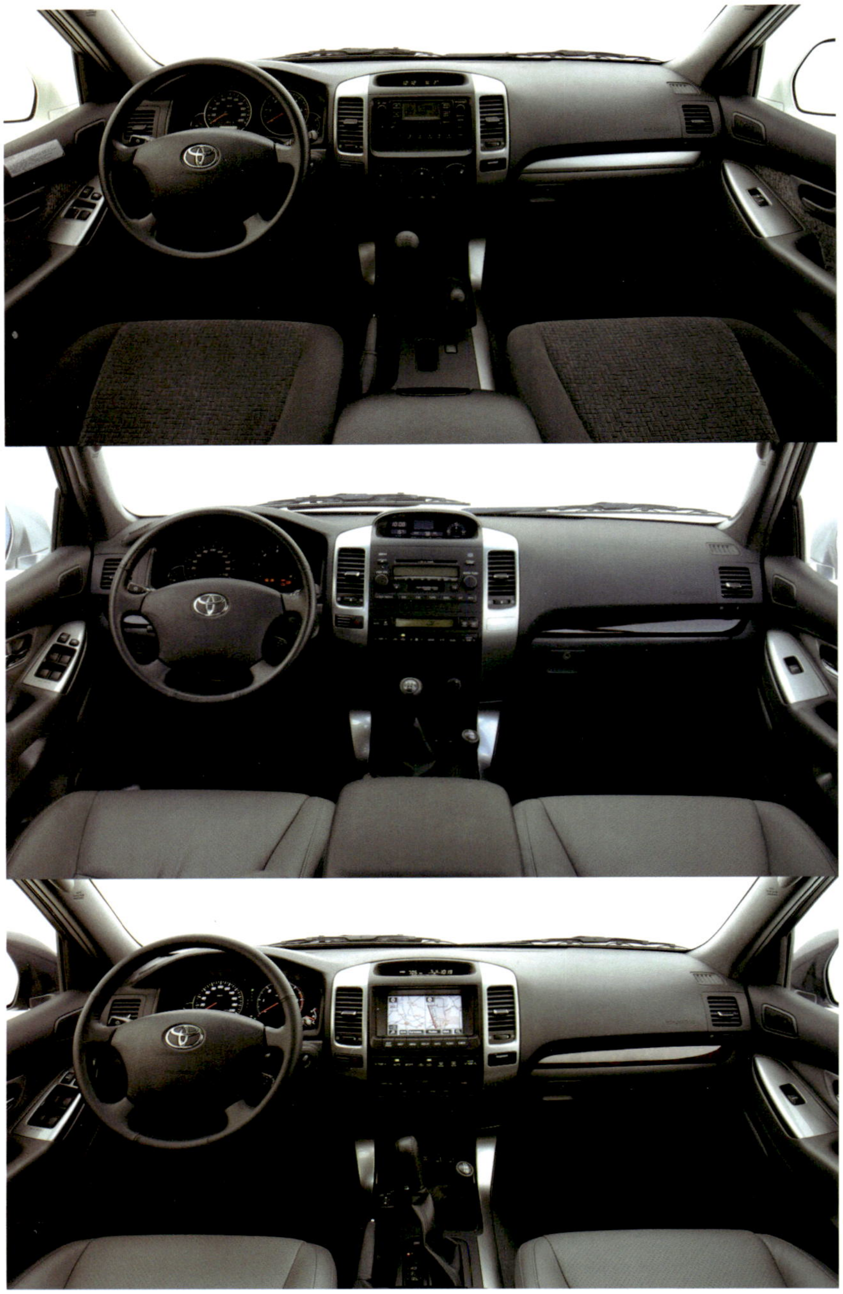

Variationen des Armaturenbretts verschiedener deutscher Ausstattungsvarianten

eher beengten Reisevergnügens. Selbstverständlich wurde auch die passive Sicherheit der Insassen auf ein neues Level gehoben: Zweistufige Frontairbags, Seitenairbags und Kopfairbags machen aus dem Innenraum im Kollisionsfall eine kleine Luftkissenzelle, zudem wurde das System der Airbag-Auslösung nun mit einem elektronischen Beschleunigungs-Sensor ausgestattet. Die vorderen Gurte haben natürlich Gurtstraffer und Gurtkraftbegrenzer, die vorderen Sitze sind mit einem Schleudertrauma-Schutzsystem ausgestattet. Zu guter Letzt werden im Falle einer Kollision der Zündstrom und die Kraftstoffversorgung unterbrochen, um das Brandrisiko zu verringern.

Fahrwerk und Antrieb

„Der neue Toyota Land Cruiser wendet sich an die heutige Generation von SUV-Fahrern neue, anspruchsvolle Kunden, die ein stilvolles Gefährt mit der on-road-Fahrdynamik eines Pkw verlangen, das zusätzlich überragende Gelände-Eigenschaften aufweist." Dieser kleine Ausschnitt aus der deutschen Toyota-Presse-Einführung im Januar 2003 zeigt das Spannungsfeld, in dem sich das Entwicklungsteam befand: Der J12 sollte ein echter Land Cruiser werden, aber er musste mehr denn je eben auch jene Klientel ansprechen, die das Fahrzeug ihrer Träume ausschließlich auf der Straße bewegt. Im Ergebnis hat der J12 tatsächlich Straßen-Fahreigenschaften bekommen, die man ein paar Jahre zuvor nicht im Traum von einem Land Cruiser erwartet hätte.

Den entscheidenden Beitrag dazu leistete der neu entwickelte Rahmen, der mit einer im Vergleich zum Vorgängermodell um 60 Prozent gesteigerten Torsionssteifigkeit und dennoch geringerem Gewicht aufwarten konnte. Lediglich die grundlegende Konstruktion des Vorläufermodells behielten die Konstrukteure bei: An der Vorderachse kam eine Einzelrad-Aufhängung mit Doppelquerlenkern zum Einsatz, die Hinterachse war nach wie vor starr, wurde an Mehrlenkern geführt und hatte einen Stabilisator. An der Vorderachse befinden sich nun allerdings die unteren und oberen Kugelgelenke nicht mehr an den Achsschenkeln, sondern sind Bestandteil der Querlenker. An beiden Achsen kommen in der Standard-Ausführung Schraubenfedern mit neu entwickelten Stoßdämpfern zum Einsatz, die Federwege wurden verlängert. Die Top-Modelle verfügen im Gegensatz dazu über die zweite Generation des aktiven Federungssystems „TEMS" (Toyota Electronically Modulated Suspension) und eine voll in dieses System integrierte Luftfederung mit automatischem Niveau-Ausgleich („AHC", Active Height Control) an der Hinterachse. Die hinteren Radaufhängungen stützen sich dabei über je eine Rollbalg-Luftfeder ab, deren Druck unabhängig voneinander von einem Zentralrechner gesteuert wird. Die benötigte Druckluft stellt ein elektrisch betriebener Kompressor mit integriertem Lufttrockner und Luftfilter bereit. Darüber hinaus sind auch die Stoßdämpfer regelbar.

Der Radstand wuchs beim Dreitürer um 90 auf 2455 Millimeter und beim Fünftürer 125 auf 2790 Millimeter. Auch die Spurweite legte deutlich zu: Sie beträgt nun, je nach Bereifung, zwischen 1535 und 1575 mm. Wie der J9 verfügt auch der J12 über eine Zahnstangenlenkung mit drehzahlabhängiger hydraulischer Servo-Unterstützung. Die Lenkübersetzung ist variabel, wird also in Richtung der Endanschläge länger.

Die Liste der technischen Feinheiten, Steuerungs- und Regelungssysteme ist ohne separates Glossar und ausführliche Erklärungen nicht sinnvoll darzustellen, weshalb hier nur die wichtigsten Elemente im Überblick erwähnt werden sollen.

Oben: In Island sind monströse Umbauten beliebt, die über Fahrwerk, Bodylift und 44er Räder das Befahren von Eis und Schnee ermöglichen. Die sogenannten „Isländer-Umbauten" kommen auch gleich mit Kotflügelverbreiterungen, die ausschauen, als würden sie ab Werk geliefert.

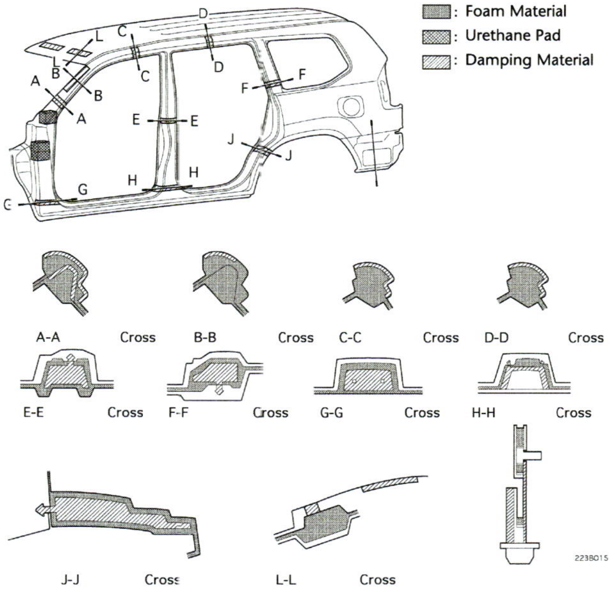

Die Maßnahmen zur Geräusch- und Vibrationsdämmung waren zahlreich.

Zu diesen Feinheiten zählen unter anderem die weltweit erstmals vorgestellte Elektronische Berganfahrkontrolle „HAC" (Hill-start Assist Control) zur Unterstützung beim Anfahren an rutschigen Steigungen, die Elektronische Bergabfahrkontrolle „DAC" (Downhill Assist Control), die verlässliche Sicherheit beim Befahren steiler Abhänge bietet, das elektronische Stabilitätsprogramm „VSC" sowie die aktive Traktionskontrolle „A-TRC" (Active Traction Control).

Geschaltet wird über (je nach Motorisierung) verschiedene, teilweise neu entwickelte manuelle Schaltgetriebe mit fünf Gängen oder zwei verschiedene elektronisch gesteuerte 4-Stufen-Automatikgetriebe. Auch die Kupplung ist deutlich größer dimensioniert als im J9, zudem ist ein Sperrschalter eingebaut, sodass sich der Motor bei eingelegtem Gang und eingerückter Kupplung nicht starten lässt. Mit der Überarbeitung 2004 kamen eine 5-Stufen-Automatik und ein 6-Gang-Schaltgetriebe zum Einsatz. Auch das Verteilergetriebe war neu entwickelt worden und enthielt (bei den Versionen mit permanentem Allradantrieb) ein Torsen-Differenzial, die Kraft wurde im normalen Fahrbetrieb 60:40 verteilt. Das Mitteldifferenzial konnte im Bedarfsfall auch manuell gesperrt werden, eine hintere 100%-Sperre war optional erhältlich. Die Dauerstandfestigkeit des Zentraldifferenzials wurde gegenüber dem seinerzeitigen Land Cruiser 90 nochmals um 80 Prozent gesteigert. Und: In einigen Regionen war auch der J12 weiterhin mit zuschaltbarem Allradantrieb erhältlich.

Die Verzögerung übernimmt nun eine servounterstützte Zweikreis-Diagonal-Bremsanlage mit vier groß (338 mm vorne bzw. 312 mm hinten) dimensionierten und innenbelüfteten Bremsscheiben. Ein Vierkanal-ABS mit neuartigen aktiven Drehzahl-Sensoren an jedem Rad und elektronischer Bremskraftverteilung „EBD“ (Electronic Brake Force Distribution) und der Bremsassistent „BA“ sind ebenfalls integriert. Der Bremsassistent erhöht dabei den Bremsdruck bei Gefahr selbsttätig bis in den Regelbereich des ABS, um eine maximale Verzögerung zu gewährleisten. Die Bremsen waren gegenüber dem Vorgänger insgesamt deutlich optimiert, neigten jedoch immer noch zu recht schnellem Verschleiß.

Kraftwerk: Der 3-Liter-Common-Rail-Turbodiesel 1KD-FTV drückt mit 163 PS und 343 Nm auf die Kurbelwelle

Motorisierung

Die verfügbare Motorenpalette im J12 war überaus umfangreich, wenn auch wie immer regional sehr unterschiedlich gestaltet. Insgesamt neun verschiedene Motorenversionen wurden verbaut, davon drei Diesel und sechs Benziner.

Wie üblich wurde dabei ein Großteil der Maschinen vom Vorgänger übernommen, darunter der Direkteinspritzer-Turbodiesel 1KZ-TE, der Saugdiesel 5L-E sowie die Benziner 3RZ-F, 3RZ-FE und 5VZ-FE.

Auch der moderne Common-Rail-Motor 1KD-FTV, der ja erst seit 2000 im Einsatz war, wurde weiterhin eingesetzt und auch noch einmal überarbeitet. Unter anderem wurde zugunsten der Wartungsfreundlichkeit an der Kontaktfläche Nocke/Tassenstößel nun auf Einstell-Shims verzichtet, der Ladeluftkühler wurde vergrößert und weiter entfernt vom Motorblock platziert und die Leerlaufdrehzahl herabgesetzt. Eine elektronisch gesteuerte Abgasrückführung mit Stellmotor und Kühlsystem reduziert bereits im Vorfeld den Anteil an Stickoxiden im Abgas beträchtlich, zusätzlich werden sämtliche Kanäle der Abgasrückführung gekühlt, so dass ein noch größerer Abgasanteil zurückgeführt werden kann. Die Einspritzdüsen sitzen in der Mitte zwischen den Ventilen, um eine optimale Verwirbelung des Kraftstoffs zu erreichen, und die Leichtmetallkolben verfügen in den Böden über eingelassene Brennräume. Die Effizienz des ohnehin ausgefeilten 1KD-FTV konnte durch all diese Maßnahmen noch einmal gesteigert werden, auch die Emissionen sanken deutlich. Und auch die Laufkultur wurde durch Detailarbeit noch einmal erhöht, Geräuschentwicklung und Vibrationen wurden deutlich verringert: Alleine die hydraulisch gedämpfte Motoraufhängung (drehzahlabhängig variabel!) z.B. ist ein solches Detail, in das enormer Entwicklungsaufwand geflossen ist.

Die Leistung des D4D-Motors hat sich dabei nicht verändert: Nach wie vor entwickelt er 163 PS (120 kW) bei 3400/min und bietet zwischen 1600 und 3200/min ein bulliges maximales Drehmoment von 343 Nm. Die Höchstgeschwindigkeit mit manuellem Getriebe liegt bei 165 km/h, für den Spurt von null auf 100 km/h benötigt er 12,7 Sekunden.

LAND CRUISER
PRADO

K EK 204

K EK 2043

K EK 2043

FJ Cruiser

Im Jahre 2003 überraschte Toyota auf der Chicago Auto Show die Öffentlichkeit mit einer gewagten Studie und präsentierte einen auffällig gestylten Offroader, der deutliche Anleihen am legendären J4 nahm und erkennbar als reines Concept Car vor allem einen „WOW!"-Effekt erzeugen sollte. Dieses Konzept wurde allerdings so gut aufgenommen, dass es ausgearbeitet wurde und im Jahre 2006 tatsächlich als neues Fahrzeug die Toyota-Palette bereicherte: der FJ Cruiser.

Entworfen im südkalifornischen Toyota-Designzentrum erinnern vor allem die Frontpartie, das weiß abgesetzte Dach und die um das Heck herumgezogenen Heckscheiben an die „40 Series", die in den USA außerordentlich beliebt war und immer noch ist. Das Äußere und auch der Innenraum haben viele extravagante Details und sind alles andere als filigran gestaltet, die Außenfarben sind knallig und es gibt eine Menge kernig aussehendes Zubehör – der FJ Cruiser ist ein absoluter Hingucker, soviel steht fest.

Das soll aber nicht darüber hinwegtäuschen, dass er auch echte Geländequalitäten besitzt: Technisch basiert der FJ Cruiser nämlich komplett auf dem J12, angetrieben wird er somit auch vom 1GR-FE, geschaltet über die ebenfalls aus dem Prado bekannte 5-Stufen-Automatik oder die 6-Gang-Handschaltung. Außerhalb der USA wurde und wird er allerdings nicht offiziell angeboten, nach Deutschland und auf andere Märkte gelangen gleichwohl Fahrzeuge über Grauimport-Kanäle.

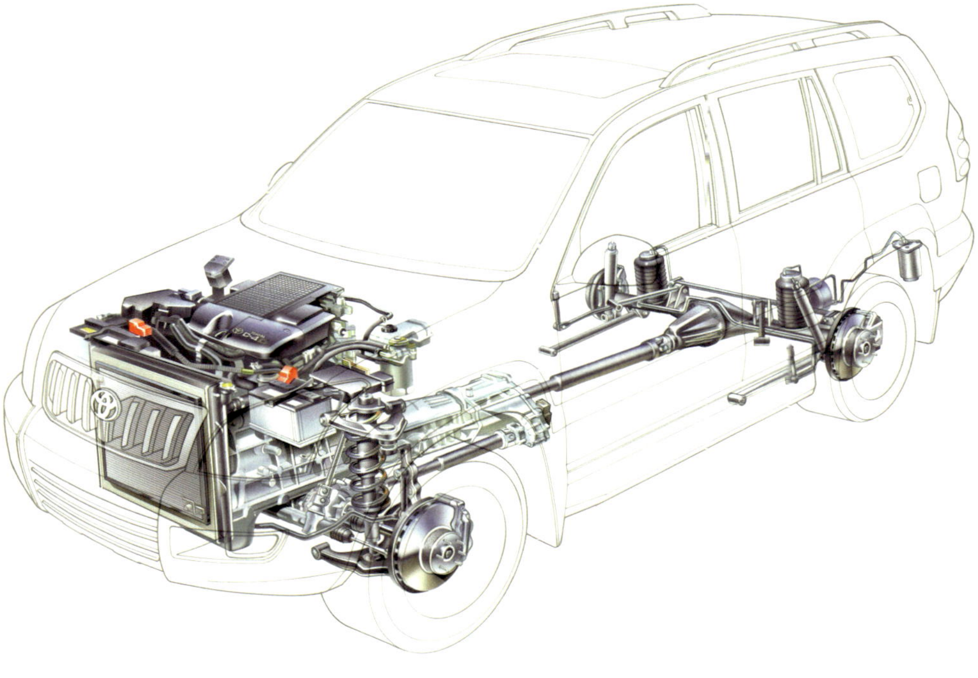

Die Kraft wird permanent an alle vier Räder weitergeleitet, die Vorderachse arbeitet unabhängig, die hintere starr, gefedert wird rundum über Schraubenfedern, alternativ gibt es wie hier zu sehen eine Luftfederung für die Hinterachse.

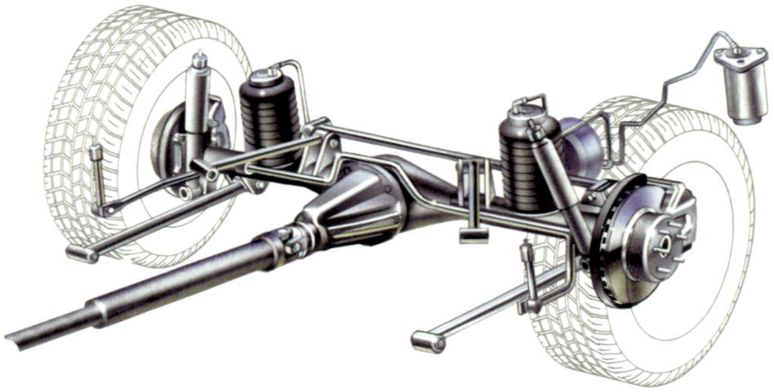

Hinterachse mit Längslenkern, Stabilisator, optionaler Luftfederung und Ausgleichsbehälter

Eine komplette Neuentwicklung ist der 1GR-FE, die Top-Motorisierung der Prado-Variante: Der leichte und kompakte V6-Benziner holt aus vier Litern Hubraum 249 PS und 382 Nm und treibt den J12 damit in 9,5 Sekunden von Null auf Hundert, bei knappen 180 ist dann Schluss. Die hohen Leistungswerte gehen dabei einher mit einem homogenem Drehmomentverlauf und vergleichsweise niedrigen Verbrauchs- und Emissionswerten. Verantwortlich dafür ist unter anderem die intelligente variable Ventilsteuerung VVT-i, bei der über einen hydraulischen Verstellmechanismus auf der Einlassnockenwelle die Ventilsteuerzeiten exakt und stufenlos den Fahrbedingungen angepasst werden können. Im Zusammenspiel mit weiteren Regelsystemen (wie der elektronischen Drosselklappensteuerung oder der Ansaugluft-Oszillationssteuerung) können nun alle relevanten Parameter in Abhängigkeit vom jeweiligen Lastzustand gesteuert werden – ein Wunderwerk der Motorentechnik.

Natürlich sind diese Hightech-Maschinen in ihrer kaum überschaubaren Komplexität nicht mehr vergleichbar mit den früheren Einfach-Triebwerken, und sie können auch nicht mehr mit Hammer und Meißel in jeder Dorfschmiede repariert werden. Dafür hat sich der Kraftstoffverbrauch in den letzten 40 Jahren Entwicklungsgeschichte aber auch fast halbiert, während sich die Leistungswerte beinahe verdreifacht haben. Der Fokus der Toyota-Entwickler liegt dabei jedoch nach wie vor auf der Haltbarkeit, weshalb u.a. die Leistungsausbeute immer noch recht konservativ ausgelegt ist. Darum vernimmt man über die Toyota-Motoren heute so wenig wie früher Klagen hinsichtlich ihrer Standfestigkeit. Im Juli 2005 fällt auch der 5VZ-FE aus dem Programm, dessen Stelle nun endgültig der neue V6 einnimmt.

Das sich immer schneller drehende Rad der Weiterentwicklung wird gerade bei der Motorentechnik deutlich sichtbar: Regelmäßig wird Hand an die Triebwerke angelegt, immer weiter werden Leistungsdaten, Laufverhalten und Emissionswerte verbessert.

Im August 2004 wird der 3RZ-FE durch den 2TR-FE ersetzt, der parallel – wie bei Toyota üblich – auch in vielen anderen Fahrzeugen des Hauses verwendet wird, unter anderem in Hiace, Hilux, Hilux Surf und Tacoma. Der 4-Zylinder-Benziner mit Einspritzanlage holt aus 2,7 Litern 159 PS und 244 Nm.

Ebenfalls 2004 widmen sich die Ingenieure intensiv dem 1KD-FTV, der nun mit etwas mehr Einspritzdruck (1600 statt 1350 bar) und zwei statt einer Voreinspritzung arbeitet und auch einen neuen Turbolader für mehr Ladedruck bekommt. Das Ergebnis sind 166 statt 163 PS, satte 410 statt 343 Nm Drehmoment und ein nochmals weicherer Motorlauf. Dazu gibt es eine neue Fünfstufen-Automatik bzw. ein 6-Gang-Schaltgetriebe. Im Zuge dieser Überarbeitung werden auch die recht verschleißintensiven Saughubsteuerventile in den Ruhestand verabschiedet, die im Common-Rail-System in der Leitung zur Hochdruckpumpe sitzen und zum Schutz der Pumpe den Druck begrenzen.

Technische Daten

Toyota Land Cruiser J12	
Bauzeitraum:	2002-2009
Karosserieausführungen:	Station Wagon 3-türig Station Wagon 5-türig
Andere Namen:	Lexus GX 470
Produktion:	Tahara (Japan), Envigado (Kolumbien), Sichuan (China), Bidadi (Indien)
Motoren:	1KZ-TE, 1KDFTV, 5L-E, 3RZ-F, 3RZ-FE, 5VZ-FE, 2TR-FE, 1GR-FE, 2UZ-FE
Getriebe:	5-Gang manuell (R150F), 5-Gang manuell (G52), 5-Gang manuell (W56), 6-Gang manuell (RA61F), 4-Stufen-Automatik (A343F), 4-Stufen-Automatik (A340F), 5-Stufen-Automatik (A750F)
Zwischengetriebe:	VF2A (zuschaltbar), VF4B (permanent), VF4BM (permanent)
Antrieb:	Heckantrieb, zuschaltbarer Frontantrieb bzw. permanenter Allradantrieb
Fahrwerk:	Leiterrahmen, vorne Einzelradaufhängung, Schraubenfedern; hinten Starrachse, Schraubenfedern
Maße:	
Länge:	4365 mm (Dreitürer, je nach Ausführung) 4850 (Fünftürer, je nach Ausführung)
Breite:	1790-1875 mm, je nach Ausführung
Höhe:	1865 mm, je nach Ausführung
Radstand:	2455 mm (Dreitürer), 2790 mm (Fünftürer)
Spurweite vorne:	1535-1575 mm, je nach Ausführung
Spurweite hinten:	1535-1575 mm, je nach Ausführung
Wendekreis:	11,2 m (Dreitürer), 12,2 m (Fünftürer)

Front-, Seiten-, Vorhang-Airbags: Im Fall der Fälle ist man im J12 gut geschützt.

Exakt zwei Jahre später, im August 2006, wird der 1KD-FTV erneut überarbeitet und liefert nun 173 PS bei 3400/min und 410 Nm bei 1600 bis 2800/min. Die CO2-Emissionen werden weiter gesenkt und die Maschine erfüllt nun die Abgasgrenzwerte nach „Euro 4".

Auch der V6 wird noch einmal überarbeitet: Mittels „Dual VVT-i" steigt die Leistung auf 285 PS, das Drehmoment auf 392 Nm (bei 91-Oktan-Sprit, versteht sich!). Erreicht wurde dies durch zahlreiche Änderungen, unter anderem wurde die Füllung der Zylinder (und damit die Effizienz) optimiert und die Kühlung verbessert, um eine homogenere Temperaturverteilung im ganzen Motorblock zu erreichen.

Schlussendlich sei erwähnt, dass der Lexus-Variante des J12, dem GX 470, ein V8-Benziner gegönnt wurde: Hier tat der aus dem J10 bekannte 2UZ-FE seinen Dienst. Er hatte mit dem „kleinen" Land Cruiser durchaus leichtes Spiel.

Nach 6 Millionen gebauten Land Cruisern war Ende 2008 dann Schluss für den J12. Die Bühne betrat der jüngste Sproß der Prado-Familie: der J15.

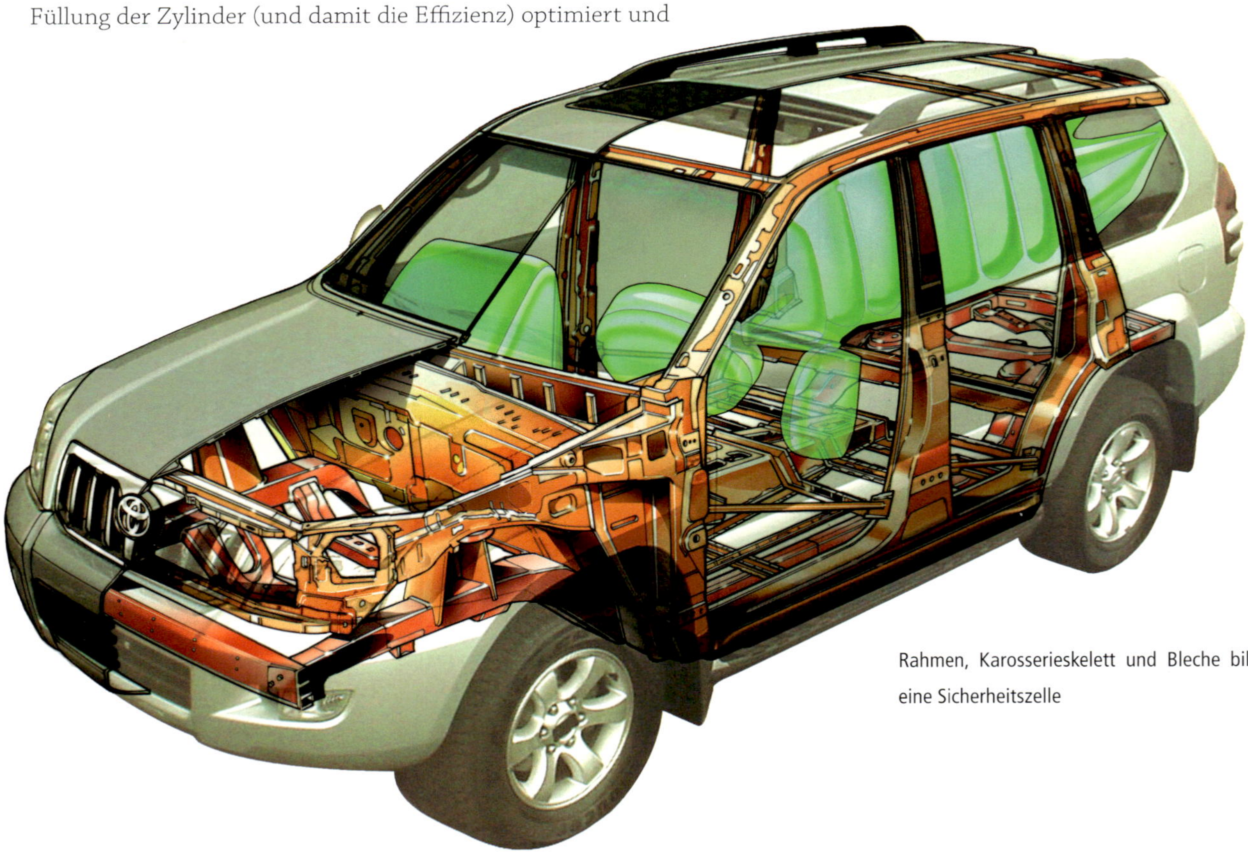

Rahmen, Karosserieskelett und Bleche bilden eine Sicherheitszelle

Modellvarianten J12

Modell	Ausführung	Motorisierung
KZJ120/125	Wagon 3- oder 5-türig	1KZ-TE: Turbodiesel R4, Wirbelkammer, elektronische Einspritzung, 2982 cm³, 125 PS/92 kW (3600/min), 295 Nm (2400/min)
KDJ120/125	Wagon 3- oder 5-türig	1KD-FTV: Turbodiesel R4, Common-Rail Direkteinspritzung, 2982 cm³, 163 PS/120 kW (3400/min), 343 Nm (1600-2800/min) ab 2004 166 PS, 410 Nm ab 2006 173 PS, 410 Nm
LJ120/125	Wagon 3- oder 5-türig	5L-E: Diesel R4 Wirbelkammer, 2986 cm³, 97 PS/71 kW (4000/min), 192 Nm (2400/min)
RZJ120/125	Wagon 3- oder 5-türig	3RZ-F: Ottomotor R4, Vergaser, 2694 cm³, 132 PS/97 kW (5200/min), 217 Nm (3200/min)
RZJ120/125	Wagon 3- oder 5-türig	3RZ-FE: Ottomotor R4, Einspritzanlage, 2694 cm³, 152 PS/112 kW (4800/min), 240 Nm (4000/min)
VZJ120/125	Wagon 3- oder 5-türig	5VZ-FE: Ottomotor V6, Einspritzanlage, 3378 cm³, 178 PS/131 kW (4600/min), 303 Nm (3600/min) ab 2006 285 PS, 392 Nm
TRJ120/125	Wagon 3- oder 5-türig	2TR-FE: Ottomotor R4, Einspritzanlage , 2694 cm³, 159 PS/119 kW (5200/min), 244 Nm (3600/min)
GRJ120/121/125	Wagon 3- oder 5-türig	1GR-FE: Ottomotor V6, 2956 cm³, 235 PS/173 kW (5200/min), 362 Nm (3800/min)
UZJ120/125	Wagon 3- oder 5-türig	2UZ-FE: Ottomotor V8, Einspritzanlage, 4664 cm³, 235 PS/173 kW (4800/min), 434 Nm (3400/min)

Weitere Informationen finden Sie unter www.legendelandcruiser.de

PRADO

K OE 140

J15 (seit 2009) – der Hightech-Offroader

Die Spirale der Entwicklung dreht sich immer schneller, und mit ihr die Ansprüche der Käufer. Dies geschieht in nahezu allen Bereichen des Lebens, ganz besonders aber in den technischen. Und so wird auch der Automobilmarkt von der Welle der Neuentwicklungen gnadenlos getrieben. Die Produktlebenszyklen schrumpfen, und auch die Aufmerksamkeit der Zielgruppe wird nach einer Neuvorstellung schnell wieder in Richtung noch neuerer, noch attraktiverer Produkte gezogen. Ein Modellwechsel ist im Automobilbereich immer weniger eine Frage von technischer Notwendigkeit als von Marketingerfordernissen.

Der weltweit häufigst verkaufte Geländewagen hatte seit seiner Einführung bis Ende 2009 ziemlich genau 6 Millionen Kunden in 178 Ländern gewinnen können, allein im Jahr 2008 verließen 332.000 Land Cruiser Heavy Duty, Prado und Station Wagon die Toyota-Produktionshallen. Und Lexus hatte seit 2006 noch einmal 360.000 LX und GX an den Mann gebracht.

Der J12 gehörte zu dieser Zeit noch nicht wirklich zum „alten Eisen", aber nach einer Laufzeit von sieben Jahren war für Toyota aus den vorgenannten Gründen ein Modellwechsel durchaus sinnvoll. Und jener Modellwechsel erfolgte, wie es in den letzten Jahren zunehmend zur Gewohnheit wurde, mit einem technologischen Paukenschlag: Der neue Prado ist ohne Übertreibung ein Wunderwerk der Technik, er steht dem großen Bruder Station Wagen in Sachen Komfort in nichts nach – und er ist bei alledem immer noch ein Land Cruiser.

Obschon der J15 zeitlich das neueste Land-Cruiser-Modell darstellt, erscheint er hier, der Übersichtlichkeit zuliebe, vor dem J20.

Das Design

Auch der J15 wurde in Toyotas südfranzösischem Design-Zentrum ED^2 gestaltet. Die Designer nahmen dabei starke Anleihen an seinem Vorgänger und entwickelten dessen Formensprache konsequent weiter. So mag es dem ungeübten Betrachter aus der Ferne auch durchaus passieren, dass er den J15 mit seinem Vorgänger verwechselt. Kombiniert wurde das Ganze mit jenen Elementen, die derzeit die Palette der Neuvorstellungen prägen. So findet man unter anderem auch die eine oder andere Anlehnung an den großen Bruder J20. Vor allem an den hervorquellenden Frontscheinwerfern und Heckleuchten sowie den Kotflügeln sieht man den beiden ihre Verwandtschaft deutlich an. Die Linienführung des neuen Prado ist insgesamt kraftvoller, dynamischer und deutlich bulliger geworden. Das liegt vor allem an den mächtigen, gewölbten Radhäusern und der neu gestalteten Front, die sich angriffslustig in den Wind stellt. Würde man in seinem Enthusiasmus so weit gehen und Fahrzeugen Gesichtszüge zusprechen, so könnte man dem J15 ohne Zweifel ein „überlegenes Lächeln" andichten.

Ein Fahrwerk, ordentliche Reifen und für die Optik ein paar nette Felgen: Der Prado im dezenten Gelände-Trim.

Dieses Gesicht wird beherrscht vom großen Kühlergrill, der in der Höhe zugelegt hat, und den großen, wulstigen Klarglas-Scheinwerfern. Letztere wurden deutlich dynamischer gestaltet und wandern nun ansteigend in die Karosserieflanke, wo sie auch die Seiten der Motorhaube mit anzuheben scheinen: Diese fällt nämlich zum ersten Mal nicht links und rechts ab, sondern bildet eine Senke in ihrer Mitte und links und rechts hohe „Wangenknochen". Zusammen mit dem massigen Stoßfänger

schaut der J15 geradezu, als könne er es gar nicht erwarten, die nächsten Meter unter die Räder zu nehmen. Die Stoßstange hat nun keine eindeutig abgrenzende Linie mehr und führt auch nicht mehr horizontal um die Fahrzeugkante, sondern steigt an und geht direkt in die Auswölbungen der Radhäuser über. Das Radhaus weicht an der Tür wieder sanft zurück und hinterlässt eine schnörkel- und kantenlose Seitenfläche, bis sich der hintere Kotflügel wieder herauswölbt. Diese „dicken Backen" verleihen dem J15 einen breiten, soliden Stand und vermitteln Vertrauen und den Eindruck von Tatkraft.

Die Frontscheibe steht flacher, auch das Heck ist ein wenig mehr geneigt, dennoch hat der J15 immer noch die unverkennbare Form eines Geländewagens. Die C-Säule ist breiter geworden und verstärkt den soliden Eindruck der Hinterseite. Das Heck ist schlicht und elegant und wie beim Vorgänger mit einer großen, rechts angeschlagenen Tür versehen. Erstmals befindet sich innerhalb der Tür eine oben angeschlagene, separat öffnende Heckscheibe mit integriertem Dachspoiler, in dem sich der Heckscheibenwischer und die dritte LED-Bremsleuchte befinden.

Den J15 gibt es als Drei- und als Fünftürer, beide Versionen sind 10 mm breiter als der J12. Der Fünftürer hat zudem in der Länge um 45 mm zugelegt, der Dreitürer um ganze 85 mm, die Radstände sind gegenüber dem Vorgänger gleich geblieben. Das Reserverad sitzt an der Hecktür, beim Fünftürer wird es optional auch unter dem Fahrzeugheck montiert, und auch beim Dreitürer gibt es Versionen ohne Reserverad hinten..

Der J15 macht im Gelände mehr mit, als sich die meisten Fahrer zutrauen: Auch er ist immer noch ein waschechter Land Cruiser, der bei Bedarf durch Dick und Dünn geht.

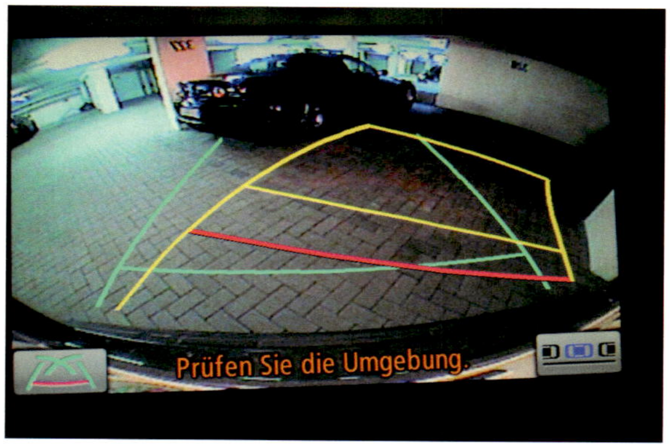

Insgesamt vier Kameras zeigen an Bord des J15 in alle Richtungen – hilfreich vor allem beim Einparken, aber auch an unübersichtlichen Stellen bei Geländefahrten.

Die ganze Karosserie ist schnörkellos und weich gestaltet, auf überflüssigen gestalterischen Firlefanz wurde verzichtet. Das Profil vermittelt durch die ansteigende Linienführung einen leicht geduckten Eindruck, die hinteren „Muskeln“ unter dem Blechkleid scheinen zum Sprung bereit. Die Linienführung entspricht dem Zeitgeist und betont sowohl die Größe als auch den Anspruch, der Platzhirsch im Geländewagenmarkt zu sein. Einzig die Scheinwerfer und Heckleuchten mit ihren Wölbungen brechen aus diesem Konzept ein wenig aus, sie fügen sich dennoch passend in die ganze Formgebung und wirken harmonisch. Anders als es z.B. noch bei J7 und J9 der Fall war, vermag der J15 durch seine bewusst provokante Gestaltung zu polarisieren: Understatement ist seine Sache nun wirklich nicht.

Auf die seit dem J7 so beliebten aufgesetzten Kotflügelverbreiterungen wurde verzichtet. Und: Erstmals hat nun auch die Version für die „General Countries“, also die Basiskonfiguration, in Wagenfarbe lackierte Stoßfänger. Ob die Hilfsorganisationen in der Dritten Welt damit glücklich werden, wird sich zeigen.

Dank zahlreicher aerodynamischer Verbesserungen konnte der cW-Wert von 0,37 auf 0,35 gesenkt werden, unter anderem erkennt man unter dem vorderen Stoßfänger schwarze Kunststoff- „Lappen“, die Verwirbelungen unter dem Fahrzeug reduzieren. Der Aerodynamik sind diese Applikationen zuträglich, ihrer Haltbarkeit im Gelände sind jedoch enge Grenzen gesetzt: Nach herzlicher Grundberührung kann es passieren, dass der cW-Wert unter Begleitung eines knackenden Geräuschs plötzlich wieder ein wenig steigt...

Die lackierten Stoßfänger mit den Nebelleuchten und die „Anti-Verwirbelungs-Lappen“ leiden im Geländeeinsatz früh und heftig.

Links der J12, rechts der Nachfolger J15: Auf einen flüchtigen Blick könnte man sie durchaus verwechseln.

Auch im Hinblick auf das Crashverhalten wurden weitere Verbesserungen vorgenommen: Unter anderem befindet sich die vordere Knautschzone nun auf einer Höhe, die der eines durchschnittlichen Pkw entspricht. Fahrgestell und Karosserie wurden so konstruiert, dass die Aufprallenergie wirksam abgeleitet wird: Die Aufprallenergie wird kontrolliert und absorbiert, gleichzeitig bleibt aber die strukturelle Integrität der Fahrgastzelle erhalten. Die A-Säule wurde verstärkt und weist nun durch ihre mehrschichtige Konstruktion eine deutlich höhere Knickfestigkeit auf, was eine verbesserte Absorption der Aufprallenergie zur Folge hat. Das Verhalten bei einem seitlichen Aufprall wurde durch den Einsatz hochfester Stahlbleche an der A- und B-Säule sowie am Dachrahmen verbessert. Zudem floss ein hoher Entwicklungsaufwand in den Fußgängerschutz: Der Vorderbau absorbiert im Falle eines Aufpralls eine Menge Energie, unter anderem gibt es spezielle Knick- und Stauchpunkte und auch die Kotflügel lösen sich, um Aufprallenergie zu vernichten.

Seit jeher geht ein Murren durch die „Gemeinde", wenn Toyota es wagt, mit einem neuen Modell auch die zur Verfügung stehende Technik auszureizen und das Ganze dann optisch auch noch dem Zeitgeist anzupassen. Und das – persönliche Vorlieben hin oder her – geschah auch mit der neuesten Generation: Die Designer entwarfen ein modernes Fahrzeug, das sich im aktuellen Verkehrsbild sehen lassen kann und das auch jene Käuferschichten anspricht, die vielleicht nicht gerade in Land-Cruiser-Bettwäsche schlafen.

Das Interieur

Im Grunde genommen wartet der J15 im Innenraum nicht mit allzu vielen Überraschungen auf: Alles ist noch ein Stückchen schöner und edler als beim Vorgänger, es gibt noch mehr Funktionen, noch mehr Platz, noch mehr Annehmlichkeiten. Das erwartet man von einem neuen Land Cruiser, und diese Erwartung wird auch nicht enttäuscht.

Der Prado ist mittlerweile zu einem ganz schön großen Auto geworden: Auch wenn er gegenüber dem Vorgänger nur minimal gewachsen ist, kommt ein Gefühl von Enge in diesem Innenraum nicht wirklich auf. Traditionell sind die Sitzgelegenheiten in den verschiedenen Ausführungen reichlich und entsprechen denen des J12: In der ersten Reihe gibt es zwei Einzelsitze, die Beifahrer-Doppelbank gibt es nicht mehr, in der zweite Reihe eine im Verhältnis 40:20:40 teilbare und umklappbare Bank (oder alternativ zwei Längssitzbänke), im Fünftürer auf Wunsch auch eine dritte Sitzreihe (nun komplett im Boden versenkbar, auf Wunsch sogar vollelektrisch) oder links und rechts je eine Längssitzbank. Die Sitzposition in der dritten Reihe wurde wesentlich komfortabler gestaltet: Durch die verstellbaren Rücksitzbänke der zweiten Sitzreihe entstand in der dritten Sitzreihe eine Beinfreiheit von 489 bis 618 mm und damit doppelt so viel wie beim Vorgängermodell. Im J15 finden somit wie gewohnt zwischen 5 und 10 Personen Platz.

Das neue Armaturenbrett hat eine robuste, funktionale Anmutung und wird von einer auffälligen vertikalen Mittelkonsole unterbrochen, deren Kanten metallfarben eingefasst sind. Die Bedienelemente für die Audio- und Klimaanlage sind zusammen mit dem 4,2"-TFT Monitor (oder 7"-Bildschirm des Navigationssystems) übereinander angebracht (die Designer mussten dafür einen Namen finden und nennen es nun „Tower-Konfiguration").

Das Cockpit bietet durchaus Klarheit in allen Situationen, ist gut beleuchtet (nachts fast allzu gut) und sauber ablesbar. Zwischen den Geräteskalen befindet sich das „Multi-Informationsdisplay", das vom Lenkrad aus bedient werden kann und dem Fahrer umfangreiche Informationen über das Fahrzeug liefert. Die Sitze sind ausreichend verstellbar (die elektrische Variante des Fahrersitzes sogar 7-fach), das Lenkrad kann jetzt auch in Winkel und Reichweite verstellt werden. Die Sitzbezüge sind, man ahnt es, mit Vinyl, Stoff, Velours oder Leder bezogen. Die Mittelkonsole trägt Kniepolster, an denen man sich bei Bedarf Halt verschaffen und gleichsam in seiner Position verkeilen kann.

Schon die Basisversion präsentiert sich in schlichtem Chic: Angenehme Sitze mit genügend Halt, nicht ganz so viele Schalter und Funktionen, das Standard-Radio mit CD, USB- und AUX-Anschluss in der Mittelkonsole und einer nicht ganz so befrachteten Digitalanzeige mitten in der Tachoeinheit, auf der neben dem km- und Tageskilometerzähler auch die mittlerweile üblichen Werte zu Verbrauch, Durchschnittsgeschwindigkeit und dergleichen ausgegeben werden können. Alles in allem eine sehr angenehme Sache – alles ist dort, wo man es braucht und schnell erreicht, die Rückmeldungen der Schalter sind ordentlich und die Anmutung der Oberflächen angenehm und wie erwartet. Die Menge an Schaltern, Knöpfen und Einstellungsmöglichkeiten ist allerdings – wie bei den meisten modernen Fahrzeugen – durchaus an der Grenze des Beherrschbaren. Es wird ohnehin nur wenige Fahrer geben, die um alle Funktionen wissen und sie tatsächlich ausprobieren – und beim zweiten Versuch auch wiederfinden.

Der J15 ist ohne Frage ein äußerst luxuriöses Fahrzeug: In der Vielfalt der erhältlichen Ausstattungsmerkmale unterscheidet

„Klick – VROOOOMM"… der Startknopf. Eine Spielerei, sicherlich. Aber in Verbindung mit dem „Keyless Entry System" eine äußerst komfortable, an die man sich sehr schnell gewöhnt.

Lichtspielhaus: An der Beleuchtung kann es nicht liegen, wenn man einen Knopf nicht findet …

er sich nicht sonderlich vom großen Bruder J20. Das fängt bei der „Hardware" an: Staufächer in Hülle und Fülle, Getränkehalter, USB-Buchse, 12V-Steckdose, „Konversationsspiegel" (ein ausklappbarer Spiegel in der Dachverkleidung vorne, über den der Fahrer den gesamten hinteren Innenraum überblicken kann) und Beleuchtung an allen Ecken und Enden (Türverkleidungen, Ablagefächer, Seitenverkleidung, Sitzfläche, Fußraum, Schalthebel, Mittelkonsole, Makeup-Spiegel, Leselampen… und bei Annäherung an das Fahrzeug auch noch Trittbretter und Unterboden). Und es geht bei der „Software" weiter: Neben dem überaus bequemen „Smart Entry & Start System", dem persönlich einstellbaren Multi-Informationsdisplay mit verschiedensten Informationen und Menüs, dem JBL-Soundsystem und dem Navigationssystem gibt es ja auch noch den „Widescreen Front- und Seitenmonitor". Denn in der Tat kann man dem J15 optional vier (!) Kameras verpassen, mit deren Hilfe der Fahrer seine unmittelbare Umgebung beobachten kann. In die Anzeige des rückwärtigen Bildes (automatisch aktiviert bei Einlegen des Rückwärtsgangs) werden auch verschiedene Orientierungslinien eingeblendet, die abhängig vom angelegten Lenkeinschlag anzeigen, wohin man denn gerade fährt. Das ist beim Einparken tatsächlich sehr praktisch, und auch bei Ankopplung eines Hängers leistet die rückwärtige Kamera gute Dienste.

Die weiteren Ausstattungsmerkmale, und vor allem die marktspezifischen Unterschiede, aufzählen zu wollen, würde jeglichen vom Autor verantwortbaren Rahmen sprengen. Der geneigte Leser ziehe hierzu einfach die Broschüren aus den 178 verschiedenen Märkten zu Rate und nehme sich ein paar Wochen Zeit.

Erwartungsgemäß wurde auch die passive Sicherheit erneut um Einiges verbessert: Mittlerweile sieben SRS-Airbags schützen die Insassen, namentlich Frontairbags für Fahrer und Beifahrer, ein Knieairbag für den Fahrer, Front-Seitenairbags für Fahrer und Beifahrer sowie zwei über die gesamte Länge gehende Seiten-Kopfairbags, die den Mitfahrern in der zweiten und dritten Sitzreihe im Falle eines seitlichen Aufpralls einen Kopfschutz bieten. Abgesehen von den Gurtstraffern sind die Vordersitze des Land Cruiser auch mit Aktivkopfstützen ausgestattet, die im Falle eines Aufpralls von hinten ein Schleudertrauma vermeiden helfen. Darüber hinaus gibt es optional auch ein „Pre-Crash Safety System", eine überaus interessante Technologie: Das PCS-System arbeitet mit Millimeterwellen-Radar und erkennt Hindernisse vor dem Fahrzeug sogar bei Kurvenfahrten. Mithilfe zahlreicher Sensoren ermittelt der Computer im Voraus, ob eine Kollision unvermeidbar ist. Besteht eine hohe Wahrscheinlichkeit dafür, alarmiert das PCS den Fahrer sowohl akustisch als auch mit Hilfe einer Display-Warnung. Beginnt der Fahrer zu bremsen, wird der Bremsvorgang automatisch unterstützt. Bremst der Fahrer nicht und ist eine Kollision unausweichlich, betätigt das PCS automatisch die Bremsen und aktiviert die Gurtstraffer, damit die Sicherheitsgurte für die Frontsitze optimal schützen können. Wer das (vielleicht noch zusammen mit dem Abstandsradar der „Adaptive Cruise Control") einmal ausprobiert hat, der begreift ohne Umschweife: Der J15 hat gegenüber dem Vorgänger tatsächlich einen in Worte kaum zu fassenden Technologiesprung hingelegt.

Ja, es ist viel Elektronik im J15 – zumindest in den höheren Ausstattungsvarianten. Wer jedoch überwiegend in mitteleuropäischen Gefilden unterwegs ist, wird diese zahlreichen Sicherheitsmerkmale zu schätzen wissen, denn das sind konkrete Lebensretter. In der Basisversion hingegen (gemeint ist die tatsächliche Basisversion – die „Basisversion" auf dem Deutschen Markt ist ja schon eine deutlich aufgewertete) sind diese ganzen hochtechnologischen Feinheiten natürlich nicht verbaut.

Platz ist reichlich vorhanden: Die dritte Sitzreihe wird in der höchsten Ausstattung auf Wunsch sogar elektrisch umgelegt.

Oben: „White Out“: Bei einem Crash öffnen sich Front-, Seiten-, Knie- und Vorhangairbags.

Der Innenraum ist gewohnt variabel, die Sitze bequem, das Raumangebot reichlich.

Der Lexus-Rückruf 2010

„Safety Risk - Don't buy", lautete das vernichtende Urteil des amerikanischen Verbraucherportals „Consumer Reports" im April 2010 nach dem Test des Lexus GX 460. Die Tester waren mit dem Bruder des Land Cruiser J15 in einem Höllentempo um die Kurve gesemmelt und, hoppla!, hatten mit einem ausbrechenden Heck zu kämpfen. Das waren sie wohl von amerikanischen Geländewagen - bekanntermaßen wahre Wunder an Fahrstabilität - nicht gewohnt.

Jeremy Clarkson von Top Gear merkte dazu Folgendes an: „On Top Gear, we call a car which does this 'fun'." Nun ist Jeremy Clarkson aber auch Brite, und der Brite an sich neigt ja nicht gerade zur Hysterie. Man stellt sich förmlich vor, wie er nach dem Überschlag beklagt, dass der Martini verschüttet wurde.

Sicher: „Fun" ist das nur für denjenigen, der die Situation beherrscht. Und das ist bekanntermaßen eher die Minderheit der Autofahrer. Der große Rest erwartet mittlerweile in einer Art Vollkaskomentalität, dass auch gröbste Fahrfehler vom Fahrzeug ausgebügelt werden.

Wenn ein Fahrzeug diese Tendenzen zeigt, kann man das natürlich bemängeln, auch wenn eine öffentliche Warnung „kaufen Sie dieses Fahrzeug nicht, es besteht Lebensgefahr" sicher über das Ziel hinausschießt. Toyota hat dennoch sofort reagiert und für den Lexus einen Verkaufsstopp veranlasst. Der GX und sein Zwillingsbruder Land Cruiser J15 (nur die Modelle mit KDSS) wurden zurückgerufen und softwareseitig entschärft, sodass die Helferlein nun früher ansprechen. Das ESP greift nun eher ein und verhindert ein Ausbrechen des Hecks.

Erreicht wurde damit vor allem eines: Die Grenzen des Fahrzeugs wurden noch ein Stückchen hinausgeschoben. Auch diese Grenzen werden einige Fahrer erreichen, ob absichtlich oder unabsichtlich. Ob die Situation dann noch gerettet werden kann, steht auf einem anderen Blatt.

Fahrwerk und Antrieb

„Es gilt allgemein als schwierig, ein Fahrzeug mit guter Fahrleistung sowohl im Offroad- wie im Onroad-Bereich zu entwickeln. Beim neuen Land Cruiser wurde dagegen kein halbherziger 50:50-Kompromiss zwischen On- und Offroad-Eigenschaften angestrebt. Vielmehr haben wir uns zu 100% darauf konzentriert, beides weiterzuentwickeln, und es ist uns gelungen, die beiden augenscheinlich widersprüchlichen Qualitäten gleichzeitig zu verfeinern und zu verbessern."

Ein hehres Ziel, das sich Toyota-Chefingenieur Makoto Arimoto da auf die Fahnen geschrieben hat. Angesichts der langen Land-Cruiser-Tradition und einiger in dieser Zeit hervorgebrachter Offroad-Schwergewichte mag es dem geneigten Leser eher einen skeptischen Blick entlocken: Dieses moderne, augenscheinlich stark straßenorientierte, mit Elektronik und Luxus mannigfaltig ausgestattete Fahrzeug soll mit besseren Offroad-Eigenschaften aufwarten als z.B. der gute alte J4?

Nein, ganz so meint Arimoto-San das mit Sicherheit nicht. Der Land Cruiser von heute ist schlicht ein komplett anderes Fahrzeug als seine Urahnen, ein direkter Vergleich läuft also ins Leere. Die Frage ist eher, inwieweit die Toyota-Ingenieure die Generationen im Sinne des „Kaizen", der stetigen Verbesserung, tatsächlich optimieren konnten.

Als bekannt wurde, dass auch der J15 weiterhin einen starren Leiterrahmen unter dem Blechkleid trägt, atmete die Land-Cruiser-Gemeinde auf. Alles andere wäre allerdings auch nicht zu erwarten gewesen. Der Rahmen wurde größtenteils vom Vorgängermodell übernommen, wobei allerdings die Steifigkeit nochmals um 11% gesteigert werden konnte. Die Übernahme des Rahmens erklärt auch die unveränderten Radstände.

Oben: „Il ya un 4x4 de Toyota pour passer par là" („es gibt einen 4x4-Toyota, um da durchzukommen"), titelte ein französischer J4-Prospekt Anfang der Siebziger. Heute ist das der J15, und auch er kommt da durch. Allerdings geht das für die schönen lackierten Stoßfänger und die tief liegendenden Trittbretter kaum ohne Blessuren vonstatten.

Und hoch das Bein: Die Verschränkung ist nicht berauschend, die hintere Sperre ein sinnvolles Accessoire.

Die Lenkung ist prinzipiell die gleiche geblieben, wurde jedoch ein wenig überarbeitet und mit neuer Lenkübersetzung ausgestattet. Die Fahrwerkskonfiguration ist ebenfalls gleich geblieben, auch wenn die Komponenten zugunsten der Fahrstabilität noch einmal überarbeitet wurden: Vorne arbeitet eine Einzelradaufhängung mit Doppelquerlenkern und Stabilisator, der untere Federarm und der Achsschenkel wurden verstärkt und alle Buchsen neu kalibriert. Darüber hinaus wurde das Eigenlenkverhalten von 5 auf 8 Grad untersteuernd verändert, um eine bessere Fahrstabilität zu erzielen. Die Hinterachse ist starr, wird an Mehrlenkern geführt und ist mit Stabilisator ausgestattet. Auch hier wurden Achsgehäuse, Federn und Dämpfer verstärkt.

Technische Daten

Toyota Land Cruiser J15

Bauzeitraum:	seit 2009
Karosserieausführungen:	Station Wagon 3-türig Station Wagon 5-türig
Andere Namen:	Lexus GX 460
Produktion:	Tahara (Japan), Envigado (Kolumbien), Sichuan (China), Bidadi (Indien)
Motoren:	5L-E, 1KD-FTV, 2TR-FE, 1GR-FE, 1UR-FE
Getriebe:	4-Stufen-Automatik (A343F), 5-Stufen-Automatik (A750F), 6-Gang manuell (RA61F), 5-Gang manuell (G52), 5-Gang manuell (R150F), 6-Stufen-Automatik (A760F)
Zwischengetriebe:	VF4B (permanent), VF4BM (permanent)
Antrieb:	permanenter Allradantrieb
Fahrwerk:	Leiterrahmen, vorne Einzelradaufhängung, Schraubenfedern; hinten Starrachse, Schraubenfedern
Maße:	
Länge:	4365-4405 mm (Dreitürer, je nach Ausführung) 4810-4850 (Fünftürer, je nach Ausführung)
Breite:	1790-1885 mm, je nach Ausführung
Höhe:	1875 mm, je nach Ausführung
Radstand:	2449-2455 mm (Dreitürer, je nach Federung), 2785-2790 (Fünftürer, je nach Federung)
Spurweite vorne:	1585-1603 mm, je nach Ausführung
Spurweite hinten:	1585-1603 mm, je nach Ausführung
Wendekreis:	10,4 m (Dreitürer), 11,6 m (Fünftürer)

Je nach Ausstattung kann der J15 darüber hinaus mit einer neuen elektronischen Fahrwerkskontrolle, dem sogenannte „Kinetic Dynamic Suspension System" (KDSS) ausgestattet werden, das die Wirkung der vorderen und hinteren Stabilisatoren optimiert, die Seitenneigung minimiert und das Lenkverhalten verbessert.

Der Antrieb erfolgt grundsätzlich über alle vier Räder, eine Version mit zuschaltbarem Allradantrieb gibt es erstmals nicht mehr. In der Mitte sitzt ein Torsen-Differenzial, das das Drehmoment unter normalen Fahrbedingungen im Verhältnis 40:60 aufteilt. Je nach Änderung dieser Bedingungen wird aber auch bis zu 50:50 oder 30:70 variiert. Zudem gibt es ein neues Hinterachsdifferenzial, das eine um 34% höhere Drehmomentkapazität bietet. Differenzialsperren für hinten und Mitte sind optional erhältlich.

Das Bremssystem des J15 ist mit 4-Kolben-Bremssätteln und neuen, innenbelüfteten Scheiben ausgerüstet, deren Durchmesser und Dicke angehoben wurden. Optional wird alles geboten, was an Brems-, Traktionskontroll- und Stabilitätssystemen derzeit auf dem Markt erhältlich ist: ABS mit elektronischer Bremskraftverteilung und Bremsunterstützung, Traktionskontrolle und Fahrzeugstabilitätskontrolle. Dazu gibt es noch das neue Multi-Terrain-ABS, das im Gelände auf verschiedene Modi geschaltet werden kann und dann in gewissem Umfang zulässt, dass sich beim Bremsen ein Keil vor dem Reifen bildet, der das Fahrzeug auch auf losem Untergrund sicher zum Stehen bringt.

Die verschiedenen Assistenzsysteme wie Traktionskontrolle, Hillstart-Assist und Downhill-Assist sind aus dem Vorgänger bekannt. Letzteres ist schon eine ungeheure Erleichterung für ungeübte Fahrer und ein Wunderwerk der Technik: Kommt man z.B. an eine verschneite, zugeeiste Abfahrt und hat wirklich keinerlei Erfahrung in „solchen Dingen", dann schaltet man in die Untersetzung, drückt den DAC-Zauberknopf und die Elektronik bringt das Fahrzeug ruhig und kontrolliert runter. Kontrollierter als das auch ein geübter Fahrer könnte. Über die bekannten

Schmieriger Untergrund, ordentlich Gefälle, Straßenreifen: Solche Abfahrten sind mehr als kitzelig. Mit der „Downhill Assist Control" DAC regelt der Land Cruiser die Abfahrt nahezu von ganz alleine, der Fahrer zeigt ihm nur noch die Richtung. Und das funktioniert tatsächlich!

Systeme hinaus gibt es aber auch eine Reihe weiterer technischer Neuentwicklungen, die dem Fahrer einiges an Arbeit abnehmen sollen. Zum einen ist dies ein „Multi-Terrain-Select-System", das im Endeffekt eine Weiterentwicklung des A-TRC-Systems ist und die verschiedenen Beschleunigungs-, Brems- und Traktionskontrollsysteme des Fahrzeugs automatisch modifiziert, um sie den Bedingungen im Gelände anzupassen. Zum anderen ist das die mächtige „Crawl Control": Ein, nennen wir es „Autopilot-System", das in verschiedenen vorwählbaren Geschwindigkeitsbereichen das Fahrzeug im Gelände sicher voran bringt, selbständig alle vier Räder unabhängig voneinander regelt und dem Fahrer nur noch das Lenken überlässt.

Motorisierung

Die Motorenpalette zeigt sich gegenüber dem Vorgänger ein wenig zusammengestutzt: Fünf Motoren werden verbaut, davon zwei Diesel und drei Benziner – und alle sind bestens bekannt: 5L-E, 1KD-FTV, 2TR-FE und 1GR-FE unter anderem aus dem J12, der Benziner 1UR-FE, der nur im Lexus-Zwillingsbruder eingesetzt wird, werkelt schon in dem ein Jahr zuvor vorgestellten J20.

Zum Modelljahr 2011 gibt es weitreichende Modifikationen: Der 3,0-Liter D-4D-Turbodiesel 1KD-FTV leistet nun 190 PS/140 kW und wuchtet beeindruckende 420 Nm auf die Welle – und das über ein relativ breites Drehmomentband zwischen 1600 und 2800 Umdrehungen. Die Modifikationen beziehen sich hauptsächlich auf das Common-Rail-Einspritzsystem, das nun mit piezo-elektrischen Einspritzdüsen und einem Einspritzdruck von satten 2000 bar arbeitet. Durch weitere Maßnahmen konnten die Emissionen noch deutlich verringert werden: Der Einsatz keramischer Glühkerzen verbessert die Kaltstarteigen-

Beliebt und erfolgreich im Rallyesport: Ein KDJ155 bei der Dakar 2011

schaften, durch ein modifiziertes Abgassystem erreicht der Katalysator schneller die Betriebstemperatur, der AGR-Kühler wurde vergrößert und mit Bypass-Ventil ausgerüstet und dazu gibt es noch ein zusätzliches Ventil zur Nacheinspritzung hinter dem Turbolader. Viele Feinheiten, die den Verbrauch effektiv senken: Offizielle Durchschnittsverbräuche zwischen 8,0 und 8,5 Litern auf 100 Kilometer sind für ein Fahrzeug dieser Größe, Masse und Leistung beachtliche Werte, und sie sind keinesfalls aus der Luft gegriffen. Selbst wenn man den J15 halbwegs zügig bewegt, schafft man zwischen 9 und 10 Litern. Dass der Land Cruiser trotz aller Verbesserungen kein Fünf-Liter-Auto wird, liegt auf der Hand: Kraftstoffverbrauch entsteht bei der Beschleunigung von Masse. Und es ist nunmal Einiges an Masse, was hier beschleunigt werden muss.

Ausgerüstet mit einem geschlossenen Dieselpartikelfiltersystem erfüllt der Motor nun die Abgasnorm Euro 5, zudem wurde durch das vergleichsweise niedrige Verdichtungsverhältnis von 15:1, eine Optimierung der Brennkammerform und eine neue Motor- und Kurbelwellendämmung eine Dämpfung der Motorgeräusche erreicht.

Heute

Mehr als 6,2 Millionen Land Cruiser wurden bis Ende 2010 produziert, mit den Lexus-Modellen steigt die Zahl auf über 6,6 Millionen. Über ein Viertel davon trägt den „Prado"-Schriftzug auf seinem Blechkleid. Der Prado hat sein Ziel voll und ganz erreicht: Er ist nach wie vor DIE Alternative auf dem Geländewagenmarkt, der beste aller Kompromisse. Zu den Attributen „Robustheit", „Langlebigkeit", „Flexibilität" und „Geländegängigkeit" kamen in den vergangenen 16 Jahren Prado-Existenz auch „Luxus" und „Fahrspaß" hinzu. Heraus kam ein hochmodernes Fahrzeug, das alle Annehmlichkeiten einer Langstrecken-Limousine bietet und dennoch seine Herkunft nicht verleugnet: Auch der neue Prado ist immer noch ein Land Cruiser.

Modellvarianten J15

Modell	Ausführung	Motorisierung
LJ150	Wagon 5-türig	5L-E: Diesel R4, Wirbelkammer, 2986 cm³, 97 PS/71 kW (4000/min), 192 Nm (2400/min)
KDJ150/155	Wagon 3- oder 5-türig	1KD-FTV: Turbodiesel R4, Common-Rail Direkteinspritzung, 2982 cm³, 173 PS/127 kW (3400/min), 410 Nm (1600-2800/min) ab 2010: 190 PS, 420 Nm
TRJ150/155	Wagon 3- oder 5-türig	2TR-FE: Ottomotor R4, Einspritzanlage, 2694 cm³, 159 PS/119 kW (5200/min), 244 Nm (3600/min)
GRJ150/151	Wagon 5-türig	1GR-FE: Ottomotor V6, 2956 cm³, 235 PS/173 kW (5200/min), 362 Nm (3800/min)
URJ150 (Lexus GX460)	Wagon 5-türig	1UR-FE: Ottomotor V8, Einspritzanlage, 4608 cm³, 301 PS/221 kW (6400/min), 444 Nm (4100/min)

Weitere Informationen finden Sie unter www.legendelandcruiser.de

Oben: Der J20 ist die vorerst letzte Evolutionsstufe des Land Cruiser Station Wagon.

Unten: Schon in der Entwicklung zeigten sich die Kernelemente der neuen Formgebung.

J20 (seit 2008) – der Gelände-Automat

Erste Designskizzen des neuen Station Wagon zeigen schon die dominierenden Elemente „Kühlergrill", „Scheinwerfer", „Heckleuchten", die Linienführung ist bullig und markant.

Seit nunmehr beinahe 60 Jahren bilden drei Schlüsselbegriffe die Basis jeder neuen Land Cruiser Generation: Kraft, Langlebigkeit und Zuverlässigkeit. Die neueste Generation darf als Ausdruck unserer festen Entschlossenheit gelten, die Loyalität der Land Cruiser Kunden zu belohnen – wir möchten Ihnen ein Fahrzeug präsentieren, das ihr Vertrauen niemals enttäuschen wird." (Chefkonstrukteur Sadayoshi Koyari bei der Präsentation des J20)

Über 5,5 Millionen Land Cruiser sind bis Ende 2007 produziert worden, darunter mehr als 2 Millionen Station Wagon. Nun schickte sich die letzte Evolutionsstufe des Land Cruiser Station an, den Vorgänger zu beerben. Und der Neue sollte nach dem Willen der Entwickler ein Fahrzeug werden, das in jeder Situation Ruhe und Überlegenheit ausstrahlt und unbändige Power mit außerordentlich entspanntem und entspannendem Cruisen verbindet.

Kommt uns das bekannt vor? Kommt es: Auch der selige J5 strahlte, bezogen auf seine Epoche, diese Überlegenheit aus. Das Ziel des Station Wagon ist und bleibt das gleiche: Er ist nach wie vor der zuverlässige Partner, die Trutzburg, die Reiseversicherung.

Sadayoshi Koyari erklärt weiter: „Am Anfang dieses Projekts, im Jahr 2002, haben wir uns Gedanken zur zukünftigen Richtung des Land Cruiser gemacht. Es galt, nicht nur die ständig steigenden Erwartungen unserer Kunden in aller Welt an das intensiv nachgefragte Produkt Land Cruiser zu berücksichtigen, sondern auch die Bedenken hinsichtlich der Umweltverträglichkeit der gesamten Fahrzeuggattung. Ich bin sicher, dass der neue Land Cruiser 200 mit seiner überragenden Geländegängigkeit Toyotas Ruf für modernste Technologie erneut voll gerecht wird. Zugleich ist er mit einem dicken Plus an Fahrkultur aber auch klar im Premium-Segment positioniert. Mit einem Wort: Der neue Land Cruiser V8 ist ein echtes Abenteuer-Fahrzeug für buchstäblich jede Gelegenheit."

Das Design

Das Design der äußeren Gestalt nahm bei der Entwicklung des J20 mehr Raum ein als das bei seinen Vorgängern der Fall war. Und das sieht man ihm auch an: Der J20 wurde im japanischen Toyota Design Centre Aichi entworfen und sein Styling ist eindeutig von Toyotas neuer Designsprache „Vibrant Clarity" geprägt. Es soll, so die Designer, „den dynamischen Charakter des neuen Modells unterstreichen, ohne dessen Offroad-Gene zu verleugnen". Dynamisch und kraftvoll sieht er auch ohne Zweifel aus: Breitbeinig fordernd steht er vor einem, die bullige Front mit dem riesigen Kühlergrill und den großen „Augen" schaut grimmig entschlossen drein und zeigt schon beim Anblick, dass da ganz offensichtlich ein Monster unter der gewölbten Haube wartet.

Groß ist er, der J20. Größer als jeder Station vor ihm. Im Vergleich zum J10 ist er um 60 Millimeter in der Länge und 30 Millimeter in der Breite gewachsen. In absoluten Maßen gesprochen: 4950 x 1970 x 1865 bzw. 1910 mm (je nach Fahrwerk). Der aufmerksame Leser hat die Maße des Urahns J5 natürlich noch im Kopf und gerade blitzschnell ausgerechnet: Der J20 ist sage und schreibe je knapp 30 cm länger und breiter. Alles ist groß an diesem Cruiser: Die Außenspiegel, die Türgriffe, die Scheinwerfer und Rückleuchten... das alles hat Dimensionen, die das gewohnte automobile Mittelmaß deutlich übersteigen.

Die großen Freiflächenscheinwerfer und der Kühlergrill, der wirkt als würde beim Anfahren des Lüfterrads gerne mal versehentlich ein Kleinwagen darin verschwinden, dominieren die Front und sind Ausgangspunkt aller bestimmenden Linien. Die

Karosserie „fließt“ von hier harmonisch in Richtung Heck, wo sie deutlich zerklüfteter endet als bei den Vorgängern. Diese Brüche, erzeugt durch die großen (LED-)Heckleuchten und Wölbungen im Blech, nehmen der großen Heckansicht ihre Wucht. Die Flanke wird dominiert von den voluminösen Radhäusern, der hohen und markanten Schulterlinie und den Seitenscheiben. Die Scheibenrahmen sind in schwarz gehalten, um eine optische Einheit zu erzeugen, die vorne schräg zulaufende Fensterlinie wird wiederum von der Seitenlinie der Frontscheinwerfer spiegelverkehrt aufgenommen. Das alles wirkt im ersten Moment ungewohnt für einen Land Cruiser, aber es ist auch harmonisch und ausgewogen.

Der J20 ist riesig, und er versteckt seine Größe nicht. Im Gegenteil: Die massige Front betont den kraftvollen Auftritt und strahlt dennoch unaufdringliches Selbstbewusstsein aus. Das Schlüsselwort bei seiner Gestaltung lautete – gemäß jahrzehntelanger Tradition – „Vertrauen“: „Deshalb mussten die typischen Charaktereigenschaften der Vorgänger-Generationen, die den Ruf des Land Cruiser bei den Kunden begründet haben, sich auch im neuen Modell wiederfinden“, so der Chefentwickler. Das Ziel der Designer war die Vermittlung einer „zeitgemäßen Funktionalität“ und ein Fahrzeug, „das die Identität des Klassikers auffrischt und zugleich die Erfolgsgeschichte fortschreibt“.

Man kann mit ein wenig gutem Willen durchaus Elemente des Vorgängers im J20 erkennen. Man kann es aber auch sein lassen und die Gestaltung als das nehmen, was sie ist: Eine eigenständige neue Linienführung für ein neues Fahrzeug.

Das Interieur

Dank eines cleveren Karosserie-Layouts mit verkürztem Motorraum wuchs die Länge des Fahrgastraums um sage und schreibe 130 Millimeter. Was das für die Passagiere bedeutet, liegt auf der Hand: Der Innenraum des J20 hat ohne Übertreibung die Ausmaße eines Ballsaals. In welcher der vielen Sitzkonfigurationen man auch unterwegs ist, Platz ist für alle Mitfahrer immer reichlich vorhanden. Traditionell reicht das Gestühl im Station für 5 bis 9 Mitfahrer, und daran hat sich auch bis heute nichts geändert. Die zweite Sitzreihe ist wahlweise ein-, zwei- oder gar dreiteilig verschieb- und zweiteilig asymmetrisch umklappbar, die dritte Sitzreihe kann aus zwei Längsbänken oder einer geteilt klappbaren Sitzbank in Fahrtrichtung bestehen. Letztere ist nun mit einem Dämpfermechanismus versehen und klappt sich selbsttätig zusammen. Kopf-, Knie-, Bein- und sonstige Freiheit ist en masse vorhanden – bei frischverliebten Pärchen kann durchaus Einsamkeit aufkommen, weil der Partner außer Rufweite sitzt ... Dafür bietet der Raum zwischen den Vordersitzen genügend Platz für eine Mittelkonsole bzw. Kühlbox im Format „Bring doch noch ein Wildschwein mit“.
Die Bedienelemente in der mächtigen Schaltzentrale sind leicht erreichbar und geben gute und angenehme Rückmeldung, an zentraler Stelle in der Mittelkonsole sitzt die Audioanlage oder der Bildschirm für Navigationssystem und Rückfahrkamera. Nächtens vermittelt die schiere Masse der hinterleuchteten Knöpfchen das beglückende Gefühl trauter Geborgenheit.

Die Ausstattung dieses Ballsaals reicht von praktischem Vinyl in der Basis-Version über flauschiges Velours und soliden Stoff bis zu feinstem Leder rundum, den Boden bekleidet Vinyl oder Teppich. Selbst die Vinylversionen verbreiten einen geradezu edlen, auf jeden Fall aber hochwertigen Eindruck, und man wähnt sich keinesfalls in der „Nutzfahrzeugversion“. Die Top-Ausstattung auf der anderen Seite (in Deutschland ist das der „Executive“) bietet Luxus pur in jeder Hinsicht, von edler Holzapplikation über Chromleisten bis hin zu Knöpfchen und He-

Die Formensprache des J20 ist geprägt von Toyotas neuer Designsprache „Vibrant Clarity" und soll „den dynamischen Charakter des neuen Modells unterstreichen, ohne dessen Offroad-Gene zu verleugnen".

Der J20 war in verschiedenen Versionen natürlich auch auf der Dakar unterwegs: Im Bild das Team Feryn, das u.a. auf eine nachgerüstete Zwangsschluss-Schaltung für die Wandlerüberbrückung setzt.

belchen für jede Lebenslage. Ein Zweifarb-Design in neuen Tönen verleiht dem Innenraum Eleganz, im Bereich des Instrumententrägers und der Verkleidungen herrschen dunklere Töne vor. Natürlich sind in das Lenkrad die mittlerweile üblichen Bedienelemente integriert, über die sich die Audioanlage, Telefon und diverse andere Instrumente steuern und ablesen lassen. Ein Luxus, an den man sich schnell gewöhnt. Ebenso wie an die neue Klimatisierungsautomatik mit Vierzonen-Temperaturregelung und das Pioneer-Audiosystem, das im Bedarfsfall für veritable Konzerthallenakustik sorgt. Das Interieur macht in jeder Ausstattung einen hochwertigen Eindruck, die Passgenauigkeit der Bauelemente wurde noch einmal verbessert, die Haptik der Oberflächen ist angenehm. Das Tüpfelchen auf dem „i" sind das Keyless-Entry-System und der zugehörige Startknopf. Kein lästiges Herumfummeln mit dem Schlüssel mehr: Solange man den Schlüssel in der Tasche hat, öffnet sich die gewünschte Tür nach Berührung der Griff-Innenseite und der Motor startet nach Druck auf den „Start/Stop"-Knopf.

Man mag von so viel Luxus halten, was man möchte: In einem voll ausgestatteten 200er ist man verflixt komfortabel unterwegs. Und man lernt sehr schnell ihn zu genießen.

Fahrwerk und Antrieb

Auch unter der Karosserie hat sich eine Menge getan – mehr als bei allen vorherigen Modellwechseln. Der Grundaufbau ist gleich geblieben: Die Karosserie sitzt auf einem komplett neu entwickelten und deutlich verstärkten Leiterrahmen aus hochfestem

„Vibrant Clarity“

Die Zeiten, in denen ein Haufen hemdsärmeliger Ingenieure ein bisschen Blech zu einer Karosserie gebogen haben, sind schon lange vergangen. Auch im Allrad-Sektor ist das Design der Fahrzeuge schon früh zu einem entscheidenden Faktor geworden, auch wenn die Allradler den Pkw in dieser Hinsicht gute zwei Jahrzehnte hinterherhinkten.

Natürlich entwirft man ein Auto heute nicht einfach so „in den leeren Raum“: Neben Vorgaben bezüglich Technik, Raumbedarf und Fahrzeuggattung gibt es auch designerische Richtlinien, deren Einhaltung ein einheitliches Erscheinungsbild d.h. die Markenidentität sicherstellen sollen. Auch wenn sich einzelne Modelle (und erst recht Modellgruppen) voneinander unterscheiden, ist ein Autohersteller natürlich daran interessiert, dass man ein Produkt auch ohne Logo instinktiv seiner Marke zuordnen kann und das Erscheinungsbild die Werte der Marke widerspiegelt.

Basis des Toyota-Designs ist der sogenannte „j-factor“: In Rückbesinnung auf fundamentale japanische Werte und ästhetische Traditionen soll durch die Synergie aus eigentlich entgegengesetzten Elementen, die in Harmonie miteinander verbunden werden, Neues geschaffen werden. Die daraus folgende aktuelle Designphilosophie bekam den klingenden Titel „Vibrant Clarity“ und hat zum Ziel, bei der Produktgestaltung eine „Synergie aus Gefühl und Vernunft“ zu schaffen. Über Jahrzehnte lag der Fokus der Gestaltung bei den meisten Toyota-Fahrzeugen eindeutig auf der Vernunft, damit ist die Marke in der Welt erfolgreich geworden: Der Anspruch der Haltbarkeit und Effizienz spiegelte sich in der Gestaltung wider. Ein Toyota war ein Vernunftauto. Bei den Pkw mündete dies besonders in den 80ern und 90ern in rollende Biederkeit, bei den Geländewagen war das jedoch durchaus Teil des optischen Reizes.

Nun also soll das Gefühl als Gegenpol fungieren, die Emotion soll die Vernunft aufpeppen, der Kunde in der Gestaltung die typischen Toyota-Werte erkennen. Gefühl und Vernunft stehen sich natürlich gegenseitig ein bisschen im Weg – was andererseits aber gerade den Anspruch dieser Synergie ausmacht. Ob diese „Energetisierung“ der Formen bei der aktuellen Modellpalette gelungen ist, muss schlussendlich jeder für sich selbst beurteilen. Als sicher gelten kann, dass Auris, Yaris, Verso und Co. gestalterisch schöne Elemente und tolle Ideen enthalten. In ihrer Summe liefert die Gestaltung keine großen Reibungspunkte, was allerdings nicht nur von Vorteil sein mag, denn ohne Reibung entsteht auch kaum je Emotion.

Die Land Cruiser und Land Cruiser Station der neuesten Generation erzeugen diese Reibung durchaus, wenn auch vornehmlich wegen ihrer schieren Größe und der eher ungewöhnlich verspielten Elemente wie z.B. den Scheinwerfern und Rücklichtern. Beide Modelle, deutlich geprägt von „Vibrant Clarity“, waren designerisch ein gewagter, aber durchaus gelungener Sprung.

Natürlich haben beide Modelle nichts mehr mit jenen eckigen Kisten gemein, die den „Mythos Land Cruiser“ geprägt haben. Sie transportieren aber das Spannungsfeld zwischen Luxus, Lifestyle und Nutzen sehr gut und überaus konsequent. Spannend ist jetzt vor allem die Frage, wie es in geschätzten fünf bis sechs Jahren weitergeht, wenn der nächste Modellwechsel ansteht.

Ob Basisversion oder (wie hier) VX-Ausstattung: Der J20 ist außerordentlich geräumig und komfortabel und nicht zuletzt dadurch auch ein ideales Langstreckenfahrzeug.

Der Drehregler für die Crawl Control: Drei Geschwindigkeitsstufen sind vorwählbar, das System steuert automatisch Motorleistung und Bremsdruck und realisiert dadurch eine konstante Geschwindigkeit zwischen 1 und 5 km/h.

Stahl mit erhöhter Torsions- und Biegesteifigkeit. Die vordere Einzelradaufhängung hat nun Schrauben- statt Torsionsfedern und wird an einer Doppelquerlenker-Aufhängung mit schräg angelenkten Federn und Dämpfern geführt. Der Federweg der Vorderräder wurde um 11% in Positiv- und 18% in Negativrichtung ausgeweitet, insgesamt stehen nun 230 Millimeter Federweg zur Verfügung. Die Mehrlenker-Hinterachse stammt aus dem Vorgängermodell, wurde aber bezüglich Handling und Fahrkomfort modifiziert. Der hintere Federweg beträgt 240 Millimeter.

Der Antrieb erfolgt grundsätzlich permanent über alle vier Räder, einen zuschaltbaren Allradantrieb gibt es auch optional nicht mehr. Die Kraft wird je nach Ausführung über eine manuelle 5-Gang-Schaltung, eine 5-Stufen- oder eine neu entwickelte 6-Stufen-Automatik weitergeleitet. Beide Getriebe sind ausgefeilte elektronische Zaubermaschinchen, sind sie doch mit einer elektronischen Schaltsteuerung und einem sequenziellen Schaltmodus ausgestattet. Dabei gehen sie auch geräuscharm und kultiviert zu Werke. Speziell der 6-Stufen-Automat hat jedoch (in der derzeitigen Programmierung) die unangenehme Eigenschaft, dass es den Motor relativ hoch drehen lässt und auch die Wandlerkupplung erst spät schließt. Das begünstigt natürlich ein weiches Schaltverhalten, lässt den Antrieb des V8 jedoch ab und an aus Gummi gemacht erscheinen und wirkt sich natürlich auch nicht allzu positiv auf Geräuschkulisse und Verbrauch aus.

Der große Leistungs- und Drehmomentzuwachs der V8-Maschine erforderte auch ein neues Verteilergetriebe, das robuster und dennoch leichter als die Vorgänger ausgefallen ist. Herzstück des neuen VTG ist ein ebenfalls neu entwickeltes Torsen-Differenzial mit begrenztem Schlupf. Die Verteilung der Antriebskräfte erfolgt je nach Fahrsituation zwischen 50:50 und 30:70. Die Sperrung des Mitteldifferenzials erfolgt natürlich zwangsweise durch Einlegen der Untersetzung, eine 100%ige Sperre für die Hinterachsen ist je nach Ausstattung optional erhältlich.

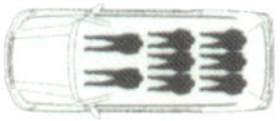

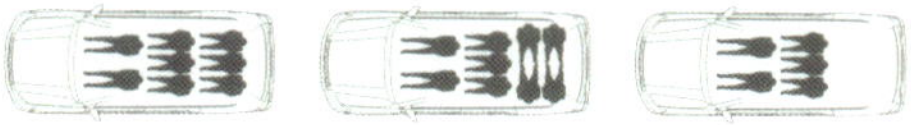

Nur zwei von vielen Ausstattungsvarianten: Oben eine Lederversion mit dritter Sitzreihe in Fahrtrichtung, unten die Vinylversion mit Längsbänken ganz hinten.

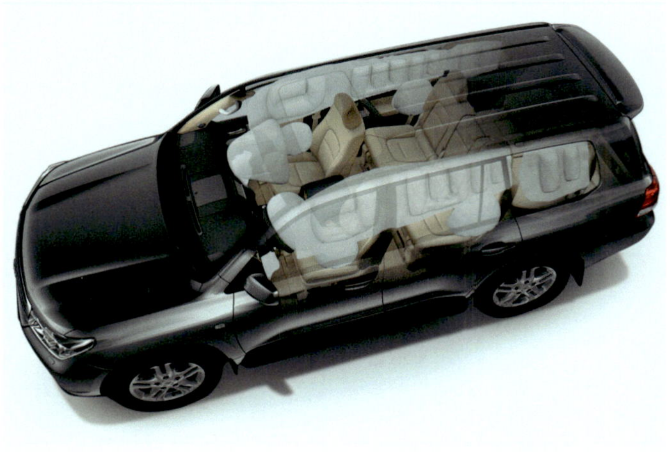

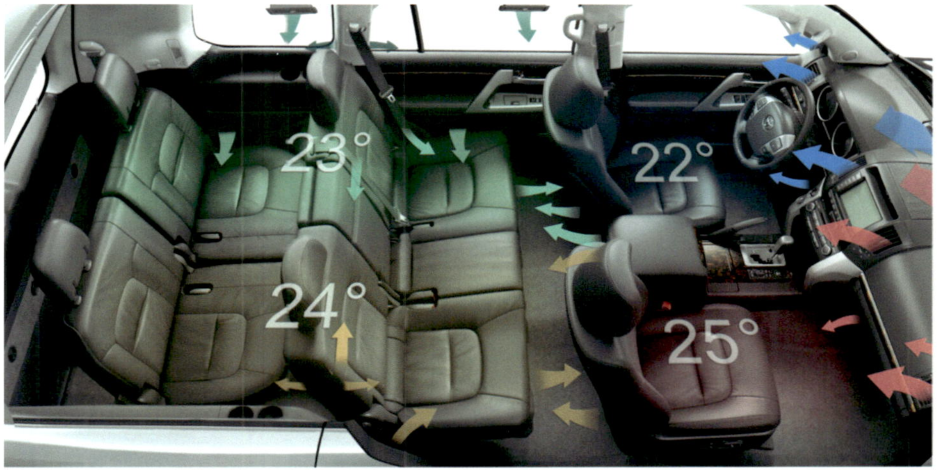

Pre-Crash-Sicherheitssystem, zweistufige Gurtkraftbegrenzer und Airbags für Front, Seite, Knie und Kopf – und Schulterbereich schützen die Insassen im Fall eines Crashs umfassend.

Das elektronisch gesteuerte, vollautomatische Klimatisierungssystem sorgt mit der individuell einstellbaren Vierzonen-Temperaturregelung garantiert für ein Höchstmaß an Klima-Komfort für alle Mitreisenden.

Oben: Auch solche Manöver sind mit der Crawl Control möglich, die „althergebrachte" Steuerung durch den Gasfuß des Fahrers lässt es allerdings weicher ablaufen.

Unten: Direkt unter dem (in allen Versionen serienmäßigen) Startknopf ist der Drehknopf für die Untersetzung.

Die aktiven und passiven Sicherheitssysteme sind zahl- und hilfreich: Aktive Kopfstützen und diverse Airbags schützen im Falle einer Kollision, darunter Seitenairbags, Kopfairbags und erstmals auch Knieairbags für Fahrer und Beifahrer. Das „Pre-Crash"-Sicherheitsgurtsystem ist hingegen ein motorgetriebener Gurtstraffer: Er strafft die Sicherheitsgurte auch bei harten Bremsmanövern oder Schleudern und nimmt danach die Spannung über einen zweistufigen Gurtkraftbegrenzer wieder zurück.

Darüber hinaus gibt es eine Menge technischer Änderungen, wie z.B. die variable Lenkübersetzung: In Richtung der Endausschläge wird die Lenkübersetzung größer, um die Mittellage bietet sie ruhige Kontrolle auch bei höheren Geschwindigkeiten. Ein weiteres pfiffiges Element ist die dynamische Fahrwerkskontrolle „KDSS" (Kinetic Dynamic Suspension System): KDSS regelt je nach Fahrbahnbeschaffenheit automatisch die Stabilisatorwirkung an der Vorder- und Hinterachse bis hin zur Deaktivierung im Gelände. Und das tut sie ohne großen Rechenaufwand einfach nur mit hydraulischen Zylindern: Bei parallelen Achsbewegungen auf der Straße arbeiten die Stabilisatoren, bei den im Gelände üblichen gegenläufigen Achsbewegungen (der Verschränkung) werden sie neutralisiert.

In den höheren Ausstattungsvarianten wird KDSS ersetzt durch die Kombination der aktiven Niveauregulierung AHC (Active Height Control) und dem aktiven Dämpfungssystem AVS (Adaptive Variable Suspension), beides Neuentwicklungen.

Oben: Der Leiterrahmen mit durchgehend geschlossenen Kastenprofilen und insgesamt zehn Querprofilen konnte durch hochfesten Spezialstahl erneut leichter und dennoch robuster und verwindungssteifer gestaltet werden, der Querschnitt der Längsträger wurde in Höhe und Breite vergrößert.

Rechts: KDSS (Kinetic Dynamic Suspension System) regelt uber die Stabilisatorwirkung an Vorder- und Hinterachse automatisch Fahrdynamik, Komfort und Wankverhalten und kommt dabei ohne externe Energiequellen aus: Die zwei miteinander verbundenen Hydraulikzylinder arbeiten im Straßenbetrieb parallel, im Gelände gegenläufig.

Die Systeme verbinden die Radaufhängungen aller vier Räder, variieren Feder- und Dämpferrate und arbeiten (ähnlich wie KDSS) on- und offroad unterschiedlich mittels Druckausgleich. Das führt auf der Straße zu hoher Nick- und Wankstabilität, sorgt im Gelände aber für freie Verschränkung. Die Niveauregulierung wurde ebenfalls überarbeitet und bietet nun eine schnellere Absenkung und Höhendifferenz von vorne 110 und hinten 100 mm. Das Absenken bzw. Anheben lässt sich vorwählen (bzw. wird bei Einlegen der Untersetzung zwangsvorgewählt) und bietet im Falle des Festfahrens sogar noch weitere 20 Millimeter Extra-Anhebung. Es schaltet sich allerdings ab einer gewissen Geschwindigkeit ab und fährt die Karosserie dann zurück in Mittelstellung – auf schnell gefahrenen Feldwegen oder in so mancher Tiefgarage kann dies ungewollt zu Problemen führen.

Das wirklich Besondere am J20 sind jedoch die verschiedenen technischen Assistenzsysteme, die den Fahrer unterstützen und ihm die eine oder andere Aufgabe abnehmen sollen.

Da sind zum Beispiel die ungleichen Brüder HAC und DAC: Die Berganfahrkontrolle „Hill-Start Assist Control" und die Bergabfahrkontrolle „Downhill Assist Control", die mit gezielten Regeleingriffen in schwierigen Fahrsituationen das „Abschmieren" des Fahrzeuges aufgrund durchdrehender Räder verhindern. Und das verhindern sie tatsächlich ausgezeichnet.

Die Krönung des Ganzen ist aber das „geländeabhängige Geschwindigkeitsregelsystem Crawl Control". Es kann im Gelände aktiviert werden und steuert dann automatisch Motorleistung sowie Bremsdruck und hält eine vorgewählte Geschwindigkeit von 1, 3 oder 5 km/h. Dreht ein Rad durch, wird es gezielt abgebremst. Auf gut Deutsch heißt das: Der Fahrer muss tatsächlich nur noch lenken. Das fühlt sich, vor allem bedingt durch die ratternden Regeleingriffe, etwas ungewohnt an, funktioniert aber in vielen Situationen tatsächlich prächtig. Der große Vorteil ergibt sich natürlich vor allem für ungeübte Fahrer und nicht zuletzt wird hierbei die Technik ganz

Die Vorderachse hat nun auch Schraubenfedern, die Federwege sind mit 230 mm vorne und 240 mm hinten recht ordentlich ausgefallen.

Ein Mal rund um die Welt gefällig? VDJ200 in der Basisversion und mit integralem Aufbau inklusive Klappdach.

enorm geschont. Und wer unversehens auf staubigem Untergrund verzögern muss, dem hilft das „Multi-Terrain-ABS“ dabei, die exquisite Fuhre auch sicher zum Stehen zu bringen.

Dem J20 fehlt durch diese verschiedenen Helferlein im direkten Vergleich zu seinem Urahn J5 natürlich das Animalische, das Ursprüngliche, das Erdige. Der J20 ist weniger eine fauchende, Beherrschung abverlangende Maschine wie es der J5 war, er ist mehr ein faszinierender, aber deutlich nüchterner, perfektionierter Automat. Er wird nicht mehr durchs Gelände geprügelt, er wird dirigiert.

Das hilft indes vor allem unerfahrenen Piloten, und darin liegt schließlich der Sinn des Ganzen. Und auch geübten Geländefahrern gegenüber sind diese Systeme oftmals klar im Vorteil, speziell z.B. bei kontrollierter Bergabfahrt auf rutschigem Untergrund. Computer können nunmal schneller reagieren und feinfühliger dosieren – vor allem an jedem Rad unterschiedlich. Das ersetzt natürlich nicht den guten, vorausschauenden Fahrer, aber es hilft in vielen Situationen ungemein und schützt Material und Nerven gleichermaßen.

Technische Daten

Toyota Land Cruiser J20

Bauzeitraum:	seit 2007
Andere Namen:	Toyota Roraima (Venezuela), Lexus LX 570
Produktion:	Toyota Auto Body, Toyota City, Tahara (alles Japan), Tianjin (China), Phuc Yen (Vietnam - nur bis Ende 2010)
Motoren:	1GR-FE, 1UR-FE, 2UZ-FE, 3UR-FE, 1VD-FTV Single Turbo, 1VD-FTV Bi-Turbo
Getriebe:	5-Gang manuell (H150F) / 5-Stufen-Automatik (A750F) / 6-Stufen-Automatik (AB60F)
Untersetzungsgetriebe:	JF2A
Antrieb:	Permanenter Allradantrieb
Fahrwerk:	Leiterrahmen, vorne Einzelradaufhängung, Drehstabfeder; hinten Starrachse, Schraubenfedern
Maße:	
Länge:	4950 mm
Breite:	1970 mm
Höhe:	1865 mm (mit AHC & AVS-Fahrwerk) bzw. 1910 mm (mit KDSS-Fahrwerk)
Radstand:	2850 mm
Spurweite vorne:	1640
Spurweite hinten:	1635
Wendekreis:	12 Meter

Motorisierung

Die Motorenpalette des J20 ist überschaubar, aber dennoch ausgesprochen beeindruckend: Fünf Motoren in sechs Ausführungen stehen zur Auswahl, vier davon sind Benziner. Dass das kein Beinbruch ist, dafür sorgt die Tatsache, dass darunter vier der besten, größten und stärksten Maschinen sind, die derzeit im Toyota-Regal liegen.

Bekannt ist der 4-Liter-V6 namens 1GR-FE, der bereits in den Prados J12 und J15 steckte. Ebenfalls bekannt ist der 4,7 Liter große V8-Benziner 2UZ-FE aus dem J10. Beides sind bewährte Maschinen, Letztere wurde für den Einsatz im J20 noch einmal deutlich überarbeitet. Die stufenlos variable Ventilsteuerung garantiert dabei nicht nur ein hohes Drehmoment bei niedrigen Drehzahlen und eine hohe Leistungsausbeute schon im mittleren Lastbereich, sondern auch eine optimale Kraftstoffverwertung. Außerdem arbeitet der V8-Benziner mit der "ACIS" genannten Ansaugluftsteuerung, die die Länge der Ansaugwege in Abhängigkeit von Drehzahl und Drosselklappenstellung variiert. Auf diese Weise lassen sich sowohl die Spitzenleistung als auch die Drehmomentausbeute im unteren und mittleren Drehzahlbereich steigern. Der so optimierte 2UZ-FE entwickelt eine Maximalleistung von 288 PS bei 5400/min und ein maximales Drehmoment von 445 Nm bei 3400/min – das reicht für eine Spitzengeschwindigkeit von 200 km/h und den Sprint von 0 auf 100 km/h in 9,2 Sekunden. Dank dieser technischen Feinheiten kann der 2UZ-FE jedoch – gemessen an der Fahrzeugkategorie und der bewegten Masse – recht wirtschaftlich arbeiten, auch wenn ein Durchschnittsverbrauch von über 14 Litern auf 100 km nach wie vor für Stirnrunzeln sorgt.

Die Motorenpalette wird bereichert durch 3UR-FE und ab 2009 dessen kleineren Bruder 1UR-FE: Beides hochmoderne V8-Leichtmetall-Motoren mit 32 Ventilen, DOHC und VVT-i-Technik, also intelligenter variabler Ventilsteuerung. Leistung, Drehmoment, Effizienz dieser technischen Meisterwerke sind dabei beeindruckend: Der 1UR-FE gewinnt aus seinen 4608 cm^3 Hubraum 347 PS bei 5600/min und 460 Nm bei 3400 Umdrehungen, der mit 5663 cm^3 deutlich größere 3UR-FE leistet 381 PS (bei 5600/min) und satte 544 Nm (bei 3600/min). Das reicht, um die Fuhre durchaus schwungvoll in Gang zu halten.

Die Krönung ist jedoch der neue Turbodiesel namens 1VD-FTV: 8 Zylinder in V-Anordnung, 4431 cm^3 Hubraum, 32 Ventile, doppelte obenliegende Nockenwelle (DOHC), Common-Rail (mit einem Arbeitsdruck von 1800 bar) und gleich zwei Turbolader mit variabler Schaufelgeometrie. Ein Monster von einem Aggregat, mit dessen Hilfe sich der J20 außerordentlich gediegen bewegen lässt, das bei Bedarf aber auch einen geradezu infernalischen Vortrieb erzeugt. 286 PS erzeugt der Bi-Turbo bei 3400 Umdrehungen, ein Drehmoment von lockeren 650 Nm liegt bereits ab 1600 Umdrehungen an. Es ist geeignet, den Asphalt beim Anfahren in Falten zu legen. In 8,2 Sekunden katapultiert der Achtylinder diesen Supertanker nach vorne, bei Bedarf ist erst bei 210 km/h Schluss.

Die leicht gestutzte Version für die Dritte Welt (in Australien auch im J7 verbaut) bringt es immerhin noch auf 231 PS und 430 Nm, auch das nicht gerade schwächliche Werte. Beide Versionen warten mit einer ausgesprochenen Laufruhe auf und bieten ein hohes Fahrvergnügen über einen sehr breiten Drehzahlbereich. Der 1VD-FTV ist dabei nicht nur der erste V8-Selbstzünder aus dem Hause Toyota, sondern auch der erste Achtzylinder-Diesel mit Common-Rail-Technologie weltweit.

Schon in der Basisversion verfügt das Fahrwerk des Toyota Land Cruiser über eine brandneue Regeltechnologie, die Fahrdynamik, Komfort und Wankverhalten optimiert und dabei ohne externe Energiequelle auskommt: die dynamische Fahrwerkskontrolle mit dem Kürzel KDSS Kinetic Dynamic.

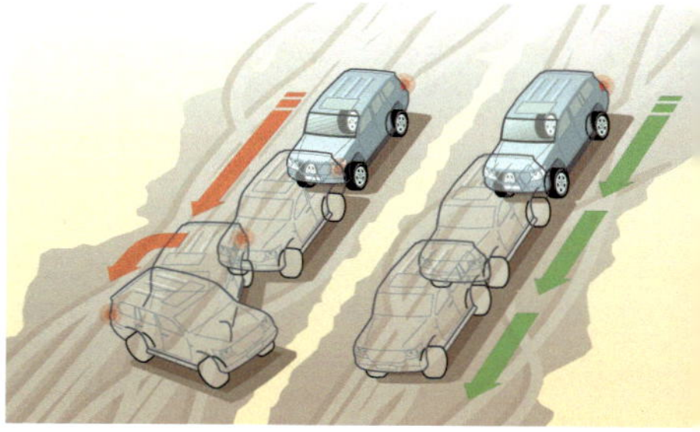

Die Bergabfahrkontrolle DAC greift automatisch über die Bremsanlage ein und steuert jedes einzelne Rad individuell, um ein Ausbrechen zuverhindern.

Ob mit Helferlein oder ohne: Im Gelände lässt sich der J20 ausnehmend gefühlvoll und entspannt dirigieren. Wenn bei einer solchen Abfahrt der Untergrund eine gewisse Haftung vermissen lässt, hilft allerdings die elektronische Regelung immens weiter: So gefühlvoll wie die Elektronik (und vor allem für jedes Rad unabhängig) kann der Fahrer nunmal nicht bremsen.

Wie geht es weiter?

Seit fast 60 Jahren bildeten drei Schlüsselbegriffe die Grundlage einer jeden Land-Cruiser-Generation: Stärke, Haltbarkeit, Verlässlichkeit. „Mit dem Land Cruiser 200 waren wir entschlossen, die Loyalität unserer Kunden anzuerkennen und ihnen ein Fahrzeug zu geben, das ihr Vertrauen niemals enttäuschen wird.“ (Sadayoshi Koyari)

Obwohl die technische Weiterentwicklung und die zusätzlichen Komponenten weltweit grundsätzlich begrüßt wurden, gab es auch manche Kritik am J20. Wenn man die Vorbehalte gegenüber der vorderen Einzelradaufhängung einmal außer Acht lässt, betrafen die Kritikpunkte vor allem die moderne, rundum mit Kunststoffschürzen versehene und im Gelände nicht unbedingt standfeste Karosserie und die Furcht, Toyota könnte den Land Cruiser Station allmählich „überentwickeln‘ und damit für den eigentlich harten Einsatz unbrauchbar machen. Wer den Neuen allerdings ohne Angst um Schäden am Plastik abseits der Straße bewegt (was zugegebenermaßen schwer fällt), merkt indes schnell: Auch mit dem J20 kommt man deutlich weiter im Gelände als mit den meisten anderen Serienallradlern. Der J20 ist immer noch ein Land Cruiser, immer noch ein schwerer Geländewagen von echtem Schrot und Korn.

Die Motoren im J20 machen Spaß, und sie bringen ausreichend Leistung in jeder Situation. Ob sie bei all ihrer technischen Komplexität immer noch so unverwüstlich sind wie ihre Vorgänger,

wird sich in erst einigen Jahrzehnten zeigen. Die Saugdiesel- und Einfachbenziner-Modelle der Vorgänger waren nicht umsonst speziell in den Entwicklungsländern so beliebt: Wechselnde Kraftstoffqualitäten und das Fehlen technisch hochgerüsteter und computerisierter Werkstätten erschweren dort Betrieb und Wartung um ein Vielfaches.

Wenn man von diesen Gedanken absieht, ist der J20 ein tolles Gerät und in jeder Hinsicht ein Über-Auto. Und er wird Toyota-intern nicht umsonst als "Heavy Duty" geführt. Kaum ein anderes Fahrzeug vermittelt von vornherein ein solches Gefühl von "go anywhere", selten sonst wähnt man sich derart geborgen. Der Station scheint schlicht unzerstörbar. Im großen Land Cruiser macht man sich weitaus weniger Sorgen um die Beschaffenheit der vor einem liegenden Wegstrecke als in anderen Fahrzeugen: Nichts und niemand wird einen daran hindern, diese Wegstrecke auch zu durchmessen.

Das für 2008 angepeilte Verkaufsvolumen des J20 lag bei 86.500 Einheiten weltweit, 18.000 davon waren für Europa bestimmt, wiederum weit mehr als die Hälfte davon ging nach Russland. Und mehr noch: Dort war man derart begeistert von diesem Fahrzeug, dass die russischen Händler schlussendlich auch Fahrzeuge aus Westeuropa importierten, um den Bedarf stillen zu können. Dort, wo schon der J10 beliebt war, wird dieser schnell durch den J20 ersetzt. Die Polizei des Emirates Qatar zum Beispiel hat den J20 auf Herz und Nieren getestet und daraufhin die genutzten J10 mehr oder minder auf einen Schlag durch den Nachfolger ersetzt.

Wenn man dem Produktzyklus des Land Cruiser Station Wagon folgt, dürfte um das Jahr 2016 der nächste Modellwechsel anstehen. Es ist schwer sich vorzustellen, wie ein Nachfolger des J20 aussehen und beschaffen sein könnte. Fest steht: Er wird beeindruckend sein.

Modellvarianten J20

Modell	Ausführung	Motorisierung
GRJ200	Station Wagon	1GR-FE: Ottomotor V6, Einspritzanlage, 3956 cm³, 239 PS/178 kW (5200/min), 377 Nm (3700/min)
URJ200	Station Wagon	1UR-FE: Ottomotor V8, Einspritzanlage, 4608 cm³, 347 PS/259 kW (6400/min), 460 Nm (4100/min)
UZJ200	Station Wagon	2UZ-FE: Ottomotor V8, Einspritzanlage, 4664 cm³, 235 PS/173 kW (4800/min), 430 Nm (3400/min)
URJ200	Station Wagon	3UR-FE: Ottomotor V8, Einspritzanlage, 5663 cm³, 381 PS/283 kW (5600/min), 543 Nm (3600/min)
VDJ200	Station Wagon	1VD-FTV: Turbodiesel (Bi-Turbo), V8, Leistung von 231 PS/151 kW bis 286 PS/210 kW, Drehmoment von 430 Nm bis 650 NmDirekteinspritzung, 4461 cm³, 231 PS/151 kW (3400/min), 430 Nm (1200/min)
Lexus LX 570	Station Wagon	3UR-FE: Ottomotor V8, Einspritzanlage, 5663 cm³, 381 PS/283 kW (5600/min), 543 Nm (3600/min)

Weitere Informationen finden Sie unter www.legendelandcruiser.de

TOYOTA
LAND
CRUISER

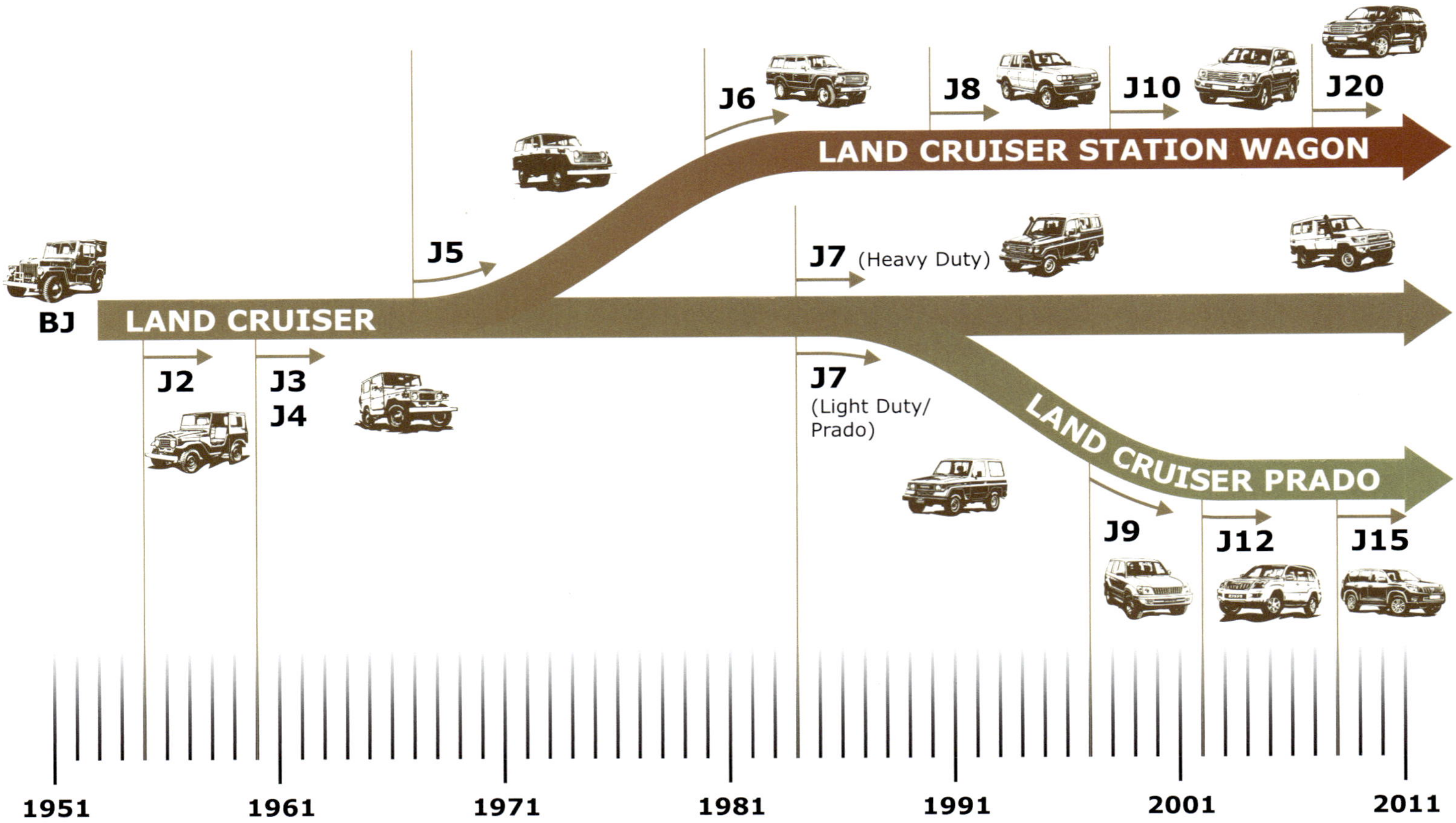
BJ
LAND CRUISER
J2
J3
J4
J5
J6
LAND CRUISER STATION WAGON
J8
J10
J20
J7 (Heavy Duty)
J7
(Light Duty/
Prado)
LAND CRUISER PRADO
J9
J12
J15
1951
1961
1971
1981
1991
2001
2011

Schlusswort

Eine kurze Zusammenfassung

Die Modellvariationen aus 60 Jahren Land-Cruiser-Geschichte sind verwirrend zahlreich und auf den ersten Blick unübersichtlicher als die Verwandtschaftsverhältnisse arabischer Großfamilien. Nehmen wir uns also noch einmal fünf Minuten Zeit für eine launige Zusammenfassung der wichtigsten Eckpunkte: „Land Cruiser History to Go“ sozusagen.

Die Nomenklatur der Land-Cruiser-Modelle besteht in ihrer Kurzform aus einer Kombination von Buchstaben und Ziffern, die nacheinander gelesen für Motorenreihe, Baureihe und Modell stehen. Eine genaue Herleitung ist jedoch nur mit Hilfe weiteren Wissens möglich. Beispiele:

- „BJ40“: „B-Motor“, „Baureihe J4“, „kurzer Radstand, 1. Generation“
- „BJ42“: „B-Motor“ (3B), „Baureihe J4“, „kurzer Radstand, 3. Generation“
- „HJ61“: „H-Motor“ (12H-T), „Baureihe J6“, „2. Generation“
- „HZJ78“: „HZ-Motor“ (1HZ), „Baureihe J7“, „langer Radstand, 2. Generation“
- „KDJ150“: „KD-Motor“ (1KD-FTV), „Baureihe J15“, „langer Radstand“

Es gibt drei parallele Baureihen:
- „Land Cruiser“, ab 1951: BJ, J2/J3, J4, J7
- „Land Cruiser Station Wagon“, ab 1967: J5, J6, J8, J10, J20
- „Land Cruiser Prado“, ab 1984: J7, J9, J12, J15

Der Land Cruiser

Die Geschichte des Land Cruiser beginnt im Jahre 1951 mit dem Prototypen für ein leichtes Geländefahrzeug, den Toyota aufgrund einer Ausschreibung der US-Armee fertigt: Der „Toyota Jeep BJ“, der mit Leiterrahmen, zwei blattgefederten Starrachsen, zuschaltbarem Allradantrieb und ohne Untersetzung daherkommt und ab Mitte 1954 „Land Cruiser“ heißt. Der BJ wird zwar nicht von der Armee ausgewählt, das Konzept funktioniert aber so hervorragend, dass Toyota sich für eine Serienfertigung entscheidet.

Angespornt durch den beachtlichen zivilen Erfolg des BJ und mit einem klaren Export-Wunsch im Hinterkopf entscheiden sich die Entwickler 1955 für eine grundlegende Überarbeitung des „Land Cruiser BJ“ und damit für den ersten echten Modellsprung, der den J2 hervorbringt.

Der J2 findet außerordentlichen Anklang. Mit dem Exportstart in die USA im Jahre 1958 und der dahinter steckenden „Land-Cruiser-Strategie“ kurbelt Toyota den Absatz zusätzlich so enorm an, dass vor allem in der Produktion schnell Umstrukturierungen notwendig werden, um der steigenden Nachfrage Herr zu werden.

Als sich Ende der Fünfziger die Produktionsmethoden und Materialien deutlich verbessern, entscheidet sich Toyota für eine weitere, grundlegende Überarbeitung und präsentiert 1960 den eigentlichen Ursprung des enormen und bis heute anhaltenden Land-Cruiser-Kultes: Den legendären J4.

Die Baureihe J4 wird zum Riesenerfolg: Erst 1986 endet die offizielle Toyota-Produktion, in Brasilien wird das Schwestermodell Bandeirante sogar bis 2001 gebaut. Die Modellvielfalt ist riesig: Mit knapp 40 Basismodellen und tausenden von Spezifikations-Varianten ist wirklich für fast alle Anwendungsbereiche etwas dabei. Unter der Karosserie kommt zum ersten Mal ein Untersetzungsgetriebe zum Einsatz und auch der Dieselmotor hält erstmals Einzug in den Land Cruiser.

Anfang der Achtziger kommt der J4 langsam ein wenig in die Jahre. Also gönnt man dem Arbeitstier eine grundlegende Überarbeitung und stellt 1984 den nicht minder legendären J7 auf die profilierten Räder. Auch dessen Zweckbestimmung ist nach wie vor simpel definiert: Arbeit unter härtesten Bedingungen. Zuverlässig. Haltbar. Günstig. Der J7 ist sozusagen der J4, nur eben ein wenig verjüngt und von noch weitaus verwirrenderer Modellvielfalt. Und er bleibt nach wie vor ein stoisches, unaufdringliches und maximal zuverlässiges Arbeitsgerät. 1999 bekommt der J7 Schraubenfedern an der Vorderachse, 2007 gibt es mit dem ersten großen Facelift eine rundere Front. Der J7 wird bis heute produziert, und ein Ende der Produktion ist derzeit nicht abzusehen.

Der Station Wagon

Schon den J2 gibt es als FJ28V in einer langen Version, die sowohl Ladung als auch Personen transportieren kann. Parallel zur Vorstellung des J4 Anfang 1960 wird der FJ28V ein wenig überarbeitet und als FJ35V vorgestellt, bevor dieser dann wiederum im Dezember 1960 durch den FJ45V ersetzt wird. Der Weisheit letzter Schluss ist aber auch dieses Modell nicht: Der FJ45V ist eben immer noch ein J4, also ein recht schlichtes Arbeitsgerät.

Die Käufer sehnen sich jedoch vor allem auf dem wichtigen US-Markt nach modernen, komfortablen Geländegängern, die reichlich Platz bieten und vor allem im Freizeitbereich genutzt werden können. Toyota präsentiert daraufhin 1967 mit dem J5 parallel zum Land Cruiser eine neue, eigenständige Baureihe: Den „Land Cruiser Station Wagon“. Dieses liebevoll „Eisenschwein“ genannte Ungetüm ist vor allem in den USA ein voller Erfolg, hat jedoch ab Mitte der Siebziger mit seinem etwas ungewöhnlichen Äußeren und der noch spürbar aus dem J4 abgeleiteten Technik zu kämpfen.

Der Nachfolger heißt J6, betritt 1980 die Bühne und ist der erste „Luxus-Station“: Runder, gefälliger, moderner kommt er daher, und er stellt weitere Weichen für den Erfolg des „großen Land Cruiser“. Mehr Luxus, eine breit gefächerte Auswahl an Ausstattung und diverse großvolumige Motoren (mit deutlichem Fokus auf Diesel) lassen den J6 auf allen Märkten nachhaltig einschlagen.

Sein Nachfolger J8 ändert 1990 die Station-Welt ähnlich radikal wie das bei der Teilung der J7-Baureihe ein paar Jahre zuvor geschehen war: Der neue hat nun ebenfalls rundum Schraubenfedern, seine Karosserie war erstmals am Computer rundgeschliffen worden und es gibt – ebenfalls neu in einem Land Cruiser – je nach Version auch permanenten Allradantrieb, ABS und Airbags.

1998 geht Toyota abermals einen großen Schritt und präsentiert nun auch im neuen Station Wagon J10 eine vordere Einzelradaufhängung, der jedoch als J105 auf Märkten mit höherem „Outback-Anteil“ auch mit vorderer Starrachse geordert werden konnten. Der Markt wurde langsam aber sicher auf das unweigerlich nahende Verschwinden der vorderen Starrachse vorbereitet. Dafür hatte der schraubengefederte J100 alle Annehmlichkeiten, die man Ende der Neunziger in eine Karosserie zwängen konnte: AHC, AVS, EBD ... Luxus, Leder und Elektronik, soweit die Hände greifen konnten.

Der Nachfolger J20 wird 2007 vorgestellt und ist die vorerst letzte Evolutionsstufe des Land Cruiser Station Wagon. In seiner Eigenschaft als Technologie- und Imageträger wartet „der Große“ mit noch mehr Luxus, noch mehr Technik, noch mehr Ausstattung auf. Gemäß seines Anspruchs ist auch der J20 wieder einmal das Beste vom Besten.

Der Prado

Der J7 „Heavy Duty“ wird wie erwähnt bis heute produziert. Das ist jedoch nur ein Teil der Baureihe J7: Schon bei ihrer Einführung wird die Baureihe nämlich in zwei Kategorien geteilt: Auf der einen Seite die blattgefederten „Heavy Duty“-Arbeitstiere, auf der anderen Seite die schraubengefederten „Light Duty“-Modelle, die auch den Freizeitmarkt ansprechen. Die ersten Light Dutys tragen zur Unterscheidung den Namenszusatz „Bundera“. Ab 1990, mit dem Facelift, heißt der Light Duty „Prado“. Mit der Teilung des J7 wird also die dritte Baureihe eingeführt, die sich fortan an all diejenigen wendet, die „Komfort“ als ein interessantes Merkmal einschätzen und für die ein Geländewagen zwar robust, aber nicht unbedingt aus dem Vollen gefräst sein muss.

Der Prado entwickelt sich 1997 mit der Einführung des J9 endgültig zur eigenständigen Modellreihe: Straßentaugliches Fahrwerk, spritzige Motoren, hochwertige Ausstattungen und erstmals eine vordere Einzelradaufhängung lassen den Prado durchstarten. Parallel zum zuschaltbaren wird im Prado nun auch ein permanenter Allradantrieb verbaut.

Im Jahre 2002 wird der J9 vom J12 abgelöst, der nicht nur deutlich konsequenter auf „Komfort“ und „Fahrspaß“ ausgelegt wurde, sondern auch durch verstärkten Einsatz von Elektronik als Komfortmerkmal und zur Fahrunterstützung glänzte.

Die Entwicklung des Prado gipfelt schließlich im Jahre 2009 vorerst im aktuellen Modell J15, der nur noch mit permanentem Allradantrieb produziert wird, darüber hinaus in jeglicher Hinsicht aufgewertet wurde und nun in Sachen Luxus seinem Cousin Station Wagon in nichts mehr nachsteht.

Schlusswort

Eines haben alle Land Cruiser jedweder Baureihe gemeinsam: Sie tun schlicht das, wofür sie entwickelt wurden. Sie bringen uns von A nach B - unaufgeregt, komfortabel, sicher und ohne einen großen Rummel zu veranstalten. Und dabei ist es, ganz nach Land-Cruiser-Philosophie, auch egal, was zwischen A und B liegt. Ob Ténéré oder Kö, ob Mongolei oder Parkhaus: Es gibt kein „richtig“ oder „falsch“, wenn es um den Einsatz dieses Fahrzeugs geht. Der Land Cruiser ist ein Nutzfahrzeug im wahrsten Sinne des Wortes. Für was auch immer man ihn nutzen mag.

Die Zukunft hat bekanntermaßen die Eigenschaft, dass sie ungewiss ist. Insofern wissen wir natürlich nicht, welche Baureihen uns in Zukunft beschert werden. Ob der nächste Prado „J16“ heißt und 15 Kameras an Bord hat, ob ein neuer Station noch einmal 10 Zentimeter in jede Richtung zunimmt oder ob der J7 weitere 27 Jahre gebaut wird: Es gibt sicherlich Entwicklungen, die sich abzeichnen, aber letztendlich ist Toyota erfreulicherweise auch immer für Überraschungen gut.

Sicher scheint nur: Auch der nächste Land Cruiser wird immer noch ein Land Cruiser sein.

Wo auch immer also die Reise hingeht: Der Land Cruiser wird uns noch ein Weilchen begleiten. Und er wird uns auch in Zukunft zuverlässig nicht nur hin-, sondern auch wieder zurückbringen.